电磁兼容与防护原理

主　编　王玉明　谭志良　马立云
副主编　高　亮　毕军建

哈爾濱工程大學出版社
Harbin Engineering University Press

内容简介

随着电气与电子产品的信息化程度越来越高，电磁环境日趋复杂，电气与电子产品的电磁环境适应要求也越来越高。为了使电气与电子产品设计人员、生产人员、使用人员能够认识电磁兼容与防护的重要性，在设计、生产到使用阶段都能找到相应、可用的电磁兼容与防护方法，编者编写了本书。

本书包含了作者及合作者多年来开展的理论和实验研究成果，基本内容包括：电磁兼容与防护概论；电磁环境及效应；电磁干扰传播与耦合途径；接地技术；屏蔽技术；滤波技术；电磁兼容性设计与预测；电磁防护器件及电路；系统电磁防护加固技术。

本书可供从事电气与电子产品设计、生产、保障工作的技术人员参考，亦可作为高等院校有关专业本科生、研究生和教师的教学与参考用书。

图书在版编目(CIP)数据

电磁兼容与防护原理/王玉明，谭志良，马立云主编. —哈尔滨：哈尔滨工程大学出版社，2022.9
ISBN 978-7-5661-3692-3

Ⅰ. ①电… Ⅱ. ①王… ②谭… ③马… Ⅲ. ①电磁兼容性②电磁辐射-防护 Ⅳ. ①TN03②X591

中国版本图书馆CIP数据核字(2022)第163531号

电磁兼容与防护原理
DIANCI JIANRONG YU FANGHU YUANLI

选题策划 史大伟
责任编辑 唐欢欢
封面设计 李海波

出　　版 哈尔滨工程大学出版社
社　　址 哈尔滨市南岗区南通大街145号
邮政编码 150001
发行电话 0451-82519328
传　　真 0451-82519699
经　　销 新华书店
印　　刷 黑龙江天宇印务有限公司
开　　本 787 mm×1 092 mm　1/16
印　　张 16
字　　数 392千字
版　　次 2022年9月第1版
印　　次 2022年9月第1次印刷
定　　价 79.00元
http://www.hrbeupress.com
E-mail:heupress@hrbeu.edu.cn

前 言

电磁兼容与防护是一门综合性交叉学科，以电磁场理论为基础，与电子科学与技术、半导体技术、通信与信息系统等许多学科息息相关。它起源于解决无线电干扰问题，随着科技的高速发展，电子、电气设备及系统的信息化程度提高，周围的电磁环境日益复杂，这就要求电子、电气设备及系统的抗电磁干扰能力更强。因此在电子、电气设备及系统的设计、研制、生产以及使用过程中都需要全面考虑电磁兼容与防护问题，掌握一定的电磁兼容与防护设计方法。

本书可以作为电磁场与微波技术、电子科学与技术相关专业研究生“电磁兼容与防护”课程的教材，也可以作为对电磁兼容与防护问题感兴趣的专业工程技术人员的参考书。

本书首先介绍电磁兼容与防护概念术语，以电磁环境及电磁环境效应为牵引分析电磁干扰形成的三要素，讨论电磁干扰形成的原因；重点阐述电磁兼容与防护设计的三项关键技术——接地、屏蔽、滤波，再从板级和系统级两方面介绍电磁兼容性设计的实施，给出电磁兼容性预测方法；最后论述电磁防护器件及电路以及系统电磁防护加固技术，使读者对电磁兼容与防护技术有一定了解，为研究、分析、解决电磁兼容与防护问题提供参考。

全书共 9 章，第 1 章介绍电磁兼容与防护概论；第 2 章介绍电磁环境及效应；第 3 章介绍电磁干扰传播与耦合途径；第 4 章介绍接地技术；第 5 章介绍屏蔽技术；第 6 章介绍滤波技术；第 7 章介绍电磁兼容性设计与预测；第 8 章介绍电磁防护器件及电路；第 9 章介绍系统电磁防护加固技术。

本书是在电磁环境效应重点实验室的大力支持下完成的，编写过程中借鉴并参考了多人的论文与著作，在此对相关作者表示感谢。本书编委会由 5 人组成，王玉明、谭志良、马立云任主编，高亮、毕军建任副主编。第 1,3,8,9 章由王玉明、谭志良、毕军建、马立云编写，第 4,5,6 章由王玉明、谭志良、高亮、马立云编写，第 2,7 章由马立云、高亮编写。

由于电磁兼容与防护原理涉及多个学科，相互交叉且互为支撑，相关技术发展迅速，工程要求不断提高，本书不能涵盖全部内容，加之编者水平有限，书中难免存在不足之处，衷心希望广大读者批评指正。

编 者

2022 年 8 月

目 录

第1章

电磁兼容与防护概论

1.1 电磁兼容与防护概述

电磁兼容(electro-magnetic compatibility,EMC)对于设备或系统的性能指标来说,直译为“电磁兼容性”;但作为一门学科来说,应译为“电磁兼容”。电磁兼容是研究在有限的空间、时间和频谱资源等条件下,各种用电设备(广义的还包括生物体)可以共存,并不致引起降级的一门学科。电磁兼容性是指设备或系统在其电磁环境下能正常工作,并且不对该环境中任何事物构成不能承受的电磁骚扰的能力。在工程实践中,人们往往不加区别地使用“电磁兼容”和“电磁兼容性”,且采用同一英文缩写 EMC。

为了使系统达到要求的电磁兼容性,必须以系统整体电磁环境为依据,要求每个用电设备不产生超过规定限度的电磁发射,同时又要求它具有一定的抗干扰能力。只有对每个设备做这两方面的约束,才能保证系统达到完全兼容。我国《电磁干扰和电磁兼容性名词术语》中给出电磁兼容性的定义为:“设备(分系统、系统)在共同的电磁环境中能一起执行各自功能的共存状态。即:该设备不会由于受到处于同一电磁环境中其他设备的电磁发射导致或遭受不允许的降级;它也不会使同一电磁环境中其他设备(分系统、系统),因受其电磁发射而导致或遭受不允许的降级。”可见,从电磁兼容性的观点出发,除了要求设备(分系统、系统)能按设计要求完成其功能外,还要求设备(分系统、系统)一要有一定的抗干扰能力,二要不产生超过规定限度的电磁干扰。

电磁兼容是电子、电气设备或系统的一种工作状态。在这种工作状态下,它们不会因为内部或彼此间存在的电磁干扰而影响正常工作。电磁兼容性则是电子、电气设备或系统在预期的电磁环境中,按设计要求正常工作的能力,它是电子、电气设备或系统的一种重要的技术性能。按此定义,电磁兼容性包括以下两方面的含义。

其一,设备或系统应具有抵抗给定电磁干扰的能力,并且有一定的安全余量。即它应不会因受到处于同一电磁环境中的其他设备或系统发射的电磁干扰而产生不允许的工作性能降低。

其二,设备或系统不产生超过规定限度的电磁干扰。即它不会产生使处于同一电磁环境中的其他设备或系统出现超过规定限度的工作性能降级的电磁干扰。

电磁防护是加固基本任务设备,防止其受电磁环境影响的特殊防护措施。加固就是为改善电子器件、子系统或系统的敏感度特性而运用各种技术和器件。

1.2 电磁兼容与防护术语

《电磁干扰和电磁兼容性名词术语》列出的基本名词术语作为书编写的参考,并为该领域研究问题的统一性和电磁兼容与防护性能设计与测试提供依据。

1.2.1 一般术语

(1)系统:执行或保障某项工作任务的若干设备、分系统、专职人员及技术的组合。一个完整的系统除包括有关的设施、设备、分系统、器材和辅助设备外,还包括保障该系统在规定的环境中正常运行的操作人员。

(2)分系统:系统的一部分,它包含两个或两个以上的集成单元,可以单独设计、测试和维护,但不能完全执行系统的特定功能。每一个分系统内的设备或装置在工作时可以彼此分开,安装在固定或移动的台站、运载工具或系统中。为了满足电磁兼容性要求,以下均应看作分系统:①作为独立整体行使功能的许多装置或设备的组合,但并不要求其中的任何一台设备或装置能独立工作;②设计和集成为一个系统的主要分支,且完成一种功能的设备和装置。

(3)设备:任何可作为一个完整单元,完成单一功能的电气、电子、机电装置或元件的集合。

(4)运行环境:所有可能影响系统运行的条件和作用的总和。

(5)电磁环境:存在于某场所的所有电磁现象的总和。

(6)电磁环境电平:在规定的测试地点和测试时间内,当试验样品尚未通电时,已存在的辐射和传导的信号及噪声电平。电磁环境电平是由人为及自然的电磁能量共同形成的。

(7)电磁环境效应:电磁环境对电气电子系统、设备、装置的运行能力的影响。它涵盖所有的电磁学科,包括电磁兼容性、电磁干扰、电磁易损性、电磁脉冲、电子对抗、电磁辐射对武器装备和易挥发物质的危害,以及雷电和沉积静电等自然效应。

(8)降级:在电磁兼容性或其他测试过程中,对规定的任何状态或参数出现超出容许范围的偏离。

(9)性能降级:任何装置、设备或系统的工作性能偏离预期的指标。

1.2.2 有关噪声与电磁干扰的术语

(1)电磁噪声:与任何信号都无关的一种电磁现象,通常是脉动的和随机的,但也可能是周期的。

(2)无线电噪声:射频频段内的电磁噪声。

(3)宽带无线电噪声:频谱宽度与测量仪器的标称带宽可比拟,频谱分量非常靠近且均匀,以至测量仪器不能分辨的一种无线电噪声。

(4)共模无线电噪声:在传输线的所有导线相对于公共地之间出现的射频传导干扰。它在所有导线上引起的干扰电位相对于公共地做同相位变化。

(5)差模无线电噪声:引起传输线路中一根导线的电位相对于另一根导线的电位发生变化的射频传导干扰。

(6)随机噪声:有两种定义,①随机出现的、含有瞬态扰动的噪声;②在给定的短时间内量值不可预见的噪声。

(7)电磁干扰:任何可能中断、阻碍,甚至降低、限制无线电通信或其他电气电子设备性能的传导或辐射的电磁能量。

(8)辐射干扰:任何源自部件(天线、电缆、互连线)的电磁辐射,以电场、磁场形式(或兼而有之)存在,并导致性能降级的不希望有的电磁能量。

(9)传导干扰:沿着导体传输的不希望有的电磁能量,通常用电压或电流来定义。

(10)窄带干扰:一种主要能量频谱落在测量设备或接收机通带之内的不希望有的发射。

(11)宽带干扰:一种能量频谱分布相当宽的干扰。当测量接收机在正负两个冲激脉冲带宽内调谐时,它所引起的接收机输出响应变化不超出 3 dB。

(12)脉冲:在短时间内突然变化,然后迅速返回初始值的物理量。

(13)电磁脉冲:核爆炸或雷电放电时,在核设施或周围介质中存在光子散射,由此产生的康普顿反冲电子和光电子所导致的电磁辐射。由电磁脉冲所产生的电场、磁场可能会与电力或电子系统耦合产生破坏性的电压和电流浪涌。

(14)雷电电磁脉冲:与雷电放电相关的电磁辐射,由它所产生的电场、磁场可能与电力、电子系统耦合产生破坏性的电流浪涌和电压浪涌。

(15)核电磁脉冲:核爆炸使得核设施或周围介质中存在光子散射,由此产生的康普顿反冲电子和光电子所导致的电磁辐射。该电磁场可与电力、电子系统耦合产生破坏性电压和电流浪涌。

(16)浪涌:沿线路或电路传播的电流、电压或功率的瞬态波,其特征是先快速上升后缓慢下降。浪涌由开关切换、雷电放电、核爆炸等引起。

(17)静电放电:不同静电电位的物体靠近或直接接触时发出的电荷转移。

1.2.3　有关发射和响应的术语

(1)发射:以辐射及传导的形式从源传播出去的电磁能量。

(2)辐射发射:以电磁场形式通过空间传播的有用或无用的电磁能量。

(3)传导发射:沿金属导体传播的电磁发射。此类金属导体可以是电源线、信号线及一个非专门设置的、偶然的导体,例如一个金属管等。

(4)宽带发射:带宽大于干扰测量仪或接收机标准带宽的发射。

(5)窄带发射:带宽小于干扰测量仪或接收机标准带宽的发射。

(6)电磁干扰发射:任何可导致系统或分系统性能降级的传导或辐射发射。

(7)乱真发射:任何在必须发射带宽以外的一个或几个频率上的电磁发射。这种发射电平降低时还会影响相应信息的传输。乱真发射包括寄生发射和互调制的产物,但不包括在调制过程中产生的、传输信息所必需的紧邻工作带宽的发射。谐波分量有时也被认为是乱真发射。

(8)谐波发射:由发射或本机振荡器发出的、频率是载波频率整数倍的电磁辐射,它不是信号的组成部分。

(9)寄生发射:发射机发出的由电路中不希望有的寄生振荡引起的一种电磁辐射。它既不是信号的组成部分,也不是载波的谐波。

(10)不希望有的发射:由乱真发射和带外发射组成的发射。

(11)带外发射:有两种定义,①在规定频率范围之外的一个或多个频率上的发射;②由调制过程引起的、紧靠必要带宽之外的一个或多个频率上的发射,但不包括乱真发射。

(12)串扰:通过与其他传输线路的电场(容性)或磁场(感性)耦合,在自身传输线路中引入的一种不希望有的信号扰动。

(13)串扰耦合:有两种定义,①对于从一个信道传输到另一个信道的干扰功率的度量;②存在于两个或多个不同信道之间、电路组件或元件之间的不希望有的信号耦合。

(14)互调制:两个或多个输入信号在非线性元件中混频,在这些输入信号或它们的谐波之间的和值或差值频率点上产生新的信号分量。这种非线性元件可以是设备、分系统或系统内部的,也可以是某些外部装置的。

(15)交叉调制:有两种定义,①由不希望有的信号对有用信号载波进行调制;②由非线性设备、电网络或传输媒体中信号的相互作用而产生的一类不希望有的信号对有用信号载波进行调制。它是互调制的一种。

(16)不希望有的响应:与标准参考输出的偏差超过设备技术要求中容差规定的一种响应。

1.2.4　有关干扰抑制和电磁兼容性的术语

(1)抑制:通过滤波、接地、搭接、屏蔽和接收,或这些技术的组合,以减小或消除不希望

有的发射。

(2)屏蔽：能隔离电磁环境，显著减小在其一边的电场或磁场对另一边的设备或电路影响的一种装置或措施，如屏蔽盒、屏蔽室、屏蔽笼或其他通常的导电物体。

(3)屏蔽效能：对屏蔽体隔离或限制电磁波的能力的度量，通常表示为入射波与透射波的幅度之比，用分贝表示。

(4)电磁兼容性：设备、分系统、系统在共同的电磁环境中能一起执行各自功能的共存状态。包括两个方面，①设备、分系统、系统在预定的电磁环境中运行时，可按规定的安全裕度实现设计的工作性能，且不因电磁干扰而受损或产生不可接受的降级；②设备、分系统、系统在预定的电磁环境中正常地工作且不会给环境(或其他设备)带来不可接受的电磁干扰。

(5)电磁兼容性故障：由于电磁干扰或敏感性原因，使系统或相关的分系统及设备失效。它可导致系统损坏、人员受伤、性能降级或系统有效性发生不允许的永久性降级。

(6)自兼容性：当其中所有的部件或装置以各自的设计水平或性能协同工作时，设备或分系统的工作性能不会降级，也不会出现故障的状态。

(7)系统间的电磁兼容性：任何系统不因其他系统中的电磁干扰源而产生明显降级的状态。

(8)系统内的电磁兼容性：系统内部的各个部分不会因本系统内其他电磁干扰源而产生明显降级的状态。

(9)电磁易损性：系统、设备或装置在电磁干扰影响下性能降级或不能完成规定任务的特性。

(10)安全裕度：敏感度门限与环境中的实际干扰信号电平之间的对数值之差，用分贝表示。

(11)电磁敏感性：设备、器件或系统因电磁干扰可能导致工作性能降级的特性。在电磁兼容性领域中，还用到与该术语相关的另一术语——抗扰性(immunity)，它是指器件、设备、分系统或系统在电磁骚扰存在的情况下性能不降级的能力。敏感度电平越小，敏感性越高，抗扰性越差；抗扰度电平越大，敏感性越低，抗扰性越强。

(12)辐射敏感度：对造成设备、分系统、系统性能降级的辐射干扰场强的度量。

(13)敏感度门限：引起设备、分系统、系统呈现最小可识别的不希望有的响应或性能降级的干扰信号电平。测试时，将干扰信号电平置于检测门限之上，然后缓慢地减小干扰信号电平，直到刚刚出现不希望有的响应或性能降级，即可确定该电平。

1.3 常用计量单位与换算

电磁兼容学科领域中通常以分贝(dB)作为测试计量单位，这是圆为在电磁兼容测量中经常会测到量值相差非常大的信号，为了便于表示和运算，就采用两个参数间倍率关系的单位——分贝(dB)作为度量单位。

1.3.1 分贝的定义及换算

1. 功率的分贝单位

功率的分贝单位表示为

$$[\mathrm{dB}]_{\mathrm{p}}=10\lg\frac{P_1}{P_2}$$

式中 P_1——某一功率；

P_2——基准功率；

P_1 和 P_2 应采用相同的单位。

分贝仅为两个量的比值，是无量纲的。随着分贝表达式中基准参考量的单位不同，分贝在形式上也具有某种量纲。如以 $P_2=1\ \mathrm{W}$ 作为基准功率，上式就表示 P_1 相对于 1 W 的倍率，即以 1 W 为 0 dB。此时以带有功率量纲的分贝 dBW 表示 P_1，称为分贝瓦，所以

$$P_{\mathrm{dBW}}=10\lg\frac{P_{\mathrm{W}}}{1\ \mathrm{W}}=10\lg P_{\mathrm{W}}$$

式中 P_{W}——以 W 为单位的功率；

P_{dBW}——以 dBW 为单位的功率。

功率用 W 作单位，与 dBW、dBmW、dBμW 之间的换算关系为

$$\begin{cases}P_{\mathrm{dBW}}=10\lg P_{\mathrm{W}}\\ P_{\mathrm{dBmW}}=10\lg\dfrac{P_{\mathrm{mW}}}{1\ \mathrm{mW}}=10\lg\dfrac{P_{\mathrm{W}}}{10^{-3}\ \mathrm{W}}=10\lg P_{\mathrm{W}}+30=P_{\mathrm{dBW}}+30\\ P_{\mathrm{dB\mu W}}=10\lg\dfrac{P_{\mu\mathrm{W}}}{1\ \mu\mathrm{W}}=10\lg\dfrac{P_{\mathrm{W}}}{10^{-6}\ \mathrm{W}}=10\lg P_{\mathrm{W}}+60=P_{\mathrm{dBW}}+60\end{cases}$$

2. 电压的分贝单位

电压的分贝单位定义为

$$[\mathrm{dB}]_{\mathrm{U}}=20\lg\frac{U_1}{U_2}$$

式中 U_1——某一电压；

U_2——基准电压；

$[\mathrm{dB}]_{\mathrm{U}}$——反映 U_1 和 U_2 的倍率关系。

电压用 V 作单位，与 dBV、dBmV、dBμV 之间的换算关系为

$$\begin{cases}U_{\mathrm{dBV}}=20\lg\dfrac{U_{\mathrm{V}}}{1\ \mathrm{V}}=20\lg U_{\mathrm{V}}\\ U_{\mathrm{dBmV}}=20\lg\dfrac{U_{\mathrm{V}}}{10^{-3}\ \mathrm{V}}=20\lg U_{\mathrm{V}}+60=U_{\mathrm{dBV}}+60\\ U_{\mathrm{dB\mu V}}=20\lg\dfrac{U_{\mathrm{V}}}{10^{-6}\ \mathrm{V}}=20\lg U_{\mathrm{V}}+120=U_{\mathrm{dBV}}+120\end{cases}$$

3. 电流的分贝单位

电流的分贝单位定义为

$$[\mathrm{dB}]_{\mathrm{I}}=20\lg\frac{I_1}{I_2}$$

式中　I_2——基准电流；

　　$[\mathrm{dB}]_{\mathrm{I}}$——反映 I_1 和 I_2 的倍率关系。

电流用 A 作单位，与 dBA、dBmA、dBμA 之间的换算关系为

$$\begin{cases} I_{\mathrm{dBA}}=20\lg\dfrac{I_{\mathrm{A}}}{1\ \mathrm{A}}=20\lg I_{\mathrm{A}} \\ I_{\mathrm{dBmA}}=20\lg\dfrac{I_{\mathrm{A}}}{10^{-3}\ \mathrm{A}}=20\lg I_{\mathrm{A}}+60=I_{\mathrm{dBA}}+60 \\ I_{\mathrm{dB\mu A}}=20\lg\dfrac{I_{\mathrm{A}}}{10^{-6}\ \mathrm{A}}=20\lg I_{\mathrm{A}}+120=I_{\mathrm{dBA}}+120 \end{cases}$$

4. 电场强度的分贝单位

电场强度的分贝单位定义为

$$[\mathrm{dB}]_{\mathrm{E}}=20\lg\frac{E_1}{E_2}$$

式中　E_2——基准电场强度；

　　$[\mathrm{dB}]_{\mathrm{E}}$——反映 E_1 和 E_2 的倍率关系。

电场强度(E)的单位为 V/m、mV/m 和 μV/m，对应的分贝单位分别为 dBV/m、dBmV/m 和 dBμV/m。以 dBV/m 表示时，它是以 1 V/m 为基准的电场强度分贝数，即

$$E_{\mathrm{dBV/m}}=20\lg\frac{E_{\mathrm{V/m}}}{1\ \mathrm{V/m}}=20\lg E_{\mathrm{V/m}}$$

5. 磁场强度的分贝单位

磁场强度的分贝单位定义为

$$[\mathrm{dB}]_{\mathrm{H}}=20\lg\frac{H_1}{H_2}$$

式中　H_2——基准磁场强度；

　　$[\mathrm{dB}]_{\mathrm{H}}$——反映 H_1 和 H_2 的倍率关系。

磁场强度(H)的单位为 A/m、mA/m 和 μA/m，对应的分贝单位分别为 dBA/m、dBmA/m 和 dBμA/m。以 dBA/m 表示时，它是以 1 A/m 为基准的磁场强度分贝数，即

$$H_{\mathrm{dBA/m}}=20\lg\frac{H_{\mathrm{A/m}}}{1\ \mathrm{A/m}}=20\lg H_{\mathrm{A/m}}$$

1.3.2　电磁兼容测试常用单位的换算

1. 50 Ω 测试系统内的功率(dBmW)、电压(dBμV)、电流(dBμA)的换算关系

(1)50 Ω 测试系统内的功率(dBm)与电压(dBμV)的换算关系

在 EMC 测试中常采用对数表示物理量,以便给出动态范围很大的测试量值。例如:

$$U_{\mathrm{dB\mu V}} = U_{\mathrm{dBV}} + 120\ \mathrm{dB}$$

$$P_{\mathrm{dBmW}} = P_{\mathrm{dBW}} + 30\ \mathrm{dB}$$

根据电路基础知识可知:一个阻抗(Z 或 R)上的电压(U)、电流(I)和功率(P)遵循如下关系:

$$P_{\mathrm{W}} = U_{\mathrm{V}}^2/R_{\Omega}$$

$$I_{\mathrm{\mu A}} = U_{\mathrm{\mu V}}/R_{\Omega}$$

以对数表示为

$$P_{\mathrm{dBW}} = 10\lg(U_{\mathrm{V}}^2/R_{\Omega}) = 20\lg U_{\mathrm{V}} - 10\lg R_{\Omega}$$

$$P_{\mathrm{dBm}} = P_{\mathrm{dBW}} + 30\ \mathrm{dB} = 30\ \mathrm{dB} + U_{\mathrm{dBV}} - 10\lg R_{\Omega}$$

$\because$

$$R_{\Omega} = 50\ \Omega; 10\lg 50 = 17\ \mathrm{dB}$$

$$U_{\mathrm{dBV}} = U_{\mathrm{dB\mu V}} - 120\ \mathrm{dB}$$

$\therefore$

$$P_{\mathrm{dBm}} = 30\ \mathrm{dB} + U_{\mathrm{dB\mu V}} - 120\ \mathrm{dB} - 17\ \mathrm{dB} = U_{\mathrm{dB\mu V}} - 107\ \mathrm{dB}$$

即

$$P_{\mathrm{dBm}} = U_{\mathrm{dB\mu V}} - 107\ \mathrm{dB}$$

可见,当 50 Ω 的信号源输出读数为 0 dBm 时,其输出电压实际为 107 dBμV。

(2)50 Ω 测试系统内的电压(dBμV)与电流(dBμA)的换算关系

同样,在 50 Ω 测试系统中,电压与电流满足以下关系:

$$I_{\mathrm{dB\mu A}} = 20\lg U_{\mathrm{\mu V}} - 20\lg R_{\Omega} = U_{\mathrm{dB\mu V}} - 20\lg 50$$

即

$$I_{\mathrm{dB\mu A}} = U_{\mathrm{dB\mu V}} - 34\ \mathrm{dB}$$

例如,当 50 Ω 系统测得的输入电压为 100 dBμV 时,实际输入电流是 66 dBμA 或 2 mA。

2. 远场区中电场强度($E_{\mathrm{V/m}}$)、磁场强度($H_{\mathrm{A/m}}$)、功率密度($P_{\mathrm{d,W/m^2}}$)的换算关系

在自由空间中,由于在紧靠场源的近区感应场与场源之间,不但存在能量的振荡交换现象,而且随测试点到场源距离(r)的增减,场强值会产生急剧的变化。只有距离增加到一定程度时,即距离 r 与波长(λ)可比拟($r > \lambda/(2\pi)$)时,电场强度与磁场强度随距离 r 的增长将按线性下降,电场强度与磁场强度之比(波阻抗 Z_{W})也趋于稳定的 377 Ω。这一区域称为远场区。

在远区场内电场与磁场方向互相垂直,相位相同。由电场与磁场构成的坡印廷矢量即

为从场源发出的功率密度(P_d)。远区场内的电场强度(E)与磁场强度(H)之比即为空气的波阻抗(Z_W),三者存在下述关系:

$$E/H = Z_W = 377\ \Omega$$

$$P_d = E \cdot H = E^2/Z_W$$

(1)电场强度(E)与磁场强度(H)的换算

∵

$$H_{\mu A/m} = E_{\mu V/m}/Z_{W\Omega}$$

∴ $H_{dB\mu A/m} = 20\lg H_{\mu A/m} = 20\lg(E_{\mu V/m}/Z_{W\Omega}) = 20\lg E_{\mu V/m} - 20\lg Z_{W\Omega} = E_{dB\mu V/m} - 20\lg 377$

即

$$H_{dB\mu A/m} = E_{dB\mu V/m} - 51.5\ dB$$

例如:在远区场,若磁场强度为14.5 dBμA/m,则其对应的电场强度应为66 dBμV/m或2 mV/m。

(2)电场强度(E)与功率密度(P_d)的换算

①$P_{d,W/m^2}$与$E_{V/m}$的换算

∵

$$P_{d,W/m^2} = E_{V/m}^2/Z_{W\Omega} = E_{V/m}^2/377_{\Omega} = 2.65\times10^{-3}E_{V/m}^2$$

∴

$$P_{d,dBW/m^2} = 10\lg P_{d,W/m^2} = 10\lg(2.65\times10^{-3}E_{V/m}^2) = 10\lg 2.65 - 30 + 20\lg E_{V/m}$$

即

$$P_{d,dBW/m^2} = E_{dBV/m} - 25.77\ dB$$

②$P_{d,dBW/cm^2}$与$E_{V/m}$的换算

∵

$$P_{d,mW/cm^2} = P_{d,W/m^2}\times10^3\times10^{-4} = 0.1P_{d,W/m^2} = 2.65\times10^{-4}E_{V/m}^2$$

即

$$P_{d,dBmW/cm^2} = E_{dBV/m} - 35.77\ dB$$

③$P_{d,mW/m^2}$与$E_{V/m}$的换算

∵

$$P_{d,mW/m^2} = P_{d,W/m^2}\times10^3 = 10^3\times2.65\times10^{-3}E_{V/m}^2 = 2.65E_{V/m}^2$$

∴

$$10\lg P_{d,mW/m^2} = 10\lg 2.65\times E_{V/m}^2 = 10\lg 2.65 + 20\lg E_{V/m} = 4.23\ dB + 20\lg E_{V/m}$$

即

$$P_{d,dBmW/m^2} = E_{dBV/m} + 4.23\ dB$$

④$P_{d,dBm/m^2}$与$E_{dB\mu V/m}$的换算

当P_d与E分别用dBmW/m^{2}及dBμV/m表示时,由①的第一个关系式可知

$$P_{d,dBm/m^2} = 20\lg E_{V/m} - 10\lg Z_{W\Omega} + 30\ dB = E_{dB\mu V/m} - 120\ dB - 10\lg Z_{W\Omega} + 30\ dB$$

当远区场的$Z_W = 377\ \Omega$时,$10\lg Z_{W\Omega} = 26$ dB,得

$$P_{d,dBm/m^2} = E_{dB\mu V/m} - 116\ dB$$

即

$$E_{dB\mu V/m} = P_{d,dBm/m^2} + 116\ dB$$

3. 磁通密度(B)与磁场强度(H)的换算

磁场EMC试验中,采用磁通密度(B)而不用磁场强度(H),考虑到磁通密度(B)的单位

T 是一个相当大的单位（1 T = 10^4 GS），常用 pT 作基本单位。由绝对磁导率 $\mu_0 = 4\pi \times 10^{-7}$（H/m），1 T = 1 Wb/m²，1 Wb = 1 A · H，可得

$$B = \mu_0 H = 4\pi \times 10^{-7}(H/m) \times H_{A/m} = 4\pi \times 10^{-7} \times H_{A/m} = 4\pi \times 10^{-7} \times H_{pA/m} \times 10^{-12}$$

以分贝表示为

$$B_{dBT} = 20\lg(4\pi \times 10^{-7}) + 20\lg H_{A/m} = (22 - 140)\,dB + H_{dBA/m} = H_{dBA/m} - 118\ dB$$

即

$$B_{dBT} = H_{dBA/m} - 118\ dB$$

或

$$B_{dBpT} = B_{dBT} + 240\ dB = H_{dBA/m} + 122\ dB$$

4. 电流探头传输阻抗（$Z_{t,\Omega}$，$Z_{t,dB\Omega}$）与被测量干扰电流（$I_{dB\mu A}$）的换算

将电流探头的传输阻抗（$Z_{t,\Omega}$）换算为以分贝表示的传输阻抗（$Z_{t,dB\Omega}$）。换算的基准单位是 1 Ω，因此可得

$$Z_{t,dB\Omega} = 20\lg(Z_{t,\Omega}/1\ \Omega) = 20\lg Z_{t,\Omega}$$

如果同一个电流探头传输阻抗的频率响应曲线阻抗值（$Z_{t,\Omega}$）是按对数坐标绘制的，而其传输阻抗的对数阻抗值（$Z_{t,dB\Omega}$）是线性坐标，则两种频率响应曲线的形状变化规律完全一样，但后者在测量数据换算中使用会更方便。

若电流探头在测量仪输入端口贡献的传导干扰电压为 $U_{dB\mu V}$，则传导干扰电流可按下式确定：

$$I_{dB\mu A} = U_{dB\mu V} - Z_{t,dB\Omega}$$

假定干扰测量仪测得同样的传导干扰电压 $U_{dB\mu V} = 25$ dBμV 即 17.8 μV，对于不同的电流探头传输阻抗值 $Z_{t,\Omega}$，可换算出不同的传导干扰电流。

（1）设 $Z_{t,\Omega} = 1\ \Omega$，即 $Z_{t,dB\Omega} = 20\lg(1\Omega) = 0$ dBΩ，得 $I_{dB\mu A} = U_{dB\mu V} - Z_{t,dB\Omega} = 25$ dBμV − (0 dBΩ) = 25 dBμA 即 17.8 μA。

可见，如果电流探头的传输阻抗 $Z_{t,\Omega} = 1\ \Omega$，干扰测量仪上的电压值可直接读为电流值。

（2）设：$Z_{t,\Omega} = 0.05\ \Omega$，即 $Z_{t,dB\Omega} = 20\lg(0.05\Omega) = -26$ dBΩ，得 $I_{dB\mu A} = U_{dB\mu V} - Z_{t,dB\Omega} =$ 25 dBμV − (−26 dBΩ) = 51 dBμA 即 355 μA。

1.4　电磁兼容性标准与规范

为了确保系统及其各单元必须满足的电磁兼容工作特性，国际有关机构、各国政府和军事部门，以及其他相关组织制定了一系列的电磁兼容性标准和规范，这些标准和规范对设备或系统非预期发射与非预期响应做出了规定及限制，执行标准和规范是实现电磁兼容、提高系统性能的重要保证。

电磁兼容性标准和规范是进行电磁兼容设计的指导性文件，也是电磁兼容性试验的依

据,试验项目、测试方法和极限值都是标准和规范给定的。

1.4.1 电磁兼容性标准的基本内容

标准和规范的区别在于:标准是一个一般性准则,由它可以导出各种规范;规范则是一个包含详细数据、必须按合同遵守的文件。标准和规范的类别与数量是相当多的,分类的方法也很多。有一种方法是将电磁兼容性标准分为管理标准、设计标准、设计规范、设计手册、设计指南、要求与极限值、试验和测量标准等。标准和规范的主要内容则可以归纳为以下几个方面。

1. 规定名词术语

这是基础类标准,它规定了电磁干扰和电磁兼容性术语及其定义。例如国家标准《电工术语 电磁兼容》(GB/T 4365—2003)即属于此类标准。

2. 规定电磁发射和电磁敏感度的限值

某一电子设备或系统要通过某个电磁兼容标准认证,必须用具体的数据来说明,这就要在标准中规定电磁干扰信号数值的限值。限值可以用峰值、准峰值或平均值来表示,例如民用标准一般采用准峰值或平均值。不同的标准有不同的限值,使用的场合不同也有不同的限值。标准限值的制定要有科学依据,不能定得过高或过低。国标《工业、科学和医疗(ISM)射频设备 电磁骚扰特性 限值和测量方法》(GB 4824—2004)即属于这类标准。

3. 规定测试方法

检验某一产品是否满足电磁兼容性标准规定的限值要求时,必须有统一的测试方法才能保证测试数据的准确性和可比性,否则将会由于测试环境、测试设备和测试方法不同而得到不同的测试结果,也就不能判定其是否满足限值要求。

近几年修订的相关标准中,往往将限值和测试方法置于同一标准中颁布。电磁兼容性标准也和其他标准一样,随着科学技术的发展,经过一段时间的实践,会制定出新的、更科学的标准,对标准限值、测量方法做出更为合理的规定。

4. 规定电磁兼容控制方法或设计方法

电磁兼容性是设计出来的,研究如何设计电子设备或系统使其工作不受外界干扰,同时也不干扰其他设备。电磁兼容性设计标准中包括对系统电磁发射和敏感度要求、系统电磁环境要求、雷电及静电防护技术准则,以及屏蔽、接地、滤波、布线、搭接等设计规范和要求。

在电磁兼容设计中,应根据标准规定的限值进行设计,而后根据标准规定的测试方法进行检验。由于标准和规范是通用文件,其限值是按最不利原则确定的,这就可能对某一具体设备的电磁兼容设计过于保守。因此,针对某一设备或系统,往往需要通过电磁兼容

性分析预测来修正设计。

电磁兼容性标准和规范表示的概念是,如果每个部件都符合规范要求,则设备的电磁兼容性就得到保证。由于电磁兼容领域讨论和处理的是设备或系统的非设计性能和非工作性能,例如发射机的非预期发射和接收机的非预期响应,因此电磁兼容性标准和规范也是着重描述设备或系统的非预期效应。

在使用电磁兼容性标准和规范时,一个非常重要的参数是电磁干扰安全余量。这个参数既可用于传导干扰,又可用于辐射干扰。由于辐射途径的不确定性,通常辐射耦合的安全余量应大于传导耦合的安全余量。

1.4.2 国内外电磁兼容性标准与规范简介

1. 国内标准与规范

自 1983 年发布第一个电磁兼容性标准以来,我国在制定、修订相关标准方面做了大量工作,至今已发布 100 多个电磁兼容性标准与规范,形成了符合我国国情并与国际接轨的电磁兼容性标准体系。国内电磁兼容性标准分为四类:基础标准、通用标准、产品类标准和系统间电磁兼容性标准。这些标准在电子电气产品的研制,进出口电子电气产品的电磁兼容性检验方面发挥了重要作用。表 1-1 列出部分电磁兼容性国家标准供参考。

表 1-1　电磁兼容性国家标准(部分)

标准号	标准名称
GB/T 4365—2003	电工术语　电磁兼容
GB 4824—2004	工业、科学和医疗(ISM)射频设备　电磁骚扰特性　限值和测量方法
GB/T 11604—2015	高压电气设备无线电干扰测试方法
GB/T 15707—2017	高压交流架空输电线路无线电干扰限值
GB/T 17618—2015	信息技术设备　抗扰度　限值和测量方法
GB/T 13616—2009	数字微波接力站电磁环境保护要求
GB 13618—1992	对空情报雷达站电磁环境防护要求
GB/T 13619—2009	数字微波接力通信系统干扰计算方法
GB/T 15152—2006	脉冲噪声干扰引起移动通信性能降级的评定方法
GB/T 15540—2006	陆地移动通信设备电磁兼容技术要求和测量方法
GB/Z 18039.2—2000	电磁兼容　环境　工业设备电源低频传导骚扰发射水平的评估
GB/Z 18039.5—2003	电磁兼容　环境　公用供电系统低频传导骚扰及信号传输的电磁环境
GB/Z 18039.6—2005	电磁兼容　环境　各种环境中的低频磁场
GB/Z 18039.7—2011	电磁兼容　环境　公用供电系统中的电压暂降、短时中断及其测量统计结果
GB/T 19287—2016	电信设备的抗扰度通用要求
GB/T 19286—2015	电信网络设备的电磁兼容性要求及测量方法

2. 国外标准与规范

国外在研究、制定和实施电磁兼容性标准方面已有较长的历史。例如美国从 20 世纪 40 年代起先后制定了与电磁兼容有关的军用标准和规范 100 多个。1964 年美国国防部组织专门小组改进标准和规范的管理工作，制定了三军共同的标准和规范，这就是著名的 MIL－STD－460 系列电磁兼容性标准。该标准主要用于设备和分系统的干扰控制及其设计，它提供了评价设备和分系统电磁兼容性的基本依据。后来，这个标准系列经过多次修订，不仅成为美国的军用标准，而且被各国的军事部门所采用。

除美军标外，国际上还有许多具有权威性和广泛影响的电磁兼容性标准，如 CISPR、TC77、FCC、VDE 等标准，有少数发达国家的保密机构还制定了 TEMPEST 标准，这是研究信息泄漏的标准。

国际无线电干扰特别委员会（CISPR）作为国际电工技术委员会（IEC）的下属机构，是国际间从事无线电干扰研究的权威组织，它以出版物的形式向世界各国推荐各种电磁兼容性标准和规范，并已被许多国家直接采纳，成为电磁兼容性通用标准。

第 77 技术委员会（TC77）也是 IEC 的下属机构，它与 CISPR 并列为涉及电磁兼容的组织，它制定的 IEC 61000 系列标准在国际上很有影响力。

美国联邦通信委员会（FCC）负责管理控制可能产生电磁辐射的工、商和民用设备，它制定的有关条例对所有生产、出售和使用的工业、商业和民用产品都适用。

德国电气工程师协会（VDE）制定了一些电磁兼容性标准，分为 A 类（保护距离为 30 m 的设备）和 B 类（保护距离为 10 m 的设备）。A 类符合 CISPR 标准，B 类比 A 类更严，但低于 MIL－STD－460 系列标准。VDE 标准在欧洲影响很大。

1.4.3 电磁兼容标准分级

电磁兼容标准可以分为四级：

（1）基础标准——涉及 EMC 术语、电磁环境、EMC 测量设备规范和 EMC 测量方法，是编制其他各级 EMC 标准的基础。

（2）通用标准——给通用环境中的所有产品提出一系列最低的电磁兼容性要求，通用标准给出的试验环境、试验要求可以成为产品标准和专用产品标准的编制导则。

（3）产品类标准——根据特定产品类别而制定的电磁兼容性能的测试标准，它包含产品的电磁干扰发射和产品的抗扰度要求两方面的内容。

（4）专用产品标准——通常不单独形成电磁兼容标准，而以专门条款包含在产品的通用技术条件中。专用产品标准对电磁兼容的要求与相应的产品类标准相一致，在考虑了产品的特殊性后，可增加试验项目和对电磁兼容性能要求做某些改变，对产品的电磁兼容性要求更加明确。

1.5 电磁兼容与防护技术的发展

1.5.1 电磁兼容技术的发展

1. 电磁兼容发展简史

由于电磁兼容是通过控制电磁干扰来实现的，因此电磁兼容学是在认识电磁干扰、研究电磁干扰、对抗电磁干扰和管理电磁干扰的过程中发展起来的。电磁干扰问题虽然由来已久，但电磁兼容这一新的学科却是到近代才形成的。在对干扰问题的长期研究中，人们从理论上认识了电磁干扰产生的原因，明确了干扰的性质及其数学物理模型，逐渐完善了干扰传输及耦合的计算方法，提出了抑制干扰的一系列技术措施，建立了电磁兼容的各种组织及电磁兼容系列标准和规范，解决了电磁兼容分析、预测设计及测量等方面的一系列理论问题和技术问题，逐渐形成一门新的分支学科——电磁兼容学。

20 世纪以来，由于电气电子技术的发展和应用，随着通信、广播等无线电事业的发展，人们逐渐认识到需要对各种电磁干扰进行控制，特别是工业发达国家格外重视控制干扰，他们成立了国家级以及国际间的组织，并发布了一些标准和规范性文件。如 VED、IEC、CISPR 等，开始对电磁干扰问题进行世界性有组织的研究。20 世纪 40 年代初，为了解决干扰问题，保证设备可靠性，人们提出电磁兼容性的概念。1944 年，VDE 制定了世界上第一个电磁兼容性规范 VDE－0878。1945 年，美国颁布了美国最早的军用规范 JAN－I－225。

20 世纪 60 年代以后，电气与电子工程技术迅速发展，其中包括数字计算机、信息技术、测试设备、电信、半导体技术的发展。在这些技术领域内，电磁噪声和克服电磁干扰产生的问题引起了人们的高度重视，促进了在世界范围内电磁兼容技术的研究。

20 世纪 70 年代，电磁兼容技术逐渐成为非常热门的学科领域之一。较大规模的国际性电磁兼容学术会议每年召开一次；美国最有影响的电气和电子工程师协会 IEEE 的权威杂志专门设有 EMC 分册；美国学者 B. E. 凯瑟撰写了系统性的论著《电磁兼容原理》；美国国防部编辑出版了各种电磁兼容性手册，广泛应用于工程设计。

20 世纪 80 年代以来，随着通信、自动化、电子技术的飞速发展，电磁兼容学已成为十分活跃的学科，许多国家（美国、德国、日本、法国等）在电磁兼容标准与规范，分析预测、设计、测量及管理等方面均达到了很高水平，有高精度的 EMI 及电磁敏感度（EMS）自动测量系统，可进行各种系统间的 EMC 试验，研制出系统内及系统间的各种 EMC 计算机分析程序，有的程序已经商品化，形成了一套较完整的 EMC 设计体系；在电磁干扰的抑制技术方面，已研制出许多新材料、新工艺及规范的设计方法。一些国家还建立了对军品和民品的 EMC 检

验及管理机构，不符合 EMC 质量要求的产品不准投入市场。

电磁兼容技术已成为现代工业生产并行的工程系统实施项目组成部分。产品电磁兼容性达标认证已由一个国家范围发展到一个地区或一个贸易联盟采取的统一行动。从1996 年1 月1 日开始，欧洲共同体12 个国家和欧洲自由贸易联盟的北欧6 国共同宣布实行电磁兼容性许可证制度，使电磁兼容性认证与电工电子产品安全性认证处于同等重要的地位。EMC 技术涉及的频率范围宽达400 GHz，随着科学技术的发展，对电磁兼容和标准不断提出新的要求，其研究范围也日益扩大。现在电磁兼容已不只限于电子和电气设备本身，还涉及从芯片到各种舰船、航天飞机、洲际导弹，甚至整个地球的电磁污染、电磁信息安全、电磁生态效应及其他一些学科领域。所以某些学者已将电磁兼容这一学科扩大，改称为环境电磁学。

对各种测试方法和测试标准已开展了全方位的研究，例如 VDE、FTZ、FCC、BS、MIL－STD、VG、PTB、NAC－SIM、IEC、CISPR 和 ITU－T 等标准逐年更新版本，并趋向于全球公认化。各种规模的 EMC 论证、设计、测试中心不断出现，各国都注重 EMC 教育和培训及学术交流。研究的热点已涉及许多方面，如计算机安全、电信设备 EMC、无线设备、工业控制设备、自动化设备、机器人、移动通信设备、航空航天飞机、舰船、武器系统及测量设备等 EMC问题，各种线缆的辐射和控制，超高压输电线及交流电气铁道的电磁影响，电磁场生物效应，地震电磁现象，接地系统和屏蔽系统等。

2. 我国电磁兼容技术的发展

我国对电磁兼容理论和技术的研究起步较晚，第一个干扰标准是1966 年由原第一机械工业部制定的部级标准《船用电气设备工业无线电干扰端子电压测量方法与允许值》（JB 854—1966）。直到20 世纪80 年代初，我国才有组织、系统地研究并制定了国家级和行业级的电磁兼容性标准和规范——从1983 年发布第一个国家电磁兼容标准《工业无线电干扰基本测量方法》到2000 年发布了80 多项有关的国家标准。

20 世纪80 年代以来，国内电磁兼容学术组织纷纷成立，学术交流频繁。1984 年，中国通信学会、中国电子学会、中国铁道学会和中国电机工程学会在重庆召开了第一届全国性电磁兼容学术会议。1992 年5 月，中国电子学会和中国通信学会在北京成功地举办了“第一届北京国际电磁兼容学术会议”，这标志着我国电磁兼容学科迅速发展并参与世界交流。

我国在1986 年成立了“全国无线电干扰标准化技术委员会”（简称无干委），并先后对应 IEC/CISPR 成立了 A、B、C、D、E、F、G、S 共8 个分技术委员会，见表1－2。

表1－2 全国无线电干扰标准化技术委员会分会表

分会	研究方面	成立时间
A 分会	无线电干扰测量方法和统计方法	1987 年
B 分会	工业、科学、医疗射频设备的电子干扰	1988 年
C 分会	电力线高压设备和电牵引系统的无线电干扰	1987 年

表 1－2(续)

分会	研究方面	成立时间
D 分会	机动车辆和内燃机无线电干扰	1988 年
E 分会	无线电接收设备干扰特性	1987 年
F 分会	家用电器、电动工具、照明设备及类似电器的无线电干扰	1988 年
G 分会	信息技术设备的无线电干扰	1993 年
S 分会	全国无线电与非无线电系统电磁兼容特性	1989 年

表 1－2 所示的 A～G 分会分别对应于 CISPR 的相应分会,其名称与任务完全与 CISPR 各分会相同。而 S 分会是根据我国的实际情况为处理各系统之间的电磁兼容而成立的。

1997 年,为全面规划和推进我国 EMI 标准的制定和修订工作,促进国内电磁兼容技术发展和保护电磁环境,及时成立了“全国电磁兼容标准化联合工作组”,其主要目的是:促进 EMI 标准的制定和修改工作,协调我国各相关 EMC 标准化组织,进而更好地适应电子产业的 EMI 认证和市场需要。

20 世纪 90 年代以来,随着国民经济和高新科技的迅速发展,电磁兼容技术在航空、航天、通信、电子、军事等领域受到格外重视。建立了一批电磁兼容试验和测试中心及电磁兼容性实验研究室,引进了许多现代化的电磁干扰和敏感度自动测试系统和试验设备,相关部门投入了大量的人力和财力。在国家标准组织的基础上,各部委日益重视电磁兼容问题,纷纷制定相关电磁兼容标准。在这方面,原电子部和邮电部都有一定数量的 SJ 和 YD 的电磁兼容行业标准,对国家电磁兼容标准做了有益的补充和完善。随着信息产业部的成立和我国电信业的迅猛发展,通信设备的安全性和可靠性越来越受到人们的重视,特别是无线通信的发展对国家的频谱管理和空间电磁波的骚扰以及人身安全等方面提出了更高的要求,信息产业部科技司标准处根据实际情况特别制定了《信息产业部“十五”标准制定规划——通信电磁兼容标准体系》。

2001 年 12 月,国家发布《强制性产品认证管理规定》,其英文名称为 China Compulsory Certification,英文缩写为“CCC”,简称为“3C 认证”。3C 认证对这些产品的安全性能、电磁兼容性、防电磁辐射等方面都做了详细规定。从 2002 年 5 月 1 日起,国家相关部门开始受理第一批列入强制性产品目录的认证申请,包括涉及安全、电磁兼容、环境保护要求的 19 大类、132 种产品。列入目录、未获得强制性产品认证证书和未施加强制性认证标志的产品不得出厂、进口和销售。这将进一步促进全民的电磁兼容性意识,促进电磁兼容技术深入发展。

1.5.2 电磁防护技术的发展

电磁防护器件和硬件系统是电子信息设备开展电磁防护的重要措施,目前相关研究主要集中于电磁防护新器件、新技术、新工艺,包括采用屏蔽、滤波、接地等手段进行分级、分层防护,以及采用软/硬限幅及智能自动增益控制技术等。电磁防护器件的性能指标越来

越先进，响应速度越来越快，通流能力越来越大，插入损耗越来越小，按需设计的智能化电磁防护器件和电磁防护模块越来越成为研究热点和重点。

用于射频前端的电磁防护器件主要由电涌保护器件构成，也称为限幅器，大多为半导体限幅器和气体限幅器。半导体限幅器体积小，响应速度快，峰值泄漏低，是目前高功率微波、快沿强电磁脉冲防护的主流方式。气体限幅器通流能力大，也配合相关防护器件开展设计，提升电磁防护模块的通流能力。目前主要通过提升器件性能和改进电路拓扑结构两种方式提升限幅器的电磁防护性能。

在电磁防护器件的性能提升方面，相关研究院所推出 GaAs 限幅器，基于 GaAs 防护器件设计的防护电路插入损耗小，耐受功率高，可防护的频带范围宽。随之发展的基于第三代半导体材料的防护器件则极具竞争力，以 GaN 为代表的第三代半导体防护器件具有击穿电场强度高、电子迁移率高、抗辐射能力强等优点，其制作的肖特基二极管应用于微波限幅电路可大幅提升现有电路性能。

在电磁防护器件的结构设计方面，拓扑结构改进的主要方式为多级限幅，多级限幅器可以在提升器件响应速度的同时保证功率容量，例如将 PIN 二极管和肖特基二极管组成三级混合二极管限幅器，在两级 PIN 限幅器的基础上加入一对肖特基二极管以减小尖峰泄漏；利用 PIN 二极管的多级拓扑结构以及对管结构构成防护电路，不但可提升防护器件的耐受功率，还可对正负极性强电磁脉冲进行防护；采用两级凹型同轴谐振腔限幅结构增强电场强度，加速限幅器导通，通过调整谐振腔尺寸为 PIN 二极管提供合适的偏置，研制成低泄漏 PIN 二极管限幅器等。

在提升电磁防护模块的整体性能上，综合防护器件的防护性能及电路拓扑结构，发展出新的混合结构的防护模块。例如在通流能力上，气体限幅器功率容量远大于半导体防护器件，但通常这类器件响应速度较慢，为提升防护性能，混合结构设计的防护模块将气体限幅器和半导体限幅器一体化结构设计，兼顾气体限幅器通流能力大及半导体限幅器响应速度快的优势，并行提升防护模块的耐受功率和响应速度。

同时，随着强场攻击手段更加灵巧、智能，电磁防护手段走出传统电磁防护模式，向新型电磁防护方法转变，向适应性更强、智能化水平更高的方向发展。例如国内外对具有频率选择性限幅的一体化防护结构进行了研究，包括多工器与限幅器组合形成频率选择限幅系统，利用超导薄膜的相关特性形成频率选择限幅结构、表面频率选择限幅结构等。

在新型电磁防护方法上，美国国防高级研究计划局（DAPRA）对频率选择性限幅结构研究得相对较早，其使用悬置微带线和有源限幅器结合，构建了具有自适应频率选择限幅特性的保护结构，八个通道多工器实现了连续输出。美国 SPAWAR 公司研制出了五通带频率选择限幅结构，单通道带宽相对较宽，每个通道输出端口均自适应接入限幅结构。我国相关单位开展了能量选择表面和频率选择表面等电磁防护新技术研究，可应用于大型设备天线罩。

整体而言，不同电磁防护电路的防护特点如表 1－3 所示，防护方法仍多以静态为主，环境适应能力不充分，缺乏损伤防护与干扰防护的综合系统观，尚无学习能力。

表1-3　不同电磁防护电路的防护特点

器件类型	频域特性	时域特性	工作特点
滤波器	抑制带外频段	全时段抑制	无法抑制带内干扰或攻击
限幅器	全频段抑制	仅在HPM作用过程中工作	无法选择性防护
滤波与限幅级联	带外频段始终抑制	带内频段在HPM工作时抑制	无法对带内信号选择性防护
自适应频率选择限幅(FSL)	仅抑制HPM所在频段	仅在HPM作用过程中工作	遭受攻击时仅针对相应频段进行防护,其余通道所受影响较小或不受影响

而随着攻击性武器智慧程度的发展,防护设计的智能化水平必须进一步提升。特别是未来攻击电磁环境灵活度高、信号样式多、功率水平高,装备向无人化、智能化、隐身化发展,电磁防护设计必须更为灵活高效,须由适应性自主向系统性自主、学习型自主迈进。

第2章 电磁环境及效应

2.1 电磁空间

电磁空间是各种电磁场与电磁波组成的物理空间。从广义上讲，凡是存在电磁属性和时变电磁场传播所涉及的一切物质和空间均属于“电磁空间”范畴。电磁波可以在所有的物质中存在，在无限空间里传播，由此构成的“电磁空间”也是无限的。狭义的电磁空间，是指时变电磁场传播的特定空间。在这个空间里，存在着电磁应用产生的各种各样的电磁信号。在电磁空间里保证各种电磁应用能够正常进行，就构成了电磁空间安全。人们常用电磁应用、电磁频谱和电磁空间安全等术语来表示电磁空间的存在。

电磁频谱是电磁信号在频域上分布状况的一种描述，它反映电磁信号在波长和频率上的表现形态。电磁频谱范围主要覆盖甚低频、低频、中频、高频、甚高频、特高频、超高频、极高频等，按波长分为超长波、长波、中波、短波、超短波、微波、毫米波、红外线、可见光、紫外线等。电磁频谱范围在理论上包括从零至无穷大的电磁辐射频率范围，但实际可用的频率范围有限。

电磁空间安全是国家安全的重要组成部分，主要指各类电磁应用活动，特别是与国计民生相关的国家重大电磁应用活动能够在国家主权以及国际共享区的电磁空间范围内，不被侦察、不被利用、不受威胁、不受干扰地正常进行，同时国家秘密频谱信息和重要目标信息能够得到可靠的电子防护。

2.2 复杂电磁环境

2.2.1 复杂电磁环境的形成

复杂电磁环境的形成是以电磁空间的发展和复杂电磁应用与反应用活动的开展为基础的。电磁空间是客观存在的,而它的发展则依赖于电磁应用的发明及其在社会各领域的广泛运用。复杂电磁环境从电磁空间的电磁现象与人、设备的相互影响中逐步显现出来。

1. 电磁波的发现和应用是电磁环境形成的基础

人类认识电磁波的过程是一个漫长的且不断发展的过程。1785 年,法国物理学家库仑提出了"库仑定律"。1800 年,意大利物理学家伏特研制出化学电池,用人工方法获得了连续电池,为后人对电与磁关系的研究创造了重要条件。1820 年,丹麦电学家奥斯特发现了电流的磁效应。1831 年,英国物理学家法拉第提出了电磁感应定律,证明了"磁"可以产生"电"。1865 年,英国物理学家麦克斯韦建立了电与磁的统一理论,即麦克斯韦电磁理论,告诉人们"电"是可以无限传播的。1887 年,德国物理学家赫兹用实验方法证明了电磁波的存在,实现了电磁波的产生和接收。1895 和 1896 年,意大利发明家马可尼和俄国物理学家波波夫,分别成功地进行了无线电通信试验。1901 年,跨越大西洋的越洋无线电通信试验成功,人类从此揭开了电磁波应用的新篇章,进入了电磁时代。

由于电磁波不需要其他的物理媒介就能在空间以光速传播,还可以方便地将各种信息加载在上面,非常适合战场机动目标的信息获取、传输、控制和利用的需要,因而它被迅速应用于战场。1904 年 2 月爆发的日俄海战,就是世界战争史上第一次使用无线电通信的战争。最早的无线电通信使用长波、中波波段。1931 年,人们建立了超短波通信线路。其后,人们又发展了微波通信、对流层散射通信和卫星通信。1935 年 6 月,英国研制出了探测飞机距离达 17 英里[①]的第一部实用雷达。

随着电磁波的理论和应用不断取得重大成就,电磁波已经成为人类传递信息和能量的最重要形式。在军事领域,电磁波已经成为战场信息获取、传递、使用以及对抗的重要媒介和最佳载体。目前,军事电子技术所利用的频谱已经覆盖了从极低频、短波、微波、毫米波、亚毫米波、红外线到可见光等全部频段,在电磁波的全频段上,分别工作着通信系统、雷达系统、光电系统、武器控制与制导系统、电子对抗系统等军事电子信息系统,这些门类繁多的设备和系统已渗透到各军兵种,广泛运用于各级指挥系统和各种武器系统中,它们对频

---

① 1 英里 =1.609 3 千米(km)。

谱资源的大量需求促使人们向更广的范围开发利用频谱资源。即便如此,还是不能缓解频谱拥挤的情况。因而,复杂电磁环境也结束了无线电发展早期的宽松状态,转为密集复杂状态。

2. 电磁领域的对抗活动推动电磁环境的发展

电磁应用在战争中的作用越来越重要,电磁领域的对抗活动日益激烈,使得以争夺电磁空间控制使用权为目的的电子战应运而生。电子战从诞生至今已走过近一个世纪的历程。回首寻踪,电子战的发展大体上经历了三个阶段。

电子战的初始阶段,是在第一次世界大战期间。那时的技术还不成熟,主要是运用无线电通信接收机和测向机,通过侦测得到敌方部队的行动、兵力部署等情报。同时,也偶然有针对性地实施一些干扰,破坏敌方通信。

第二次世界大战期间到 20 世纪 50 年代,为电子战的形成阶段。这一阶段电子战的主要标志是出现了导航和雷达对抗,它们与通信对抗一起,形成了电子战基本支柱,确立了电子战在战争中的地位。

20 世纪 60 年代以来,电子战进入全面发展阶段。通信、雷达和光电技术得到了飞速发展,制导武器大量应用并成为主要攻击手段,促使了电子对抗技术的发展。特别是 70 年代以来,出现了由电子战侦察、测向和干扰设备组成的三位一体的通信对抗系统和综合雷达对抗系统。

20 世纪 80 年代之后,随着微电子技术、计算机技术的发展及在军事上的广泛应用,军队的指挥、控制、通信、情报系统及各种武器系统、作战平台的电子技术含量越来越高,不同空间作战力量的联合行动能力严重依赖于电磁波,这使人们认识到,利用电磁能攻击破坏敌方作战体系中的电磁信息设备,会在短时间、大范围内大大降低其工作效能,从而破坏敌方作战体系的整体作战能力,战争中电磁领域的斗争愈加激烈,电子对抗被赋予了新的内容,不仅仅是干扰和破坏敌方通信与雷达等单一兵器,而且发展到攻击敌方的 C^4I 系统。

电子战的发展历程表明,电磁波的应用和反应用是在此消彼长的激烈对抗中由初级向高级、由单一向系统、由简单向复杂发展的。这种战场电磁波传播与抑制的矛盾运动,使得电磁环境越来越复杂。特别是在激烈电子战情况下的信息化战争中,战场电磁环境已成为争夺战争优势的重要依托。无论是对电磁波的正常利用,还是破坏其利用,都是对电磁波的充分开发与利用,在它们的共同作用下,形成了今天激烈变化的战场电磁环境。

3. 军队信息化建设进程加剧电磁环境的复杂化

军队信息化建设进程的突出标志是武器装备的信息化,而新加载的信息系统和支持信息活动的信息网络无不需要使用电磁资源,占用电磁频谱。因此,战场电磁信号出现“爆炸性”的增长,必然导致战场电磁环境的复杂化。

战场电磁环境是一个已经形成并在迅速发展着的客观事实。总体上看,影响其形成与发展的主要是人为电磁活动和自然电磁现象两大因素。人为因素又分为敌我双方的电磁应用和电子战因素。在这几种因素的综合作用下,一个密集复杂、动态变幻的电磁环境弥漫渗透在陆、海、空、天的战场空间里。己方的因素可以通过技术、管理等手段加以化解,而敌方的破坏因素却是不可控的。人为电磁活动是最活跃的因素,对战场电磁环境的形成和发展走向起着决定作用。

当今世界,信息化武器的迅猛发展,进一步加剧了战场电磁环境的复杂化。同时,零副瓣天线、寂静雷达、扩跳结合电台、数据链技术……一系列旨在提高自身反侦察、反干扰、抗摧毁能力的电磁应用技术应运而生。投掷式干扰、大功率压制性干扰、欺骗性干扰、无源干扰都会使战场电磁环境恶化,同时,电磁脉冲武器和高能微波武器对电磁环境是具有极端破坏能力的。

总之,战场电磁环境在迅速复杂、恶化。

2.2.2 复杂电磁环境的概念

美国电气和电子工程师协会将电磁环境定义为:一个设备、分系统或系统在完成其规定任务时可能遇到的辐射或传导电磁反射电平在不同频段内功率与时间的分布,即存在于一个给定位置的电磁现象的总和。

美军于 1976 年在《美军野战条令战斗通信》(FM24 - 1)中将电磁环境定义为:电子发射体工作的地方;美国军用标准《系统电磁环境效应需求》(MIL - STD - 464A)将电磁环境定义为:电磁能量的空间和时间的分布,包含各种不同的频率范围,而且包括辐射和传导能量;美国国防部对电磁环境的定义是:存在于防护区内的一个或若干个射频场。

苏联军事百科全书中对电磁环境的定义是:“影响无线电装置或其部件工作的电磁辐射环境。”“规定区域内或目标上的电磁环境,主要决定于无线电装置(及其部件)的数量、工作状态、功率和辐射频率”;并且还认为:“电磁环境是指电子战双方在特定的感兴趣的区域内,由使用各自电磁能的电子战系统构成的信号和信号密度的总和。”

我国军用标准《战场电磁环境术语》(GJB 6130—2007)中对“战场复杂电磁环境”定义为:在一定的空域、时域、频域和功率域上,多种电磁信号同时存在,对武器装备运用和作战行动产生一定影响的电磁环境。

由上述定义可知,空间、时间、频率、能量是构成电磁环境的重要因素。电磁环境是存在于特定空间所有电磁现象的总和,包括自然电磁环境和人为电磁环境。自然电磁环境包括雷电、静电、太阳核爆等;人为电磁环境包括雷达、通信、广播、电视、导航定位、电子对抗、敌我识别、武器系统的制导指令信号、各种光电信息以及高功率微波、超宽带、高空核爆电磁脉冲等电磁脉冲源产生的辐射环境。结合战场电磁环境和电磁环境的概念,我们可以得到复杂电磁环境的定义:在一定空间,由时域、频域、能量域和空域上分布密集、数量繁多、样式复杂、动态随机的多种电磁信号交叠而成,对装备、燃油和人员等构成影响,对信息系统和电子设备正常工作有不良影响的电磁环境。

2.2.3 战场复杂电磁环境主要特征

战场复杂电磁环境本身的组成是错综复杂的,是一种无形的环境,根据战场复杂电磁

环境的特点,采取电磁科学中常用的空域、时域、频域和能域描述方法,在空间状态、时间分布、频谱范围和能量密度这四个方面描述战场电磁环境的形态特征。其特征描述示意图如图 2-1 所示。其中,各种曲线表示不同的区域上,电磁辐射能量和属性随时间、频率的分布规律。

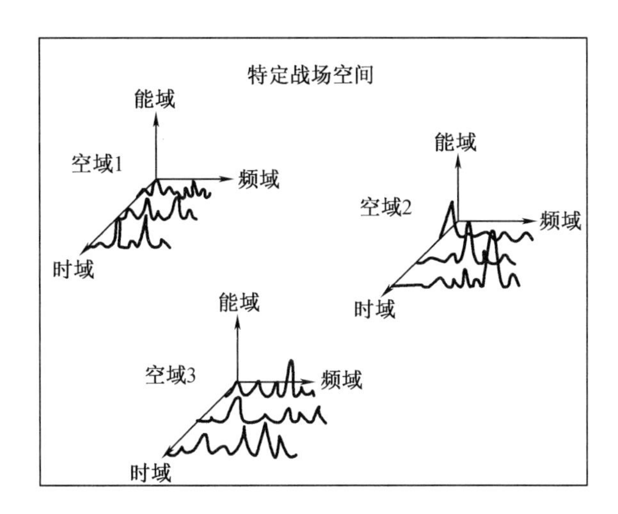

图 2-1　战场复杂电磁环境空域、时域、频域和能域分布示意图

1. 空间状态

空间状态是无形的电磁波在有形的立体战场空间中的表现形态,是战场复杂电磁环境的空域描述结果,它的典型特征是无形无影却纵横交错。在现代战场上,来自陆、海、空、天的不同作战平台上的电磁辐射交织作用于特定的同一作战区域,形成了交叉重叠的电磁辐射态势。

在现代化战场上的每一个阵地位置上,都同样分布着相类似的电磁波,而且由于战场上大功率军用电子设备的电磁辐射更为强烈、种类更为庞杂,在战场空间的某一点上的电磁波交叉密集的程度也更为复杂。

2. 时间分布

时间分布是战场复杂电磁辐射在时间序列上的表现形态,是战场复杂电磁环境的时域描述结果,它的典型特征是持续连贯却集中突发,电磁辐射活动在整体上是连续不间断的,尤其在现代战场上,各种电子对抗手段的大量运用,存在着侦察与反侦察、干扰与反干扰、控制与反控制的较量,为了抗敌而又护己,作战双方的电磁辐射时而非常密集、时而又相对静默,导致战场电磁环境随时变化,处于激烈的动态之中,这是信息化战场上必然出现的现象,是各种作战力量和武器平台必须面对的客观现实。

在时域密集的条件下,战斗指挥员就要根据战场上各种电磁辐射源的工作时机,统筹电磁资源,让自己的电磁辐射在相对有利的情况下工作,并最终取得最大效益。战场电磁环境中需要与敌方进行对抗,己方的电磁辐射按其自身的需要和规定工作,还需要以有意的电磁干扰破坏敌方电磁环境条件,并同时对抗敌方的有意干扰。这样,各种有用电磁辐射与敌方电磁辐射,加上双方恶意使用的电磁干扰,使得战场电磁环境在时域上表现出的密集、干扰更加严重,每一个作战平台都无法避免不同频率、不同制式、不同功率和形式的电磁波照射。时间密集的电磁信号环境是现代战场复杂电磁环境的显著特征。

3. 频谱范围

频谱范围是各种战场电磁辐射所占用频谱的表现形态,是战场复杂电磁环境的频域描述结果,它的典型特征是无限宽广却使用拥挤。在现代战场上,频谱范围直接与电磁波的全向传播、异频电磁波相互之间的非干涉性、同频电磁波的相干性等紧密联系。

电磁频谱是一种重要的作战资源,也是十分有限的资源。在实际应用过程中,人们只能使用电磁频谱的几个有限的片段。现代技术条件下,相同或相似功能的电子设备往往都工作于同一频段,而这些电子设备也因功能相同而具有相似的技术结构。这样在频域范围内,电磁辐射信号必然呈现出重叠的现象。

在电子技术日新月异并日益广泛地应用于军事领域的今天,电磁频谱的工作范围及其拥挤的状况就像一把双刃剑,在推动武器装备和指挥现代化的同时,也使战场电磁环境日趋复杂,电磁斗争日益激烈。

4. 能量密度

能量密度是战场电磁辐射强度的一种表现形态,是战场复杂电磁环境的能域描述结果,它的典型特征是能流密集却跌宕起伏。在现代战场上,人们运用电磁信号和电磁能的强大威力,控制着战场电磁环境的能量形态,使局部区域在特定时间内的电磁辐射可能特别强。以此为手段,一方面,可以更多、更远、更好地探测或者传递电磁信息;另一方面,可以对电子装备形成毁伤、压制、干扰或者欺骗的作用效果。

战场电磁环境中电磁能量密度的高低直接决定了对电子装备的影响程度。例如,每平方厘米一万瓦的连续激光辐射能量可以让光电探测器烧毁。对于雷电来说,若以它的平均值计算,一次闪电中就含有一万个脉冲放电过程,每个脉冲的平均峰值电流可以达到数万安培,它击穿的空气行程可从数百米到数千米,其间电阻至少要用数万欧姆计算,则一个雷电的主放电过程所释放的能量至少为数十万亿千瓦,如此强的电磁辐射能量以电磁脉冲形式向空间四周辐射,当通信网或其他电子接收设备接收到后,就会被彻底毁坏。它耦合感应到计算机、电视机等电子设备中时,可以引起电子设备程序紊乱、信息处理失误,甚至烧毁、损坏计算机的中央处理器及外围部件,从而造成不可估量的损失。

2.2.4 电磁干扰三要素

随着电磁环境的日益复杂,电磁干扰问题的日趋严重,极大地促进了 EMC 技术的发展。

电磁兼容研究都是围绕电磁干扰源、耦合通道(耦合途径)、敏感设备三个要素进行的,所以通常称其为电磁兼容三要素。电磁干扰源是指产生电磁干扰的元件、器件、设备或自

然现象;耦合通道(耦合途径)是指把能量从干扰源耦合到敏感设备上并使该设备产生响应的媒介和通道;敏感设备是指对电磁干扰产生响应的设备。

所有电磁干扰都是由上述三个因素组合产生的,因此把它们称为电磁干扰三要素(图2-2)。由电磁干扰源发出的电磁能量,经过某种耦合通道(耦合途径)传输到敏感设备,导致敏感设备出现某种形式的响应并产生效果。当电磁干扰超过敏感设备的敏感度时,就会产生电磁干扰。这一作用过程及其效果,称为电磁干扰效应。

图2-2 电磁干扰三要素

电磁活动产生电磁干扰的方式和途径不一,其中电磁辐射、传导是产生电磁干扰的主要电磁活动方式或途径。有的电磁干扰既以辐射方式也以传导方式传播。为了分析研究电磁干扰的性质、影响等,必须确定电磁干扰的空间、时间、频率、能量、信号形式等特性。因此通常采用以下参数进行电磁干扰描述:频率宽度、频谱幅度或电平幅度、干扰波形、出现率、极化特性、方向特性等,这些特性与电磁干扰三要素密切相关。

电磁干扰可以存在,这三个要素缺一不可,因此只要消除其中任何一个要素,电磁干扰问题也就解决了。作为电磁兼容工程师的主要任务就是确定三要素中哪一个是最容易消除的。以产品设计为例,电磁兼容性要求有两方面:降低辐射或传导的电磁能量、降低进入封装内的电磁能量或降低器件对进入封装能量的敏感度。两者都与辐射和传导有关系。

当处理电磁干扰时,需要建立的意识是:频率越高,越可能是辐射耦合;频率越低,越可能是传导耦合。分析电磁干扰时,可以从以下五点入手。

(1)频率:产生问题的频率有哪些?

(2)强度(幅度):电磁干扰有多强,引起的后果有多严重?

(3)时间:是连续的还是只存在一定的时间段?

(4)阻抗:干扰源和敏感设备的阻抗各为多大?两者之间传输电路阻抗多大?

(5)几何尺寸:辐射体的几何尺寸如何?射频电流的传输线路多长?

2.3 电磁干扰源

如前所述,形成电磁干扰的三个基本要素是电磁干扰源、耦合通道(耦合途径)、敏感设备。熟悉和了解常见的电磁干扰源是发现和解决电磁干扰问题的关键之一,本节将讨论电磁干扰源及其基本性质。

2.3.1 电磁干扰源的分类

电磁干扰源通常按干扰源的性质，分为自然干扰源和人为干扰源两大类，如图 2－3 所示。

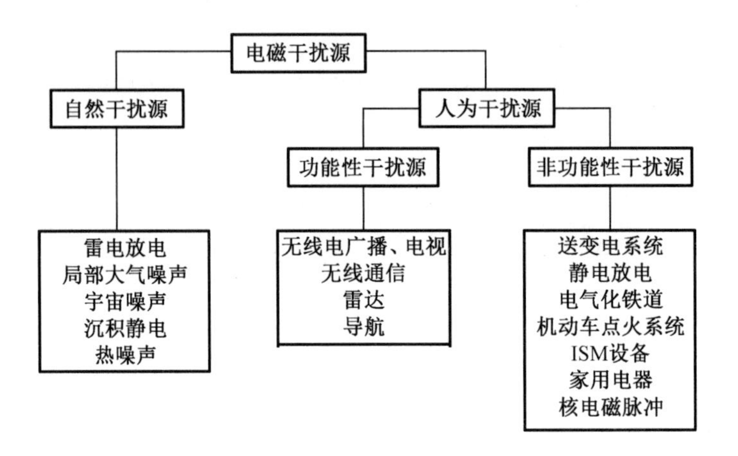

图 2－3　电磁干扰源分类

自然干扰源主要来源于大气层的天电噪声、地球外层空间的宇宙噪声、雷电、静电等，它们既是地球电磁环境的基本要素，也是对无线通信和空间设备造成干扰的干扰源。

人为干扰源包括功能性干扰源和非功能性干扰源。所谓功能性干扰源，是指设备或系统在实现自身功能的过程中产生有用电磁能量而对其他设备或系统造成干扰的装置，如雷达、电台、电磁脉冲武器等。非功能性干扰源则是指设备或系统在实现自身功能的过程中产生无用电磁能量而对其他设备或系统造成干扰的装置。无用的电磁能量可能是某种自然现象产生的，也可能是某些设备或系统工作时所产生的副产品，如开关闭合、断开产生的电弧放电干扰，以及各类点火系统产生的干扰等。

除上述分类方法外，电磁干扰源还可根据电磁干扰的耦合通道（耦合途径）分为传导干扰源和辐射干扰源；根据干扰场的性质分为电场干扰源、磁场干扰源、电磁干扰源；按干扰波形可分为连续波干扰源、脉冲波干扰源；按干扰的频带宽度可分为宽带干扰源、窄带干扰源；按干扰的幅度特性可分为静态干扰源、瞬态干扰源。根据电磁干扰源的频率范围，将一些典型的干扰源按频段分类列于表 2－1 中。

表 2－1　电磁干扰源的频段分类

干扰频段分类	频率范围	典型干扰源
工频及音频干扰源	50 Hz 及其谐波	输电线、电力牵引系统、有线广播
甚低频干扰源	30 kHz 以下	雷电放电

表2-1(续)

干扰频段分类	频率范围	典型干扰源
载频(中、短波频段)干扰源	30 kHz ~ 30 MHz	超高压输电线路上的电晕放电、火花放电
射频、视频干扰源	30 ~ 300 MHz	工业、科学、医疗高频设备
微波干扰源	300 MHz ~ 100 GHz	微波加热、微波通信、卫星通信发射机

2.3.2 自然干扰源

自然干扰源主要来源于雷电放电、局部大气噪声、宇宙噪声、沉积静电、热噪声等。

1. 雷电放电

雷电放电是一种自然现象,它是大气层中频繁产生且极为强烈的电磁干扰源,是大气干扰的主要形式。雷电现象虽为人们所熟知,但其放电机理、效应及防护方法,则是人们长期研究的课题。雷电的危害是有目共睹的,在航空、航天发展史上,由于雷击而造成的事故也屡见不鲜。雷电的分布规律可归纳为:热而潮湿的地域比冷而干燥的地域发生雷暴的概率大;从纬度看,雷暴的频数由北向南增加,赤道附近雷暴的频数最高(在我国,雷暴频数递减顺序大致是华南、西南、长江流域、华北、东北);从地域看,雷暴的频数是山区大于平原,平原大于沙漠,陆地大于湖海。

雷电电流的幅值最大可达200 kA以上,一般低于100 kA(例如,广东观测到雷电电流超过200 kA的占2%,超过40 kA的占50%)。这样大的电流无论是在沿建筑物的钢结构、避雷针流入大地的过程中,还是在大地中形成电流,都可能在附近导线上感应出能量很强的浪涌,形成电磁干扰。对于直击雷,当雷击供电网络时,注入的大电流也会产生浪涌电压,形成电磁干扰。同时,直击雷对设备、人、畜的危害都是致命的。

利用高速摄影观察方法,人们知道雷电放电大致经历三个阶段:

①先导放电阶段。当雷云中电荷密集处的电场达到2 500 ~ 3 000 kV/m时,就会发生先导放电。在这一过程中,电流不大,发光微弱,肉眼难以观察到。先导放电一般是自雷云向下断续地分级发展的,每级长度为10 ~ 200 m,平均为25 m;停歇时间为10 ~ 100 μs,平均为50 μs;每级的发展速度为10^7 m/s,延续时间为1 μs。当先导接近地面时,会从地面上较突出部分发出向上的迎面先导。这就像用导线一段一段地把雷云和大地连接起来,为即将到来的强大电流形成通路。

②主放电阶段。当下行先导与迎面先导相遇时,雷云中的电荷沿着光导放电阶段形成的放电通道迅速地泄入大地。在这一过程中,电流很大(可达数十千安到数百千安),时间短,瞬时功率极大,闪光耀眼,空气受热膨胀,发出强烈的雷鸣声,人们平时所说的雷电就是这一阶段的放电。

③余辉放电阶段。经过主放电后,雷云中剩余电荷继续沿上述通道向大地泄放。这一过程中,电流虽小,但持续时间较长,能量也较大。

(1)雷电电流峰值

它指主放电闪接于接地良好的物体时,流经其上的入地电流峰值。图2-4为用逼近法加以修正并取正值的雷电电流波形,此典型曲线表明雷电电流以近似指数函数规律上升至峰值,然后又按近似指数函数规律下降,因此又称此曲线为双指数函数曲线,可以用下式表示:

$$I(t)=I_m(e^{-\alpha t}-e^{-\beta t}) \tag{2-1}$$

式中 I_m——雷电电流峰值;

α——波头衰减系数;

β——波尾衰减系数。

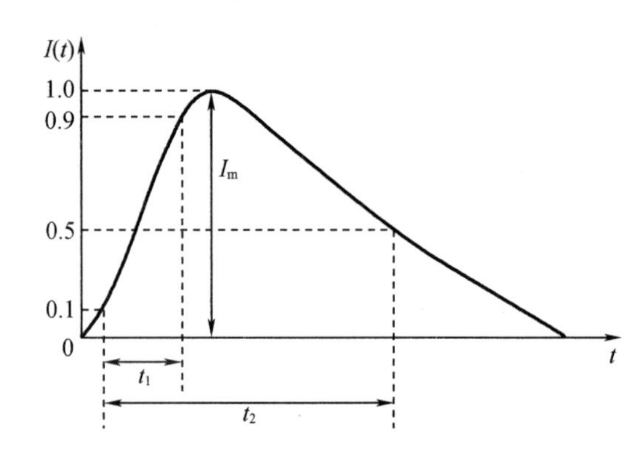

图2-4 理想化的雷电电流波形

(2)波头、波尾时间

图2-4中,曲线峰值左边部分称为波头,波头时间 t_1 是雷电电流从 $0.1I_m$ 上升到 $0.9I_m$ 的时间,为1~4 μs,平均为2.6 μs。曲线峰值右边部分称为波尾,波尾时间 t_2 是雷电电流从 $0.1I_m$ 上升到 I_m,又从峰值下降到半峰值的时间,为20~90 μs,平均为43 μs。波头时间和波尾时间是理想化的上升沿和下降沿时间,实用中常用"波头时间/波尾时间"的形式来描述一个近似双指数曲线的雷电电流波。例如1.5/40 μs,指的就是波头时间为1.5 μs、波尾时间为40 μs的雷电冲击波。波尾时间越长,雷电波形所含能量越大。

(3)陡度

陡度指雷电电流随时间增大的速度,该值平均为8 kA/μs,最大可达50 kA/μs。由于设备上感应的电感压降与 di/dt 成正比,因此雷电电流的陡度越大,雷电对电子设备的危害也越大。

(4)雷电频谱

雷电频谱是了解雷电能量的频率分布的重要参数,也是研究避雷措施的重要依据。一个雷电脉冲,理论上可以看成由直流(零频)到频率为无限高的无数个波组成,称为连续频谱。在该频谱中的每一个频段都包含着一定能量,这种能量依频率而变化的曲线即为能量分布密度。对采用频率分割的多路通信系统,可根据能量分布密度来估计在其频率范围内可能遭受雷电冲击的幅度和能量大小,进而确定是否采取防雷措施。关于雷电的频谱分

析，分以下三个方面来讨论。

①雷电电流峰值比率的频率分布

雷电电流峰值比率的频率分布是指在雷电电流的频谱范围内，每一个频率的电流值与雷电电流峰值之比的频率分布。

将式(2－1)进行傅里叶变换得

$$\begin{aligned} I(\mathrm{j}\omega) &= \int_0^{\infty} I_{\mathrm{m}}(\mathrm{e}^{-\alpha t} - \mathrm{e}^{-\beta t})\mathrm{e}^{-\mathrm{j}\omega t}\mathrm{d}t \\ &= I_{\mathrm{m}}\left[\left(\frac{\alpha}{\alpha^2+\omega^2} - \frac{\beta}{\beta^2+\omega^2}\right) + \mathrm{j}\left(\frac{\omega}{\beta^2+\omega^2} - \frac{\omega}{\alpha^2+\omega^2}\right)\right] \end{aligned} \tag{2-2}$$

即

$$\frac{I(\mathrm{j}\omega)}{I_{\mathrm{m}}} = \left[\left(\frac{\alpha}{\alpha^2+\omega^2} - \frac{\beta}{\beta^2+\omega^2}\right) + \mathrm{j}\left(\frac{\omega}{\beta^2+\omega^2} - \frac{\omega}{\alpha^2+\omega^2}\right)\right] \tag{2-3}$$

令

$$M = \frac{\alpha}{\alpha^2+\omega^2} - \frac{\beta}{\beta^2+\omega^2}$$

$$N = \frac{\omega}{\beta^2+\omega^2} - \frac{\omega}{\alpha^2+\omega^2}$$

则雷电电流峰值比率的频率分布可表示为

$$I(\omega) = \sqrt{M^2+N^2} \tag{2-4}$$

计算表明，雷电电流主要分布在低频(1 kHz 以下)，且随频率升高而迅速递减。电流的波头越陡，高频部分越丰富；波尾越长，低频部分越丰富。

②电流峰值比率积累的频率分布

雷电的破坏作用主要表现在对设备的过压击穿和冲击能量过大引起的热击穿上。当研究雷电过电压比率集中在哪一频段上时，若已测得设备对大地的阻抗，则可通过研究雷电电流峰值比率集中在哪一频段来得到。

对式(2－3)在频域 $0\sim\omega$ 内积分，得

$$\begin{aligned} \frac{I(\mathrm{j}\omega)}{I_{\mathrm{m}}} &= \int_0^{\omega}\left(\frac{\alpha}{\alpha^2+\omega^2} - \frac{\beta}{\beta^2+\omega^2}\right) + \mathrm{j}\left(\frac{\omega}{\beta^2+\omega^2} - \frac{\omega}{\alpha^2+\omega^2}\right)\mathrm{d}\omega \\ &= \left[\arctan\left(\frac{\omega}{\alpha}\right)\right]_0^{\omega} - \left[\arctan\left(\frac{\omega}{\beta}\right)\right]_0^{\omega} + \mathrm{j}\left[\frac{1}{2}\ln(\beta^2+\omega^2)\right]_0^{\omega} - \mathrm{j}\left[\frac{1}{2}\ln(\alpha^2+\omega^2)\right]_0^{\omega} \\ &= \arctan\left(\frac{\omega}{\alpha}\right) - \arctan\left(\frac{\omega}{\beta}\right) + \mathrm{j}\,\frac{1}{2}\ln\left(1+\frac{\omega^2}{\beta^2}\right) - \mathrm{j}\,\frac{1}{2}\ln\left(1+\frac{\omega^2}{\alpha^2}\right) \end{aligned} \tag{2-5}$$

利用式(2－5)计算出如下结果：

1.5/40 μs 波形，$I(\mathrm{j}\omega)/I_{\mathrm{m}}=90\%$ 大约积累在 87 kHz；

8/20 μs 波形，$I(\mathrm{j}\omega)/I_{\mathrm{m}}=90\%$ 大约积累在 24 kHz；

10/700 μs 波形，$I(\mathrm{j}\omega)/I_{\mathrm{m}}=90\%$ 大约积累在 11 kHz。

可见，波头越陡，受雷电影响的频率范围越宽。

③能量比率积累的频率分布

对于纯电阻负载,能量与通过它的电流平方成正比。因此可由式(2－1)表示的雷电电流导出雷电电磁脉冲能量比率积累的频率分布为

$$\frac{W(\omega)}{W_m}=\frac{2}{\pi(\alpha-\beta)}\left[\alpha\arctan\left(\frac{\omega}{\beta}\right)-\beta\arctan\left(\frac{\omega}{\alpha}\right)\right] \tag{2-6}$$

若雷电电流的波头时间较波尾时间短得多,即 $\alpha \ll \beta$,则式(2－6)可简化为

$$\frac{W(\omega)}{W_0}=\frac{2}{\pi}\arctan\left(\frac{\omega}{\alpha}\right) \tag{2-7}$$

利用式(2－7)所得数据表明:1.5/40 μs 雷电波约90%的能量集中在17 kHz 以下;10/700 μs 雷电波约90%的能量集中在1 kHz 以下。

鉴于90%以上的雷电电磁脉冲能量都分布在十几千赫兹频率范围内,因此只需防止十几千赫兹以内的雷电电磁脉冲侵入,就可抑制其90%的能量。在通信网络中采用高通滤波器来实现防雷就是这个道理。

2. 局部大气噪声

在大气中,除雷电放电之外还有其他能满足电荷分离和存储条件的现象也会产生放电现象,形成放电噪声,此噪声称为局部大气噪声。这种现象的产生,大致可归结为以下几种情况。

(1)大气中的水蒸气、沙尘、雪粒等物质撞击电子设备的天线或电路,造成电荷转移或静电放电,从而引起电磁噪声。例如,大气中的尘埃、雪花、冰雹等撞击飞机、飞船表面时,由于相对摩擦运动而产生电荷转移从而沉积静电。当电势上升到1 000 kV 时就产生火花放电或电晕放电。这种放电产生的宽带噪声频谱分布在从几赫兹到几千赫兹的范围内,将会严重影响高频、甚高频和超高频段的无线电通信和导航。

(2)电离层中的非线性现象以及无线电波在大气电离层表面反射条件的变化而形成的噪声。

(3)因接收地点和季节的不同,所受到的干扰强度和频率也不相同。通常,热带地区的短波通信会受到严重的干扰。

大气噪声功率常与热噪声功率有关,有两种较为普遍的表示方法,一种是用噪声系数 f_a 表示,另一种是用等效噪声温度 T_a 表示。噪声功率可表示为

$$p_n=10\lg(T_a kB)=10\lg T_a(\mathrm{K})+10\lg B(\mathrm{Hz})-228.6(\mathrm{dBW}) \tag{2-8}$$

或

$$p_n=10\lg(f_a T_0 kB)=F_a(\mathrm{dB})+10\lg B(\mathrm{Hz})-204(\mathrm{dBW})$$

式中,$F_a=10\lg f_a(\mathrm{dB})$;$k$ 为玻耳兹曼常数;T_0 为绝对温度,一般取290 K;B 为接收机的有效带宽(Hz)。

3. 宇宙噪声

宇宙噪声是指宇宙间的射电源所辐射的电磁波传到地面而形成的噪声。这里的射电

源是指发射无线电波的天体和星际物质，如太阳、月亮、行星、银河系及星云等。就地球上所收到的电磁功率流密度而言，太阳是最强的射电源。

太阳主要是以可见光的波长发射出它的大部分能量，其辐射的总功率变化不大（变化率约为2%）。但太阳无线电辐射却变化极大，有时要超过几个数量级。太阳无线电辐射可分为三种情况：

（1）宁静期，此时辐射强度较低，且不随时间变化。

（2）活动期，此时辐射强度稍高，且随时间有缓慢变化。

（3）强活动期，或称太阳射电爆发，此时太阳产生的辐射强度将大于宁静期的辐射强度60 dB。

当然，地面收到的太阳噪声强度与天线的方向性及指向有关。例如，$f=200$ MHz时，宁静期的太阳噪声温度 $T\approx10^6$ K，由地球看太阳的立体角约为 0.7×10^{-4} rad。若设天线增益 $G=16$ dB，则可计算出等效噪声温度 $T_a\approx220$ K；若天线指向不是对准太阳，则可忽略其影响。

银河系噪声主要来自银河系中心区域，其中较强的射电源位于天鹅座、金牛座等处。银河系的辐射峰值出现的频段一般为150～200 MHz，它将对工作在30～300 MHz频段的通信构成严重的干扰。

其他星体射电源的噪声，如行星噪声、月球噪声等，可能成为夜间的主要噪声源。例如木星噪声源主要在10～40 MHz频段内（在18 MHz附近最强），它是由强度很强、宽度约为1 s的脉冲辐射引起的。金星、火星也会辐射噪声，但由于从地球上看这些星体的立体角都很小，所以收到的噪声也很小。从地球上看月球的立体角与看太阳的立体角差不多，所以月球的噪声对通信的影响比太阳小得多。

对于30 MHz以下频段，由于电离层的反射作用，到达地面的宇宙噪声电平通常远小于大气噪声。因此，在地面上实际观测到的宇宙噪声基本上是30 MHz以上的噪声。

4. 沉积静电

沉积静电干扰是指大气中尘埃、雨点、雪花、冰雹等微粒在高速通过飞机、飞船表面时，由于相对摩擦运动而产生电荷迁移，从而沉积静电，当电势升高到1 000 kV时，就发生火花放电、电晕放电。这种放电产生的宽带射频噪声频谱分布在几赫兹到几千赫兹的范围内，严重影响高频、甚高频和超高频频段的无线电通信及导航。

5. 热噪声

热噪声是电阻类导体（例如天线）或元器件中由于自由电子的布朗运动而引起的噪声，是一种随机噪声。在一定温度下，电子与分子撞击会产生一个短暂的电流小脉冲。由于随机性，电流小脉冲的平均值为零。但电子的随机运动会产生一个交流成分，这个交流成分即为热噪声。通常，从直流到微波范围，电阻热噪声具有均匀的功率谱密度。

2.3.3 人为干扰源

人为干扰源涵盖了一个很大范围的电子、电气设备和系统,从大功率无线电发射设备到高压输变电系统,以及工业、科学和医疗设备等,将其分为功能性干扰源和非功能性干扰源来讨论。通常情况下,人为干扰源比自然干扰源产生强度更大的干扰,对环境的影响更严重。

1. 功能性干扰源

通信、广播、电视、雷达等大功率无线电发射设备发射的电磁能量对系统本身来说是有用信号,而对其他设备则可能是无用信号而造成干扰,并且其强功率也可能对周围的生物体产生危害。

大功率的中、短波广播电台或通信发射台的功率达数十千瓦、百千瓦。这些大功率发射设备的载波均经过合法指配,一般不会形成电磁干扰源。但一台发射机除了发射工作频带内的基波信号外,还伴随有谐波信号和非谐波信号发射,它们将对有限的频谱资源产生污染。

(1)核电磁脉冲

1962 年 7 月 9 日,美国在太平洋约翰斯顿(Johnston)岛上空 40 km 处进行一次威力为 140 万吨 TNT 当量、代号为“海盘车”(Starfish)的高空核试验,核弹爆炸 1s 后,距离该岛 800 km 的檀香山(Honolulu)地区街灯因电网临时性跳闸而熄灭,安装在建筑设施内的几百部防盗报警器同时误报警,架设在一些高压线路上的避雷装置突然同时被烧毁,瓦胡岛的照明变压器被烧坏,檀香山与威克岛的远距离短波通信中断。与此同时,距爆心投影点1 300 km的夏威夷群岛上,美军的电子通信监视指挥系统也全部失灵。后经研究,认定这是由核爆炸产生的核电磁脉冲(NEMP)所引起的。核爆炸包括地面核爆炸、低空核爆炸及高空核爆炸三种,其中高空核爆炸发生在高度 40 km 的大气层之外,产生的核电磁脉冲的强度大、覆盖区域广。通常,NEMP 是指高空核电磁脉冲。图 2-5 所示为低空核爆炸产生的核电磁脉冲电场波形;图 2-6 所示为 5 000 km 处测量的高空核电磁脉冲(HEMP)。

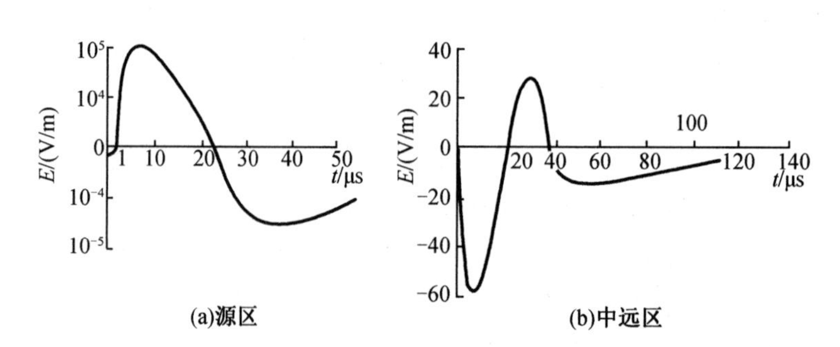

图 2-5 低空核爆炸产生的核电磁脉冲电场波形

HEMP 是距地面 40 ~ 100 km(或以上)核爆炸时与大气相互作用产生的电磁脉冲。IEC

标准的高空核电磁脉冲波形如图 2-7 所示，核电磁脉冲分为三个阶段，早期（E1）主要是高频（1 MHz ~ 1 GHz）能量脉冲，它可以对控制系统、传感器、通信系统、计算机等造成破坏；中期（E2）主要是中频脉冲，与雷电脉冲类似；晚期（E3）主要是低频脉冲（3 ~ 30 Hz）。E2 和 E3 主要对长的电力传输线和低频设备造成破坏。

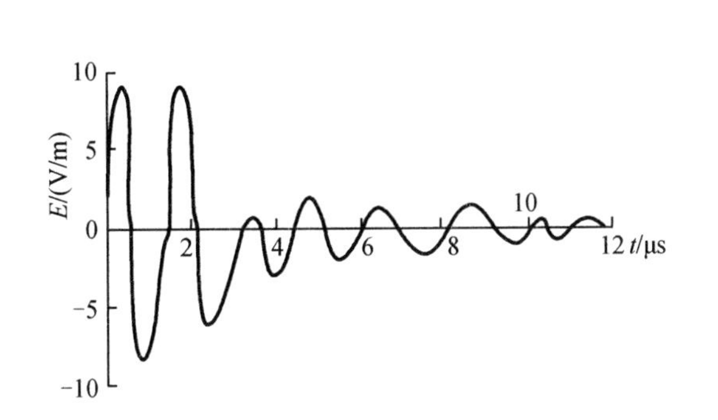

图 2-6　5 000 km 处测量的 HEMP

图 2-7　核电磁脉冲三个阶段示意图

高空核爆炸产生的电磁脉冲危害比地面和地下核爆炸更大，其脉冲强度更大、覆盖区域更广，在地面附近，可做平面波处理。

目前，国内外对 HEMP 辐射环境的描述，多以双指数形式作为辐射波形的数学表达式，如式（2-9）所示。

$$E(t) = kE_0(\mathrm{e}^{-\alpha t} - \mathrm{e}^{-\beta t}) \tag{2-9}$$

式中　k——修正系数；

E_0——峰值场强，一般为 50 kV/m；

α、β——脉冲前沿、后沿的参数。

不同的 k、α、β 对应不同的时域波形。

（2）高功率微波

20 世纪 70 年代以来，脉冲功率技术和等离子体物理的进展推动了高能强流粒子束的产生和波-粒子相互作用的研究，为高功率微波（high power microwave，HPM）技术的发展奠定了基础。近年来，由于固体电子学在军事技术中的广泛应用和微电子学的快速发展，大大增加了武器电子装备的易损性，因而高功率微波武器的潜力正在迅速提高，已成为当今信息战和电子战的重要手段。

频率为 300 MHz ~ 300 GHz 的电磁波通常称为微波，其中脉冲功率电平大于100 MW 的微波称为高功率微波。典型 HPM 电磁脉冲参数为：峰值功率 100 MW ~ 1 GW，脉冲宽度 10 ns ~ 1 μs，单次脉冲所包含的能量 1 J ~ 1 kJ，在连续工作状态下，脉冲重复频率在 10 Hz ~ 1 kHz。HPM 的频率范围为 1 ~ 300 GHz，它与普通微波信号的差别主要反映在脉冲峰值功率上，一般认为 HPM 的脉冲峰值功率应在 100 MW 以上。HPM 最重要的作用是作为定向能武器，干扰和欺骗敌方的电子系统，随着发射功率的增加，它还可用来摧毁敌方武器系统中的电子器件、雷达、电引信以及 C^3I 系统。

概括来说,HPM 武器的杀伤能力大致分为三级:

①以 0.01 ~ 1 W/cm^2 功率通量的波束照射目标时,可使雷达、通信和导航等设备性能降低或失效,尤其是计算机的芯片更易失效或烧坏。

②以 10 ~ 100 W/cm^2 功率通量照射目标时,其辐射形成的电磁场可进入飞机、导弹、坦克等武器的各种电子线路中,使电路功能混乱或损坏其电路元器件。

③当功率通量达 10^3 ~ 10^4 W/cm^2 照射目标时,能瞬间摧毁目标,引爆炸弹、导弹等。

HPM 武器能以光速全天候攻击敌方电子系统,能以最少的提前威胁特征信息覆盖多个目标空域,能以不同的战斗级别进行软杀伤和硬杀伤,也能对付海、陆、空范围很广的威胁,如防御所有类型导弹(尤其是反辐射导弹),对入侵者进行干扰、欺骗,使车辆点火装置和各种飞机控制、探测、引信系统失灵等。苏联采用射频电子战(REW)的概念,认为 HPM 定向能是电子对抗的自然延伸。所以 HPM 武器又称射频(RF)武器,它包括了传统电子战的作用,又增加了硬杀伤和攻击能力,并扩大了杀伤范围。所以,如前所述,美军于 1992 年相应地将电子战的定义修改为“利用电磁能和定向能,以控制电磁频谱或攻击敌人的任何军事行动”。显然,引入了 HPM 武器(包括机载和天基)和激光武器,大大增强了电子战和信息战的威力,成为 21 世纪战场掌握电磁频谱、夺取制空权中最重要的一环。

(3)超宽带

超宽带(ultra wide band, UWB)电磁辐射是一种瞬态电磁辐射,又称超短电磁脉冲,其辐射向自由空间的电磁脉冲具有几百兆瓦到几吉瓦的峰值功率,上升前沿为亚 ns 或 ps 量级,相对带宽在(0.25,1)区间内。它涉及许多新概念和新技术,包括瞬态电磁波的激励、传播与目标作用机理。由于其频带宽,可以覆盖目标系统的响应频率,脉冲极窄可以超越目标系统的保护电路,因此对电子设备有很大威胁。置于车辆、飞机和卫星上的高功率超宽带电磁辐射源产生的电磁脉冲可以破坏或麻痹电子系统、计算机敏感部件、接收机前端,并能阻塞对方雷达。

2. 非功能性干扰源

非功能性干扰源包括各种各样的电气、电子设备,常见的有如下几种。

(1)工业、科学、医疗设备

工业、科学、医疗设备利用射频电磁能量工作,但其电磁能量对外发射则成为干扰源。用于科学研究的射频设备在我国不是主要的电磁干扰源。随着科学技术的发展,医疗射频设备逐渐成为一个重要的电磁干扰源,医院内的电磁干扰问题与日俱增。主要的电磁干扰源包括从短波到微波的各种电疗设备、外科用高频手术刀。

(2)电力系统

电力系统干扰源包括架空高压输电线路与高压设备。输电线路上的开关和负载投切、短路、电流浪涌、雷电放电感应、整流电路及功率因数校正装置等,将干扰以脉冲形式馈入输电线路,并经输电线以传导和辐射方式耦合到与输电线连接的电气、电子设备上。高压设备的电晕放电、不良接触引起的火花等也会形成电磁干扰。

(3)点火系统

点火系统利用点火线圈产生的高压,通过点火栓进行火花放电,由于放电时间短、电流大、波形上升陡,因此会产生很强的电磁辐射。发动机点火系统是最强的宽带干扰源之一。其产生干扰的最主要原因是电流的突变和电弧现象。点火时产生波形前沿陡峭的火花电流脉冲群和电弧,火花电流峰值可达几千安培,并具有振荡性,振荡频率为 20 kHz ~1 MHz,其频谱包括基波及其谐波,形成的干扰场对环境影响很大。

(4)家用电器、电动工具及电气照明

这一类设备或装置种类繁多,干扰特性复杂。其按产生电磁干扰的原因,大致可分为以下几类:

①由于频繁开关动作而产生干扰的设备,这一类电磁噪声在时域上有明确定义,如电冰箱、洗衣机等;

②带有换向器的电动机旋转时,由于电刷与换向器间的火花形成电磁干扰的设备,如电钻、电动剃须刀、吸尘器等;

③可能引起低压电网各项指标下降的干扰源,如空调机、感性负载等;

④各种气体放电灯,如荧光灯、高压汞灯等。

(5)信息技术设备

信息技术设备以处理高速数字信号为特征,典型的代表性产品如计算机及其外围设备、传真机、服务器等。随着这些设备的时钟频率不断提高,其电磁干扰的发射频率已达几百兆赫兹甚至几吉赫兹,包含丰富的频谱,有较强的辐射能力,会产生电磁干扰及信息泄漏。

(6)静电放电

静电放电是一种常见的电磁干扰源。当两种介电常数不同的材料发生接触,特别是相互摩擦时,两者之间会发生电荷转移,而使各自成为带有不同电荷的物体。当电荷累积到一定程度时,就会产生高电压。此时当带电物体与其他物体接近时就会产生电晕放电或火花放电,形成静电干扰。

静电干扰能导致测量、控制系统失灵或故障,以及计算机程序出错、集成电路芯片损毁,甚至能引起火灾,导致易燃、易爆品引爆。

2.4　电磁环境效应

2.4.1　电磁辐射对电发火装置的影响

电发火系统的主要组成部分包括电爆装置(electro-explosive device,EED)、传输线、开关电路以及安全和保险装置等,其中电爆装置是核心部分。电爆装置以电能作为初始激发冲能,最常见的形式是灼热桥丝式(或简称为桥丝式)。在储存、运输、装配和使用过程中,电爆装置不可避免地要暴露于外界强大的电磁环境中。

由于技术上的原因,电爆装置不可能处于完全屏蔽的状态,在接头处总会有间隙。这样,外界的电磁能量就能够在电爆装置或与其相连的电路中引起感应电流。当外界的电磁能量足够大,使电爆装置或与其相连的电路中的感应电流足够大时,就会造成电爆装置误引爆。

电磁能量对弹箭电点火系统的直接作用有两种:一种是以电流的形式通过脚线输入桥丝,通过加热桥丝使电点火具发火;另一种是以电压形式加在脚－壳之间,通过火花放电引爆电点火具。前者是低压大电流的过程,后者则是高压小电流的过程。在很多情况下,这两种作用是同时存在的,只是其中一种作用占主导。哪一种机理起主导作用取决于辐照电磁波的形式(连续波、脉冲波)、电点火具的类型(灼热桥丝、火花式、间隙式)以及电磁能量作用于弹箭电点火系统的方式(传导、辐射)。

弹箭电点火系统处于电磁场中时,由于结构比较对称,其引线中能感应出振幅和相位几乎相同的电流。该电流可看作由两部分组成,即通过负载的平衡模式电流 I_{bm} 和共模式电流 I_{cm},如图 2－8 所示。I_{bm} 在负载电阻中产生功率耗散,即在电点火具上产生热作用。I_{cm} 不会在负载中产生热作用,但 I_{cm} 会使高阻抗的电点火具脚－壳之间积累很高的电压,在电路的任何部分接地时泄放电荷,引起电点火具非正常起爆(脚－壳发火)或电压击穿导致失效。如果两导线不对称(如弯曲或打卷),那么共模式电流将向平衡模式电流转换。同样,这种转换也可以逆转,只是电点火具对平衡模式电流更敏感。

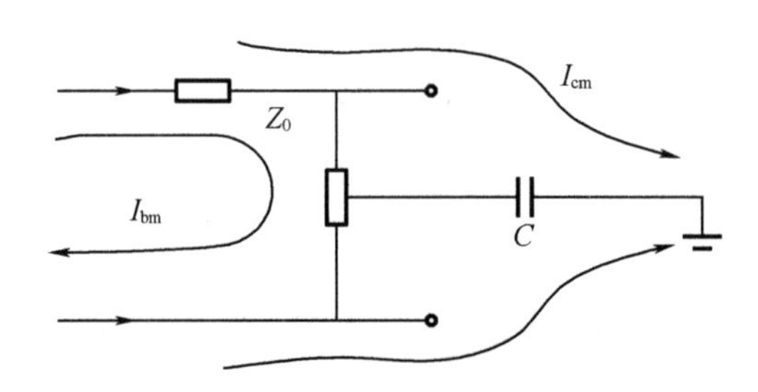

图 2－8　平衡模式电流和共模式电流

对于连续的电磁脉冲作用,电磁辐射的频率在 1 000 MHz 以下时电发火弹药的发火能量随频率的升高而增加,但是升高量并不大。在 1 000 MHz 以上的电磁辐射作用下,电点火具的桥丝温升是逐步积累的。电点火具桥丝的热积累是指当桥丝上受到一连串电磁脉冲作用时,在下一个电磁脉冲到来前,前一个电磁脉冲作用到桥丝上所产生的热量未被散尽。一连串的重复电磁脉冲就有可能使桥丝温度不断升高,直到引起电点火具发火。当干扰能量较小时,由于热积累的作用,药剂将会发生慢分解,有可能引起电点火具的性能改变,使火工品敏感度升高,起爆能量降低,从而使电点火具更容易被下一次作用引爆或者造成电点火具失效瞎火。

由以上分析可知,弹箭电点火系统因受电磁干扰而发火的机理有两种:电点火系统中

电点火具的桥丝受大功率电磁能量作用，产生热积累而引起发火，在这种情况下是一种低电压大电流的过程。电点火具元器件内部由于高电位放电产生介质击穿，导致电点火具局部出现过热而意外点火或瞎火，通常这是一种高压小电流的过程。

2.4.2　电磁辐射对燃油的影响

燃油暴露于电磁辐射环境中，较强电磁能量的电弧或火花足以导致挥发性易燃品的燃烧事故，存在电磁辐射对燃油的危害问题。

电磁辐射引燃燃油需要同时满足以下三个条件：

(1)对于给定的环境温度，燃油蒸气与空气混合物的比例必须适当；

(2)必须有足够能量的电弧或火花以产生恰当的点火温度；

(3)电弧间隙必须有足够的长度和热量，足以引起火焰。

这三个条件反映了电磁辐射引燃燃油的要素，即燃油燃烧密切相关的特性有闪点、燃烧极限以及点火能量三个因素。第一个条件是对燃油蒸气与空气混合物关于燃烧极限的限定。第二个条件是对燃油蒸气必须达到闪点以上的限定。需要说明的是，闪点温度与环境温度有区别，即使环境温度达不到闪点温度，但点火源的因素可能使燃油蒸气与空气混合物的温度超过闪点，从而引起燃烧。第三个条件是对点火能量的限定。

美军很早就开始研究电磁环境对燃油的影响。1955 年，针对停放在航空母舰甲板上的飞行器受射频照射发生的电弧放电现象，美国海军开展了针对射频能量点燃燃油蒸气的专项调查工作，在此基础上形成了《舰船上射频电弧使燃油蒸气点火的研究》报告(AD - A233049)。以该报告为基础，美军开展了一系列研究，最终颁布了一系列指令指示、标准文件和技术手册。

2.4.3　电磁辐射对生物的影响

生物体本身是由许多有机和无机物构成的复杂系统，是一个非均匀的、随时间和温度等变化的复杂体。根据电磁场或电磁波与复杂介质的作用过程可知，外加电磁场或电磁波通过电磁能量和电磁力作用于介质中具有一定电磁特性的部分。针对生物体来说，电磁场或电磁波作用于具有电磁特性的组织或分子上，引起它们的位移、振动、形变或变性，从而改变生物组织的电磁结构和特性，进而改变生物组织的生物学特性，产生生物效应。

从大量流行病学调查和国内外在生物电磁效应方面的研究结果来看，电磁场作用于生物体一般会产生两种生物效应，即热效应和非热效应。两种效应有可能同时发生，也可能只发生其中的一种，这取决于照射生物体的电磁场强度、频率、照射时间等，也和生物体本身的状态密切相关。现在还没有找到一种能够完整合理解释不同生物效应的产生并得到人们认可的理论。目前，全世界科学家对热效应已经大致达成共识，而由于电磁非热效应机理复杂，测定困难，因此学术界说法不一。

1. 热效应

生物组织电磁热效应是电磁场与生物体相互作用产生的一种表现形式，是指一定频率和功率的电磁辐射照射生物组织时，引起局部热积聚，当局部热积聚超过组织调温能力，即受照射组织内吸收的能量远大于生物体的调温能力时，将引起生理和病理的变化。例如，在人体中，眼球由于含水量高，血管分布较少，热交换缓慢，容易吸收电磁能量导致损伤，因此是电磁辐射的重要敏感靶器官。大量的试验研究证明，电磁辐射可以造成动物视觉系统损伤，主要表现为流泪、角膜浑浊、瞳孔缩小、血管充血、玻璃体浑浊等。

2. 非热效应

生物体与电磁场之间的相互作用机制主要是以共振为典型的生物物理效应机制。由于细胞膜的特殊结构，当电磁场(波)与生物体发生作用时，首先通过共振吸收的方式吸收电磁波的能量(光子能量)，从而改变膜内外表面的面电荷密度分布，同时膜会产生一种自适应性的调节，力图保持原有的生存方式(或状态)，在其自适应的能力范围之内，外界的影响能被细胞膜控制，生物体按原有的方式生存；若外界的影响超过其自适应能力，则会产生变异，生命体出现新的生存方式。这就是电磁生物非热效应。当电磁辐射的影响突破了生物膜自适应的极限时，就破坏了生物膜的原有结构，使细胞膜失去原有的功能而不能恢复，细胞死亡，这是生物非热效应的极端情况。电磁辐射灭菌就是一例。单位时间内吸收光子的数目超过一定的量值时，细菌原有结构被破坏，细胞膜原有功能不可能恢复，细菌死亡，因此，电磁辐射灭菌与功率有关，并存在一定的阈值。

一般来说，电磁场通过共振效应作用于生物体。其主要特点是存在频率窗、功率窗和作用时间窗。这表明，仅在一个特定的频率范围和作用时间段内才能出现极大的微波和射频辐射吸收，从而产生显著的生物效应。其频率窗表示所加的外电磁波的频率只有与生物内的分子或集团的固有振动频率相一致并产生共振时，生物大分子才能从电磁波中吸收能量。功率窗表示作用的电磁波的能量与触发这种生物效应存在一个阈值，只有超过此阈值才能激发明显的生物效应。作用时间窗则是触发这种生物效应需要一个时间积累，仅在一定时间进程之后才有生物反应。

生物电磁非热效应机理还包括场力效应、半导体效应、压电效应等。场力效应主要针对的是生物体内悬浮在体液中的粒子如红细胞、白细胞和单细胞等有机体，它们大多带有一定的电荷或电荷磁偶极矩，有些无电荷磁偶极矩的生物体在连续或脉冲波的电磁场力的作用下会感应偶极矩。这些相邻原子集团的偶极矩之间或与外电磁场会发生相互作用，这会导致沿外场方向的转向排列，使它们集体激发与运动。当外界电磁场足够强时，生物体会达到介电饱和，并会对中枢神经系统产生影响，同时也会影响悬浮介质的 pH 值或酶的结构。半导体效应主要对蛋白质和核酸等有机体乃至某些组织的细胞膜具有导电特性，它的电导率与半导体一致，因此其具有不对称的电压、电流特性。压电效应主要针对的是生物体中的骨胶质和晶状无机磷灰石的牙齿及骨组织，特别是在听觉系统中，在外电磁场作用下，会产生机械效应的压电效应。

2.4.4 电磁辐射对电子信息系统的影响

电子信息系统的电磁环境效应，即是复杂电磁环境对电子信息系统的影响，主要包括以下几种形式：能量效应、信息效应、管控效应等。

能量效应，即电磁信号利用其电磁能量作用于电子信息系统，对电子信息系统的正常工作产生影响，甚至对电子信息系统造成物理性破坏的“硬损伤”，破坏、摧毁电子信息系统，该效应从物理层面影响电子信息系统。目前，随着有限空间内的辐射源数量的逐步增加，电子信息系统接收到的各种电磁信号功率越来越强。同时，随着大功率的干扰源、电磁脉冲武器、高功率微波武器等的使用，电磁信号对电子信息系统产生物理损伤的情况越来越多。

信息效应，即电磁信号对电子信息系统的信息链路环节产生影响，妨碍电子信息系统产生、传输、获取和利用信息，对电子信息系统造成功能性破坏的“软损伤”，该效应从信息层面影响电子信息系统。对于“软损伤”而言，一方面，随着信息化技术的发展，电子信息系统网络化、体系化趋势越来越明显，从而呈现出电磁敏感性更强、可能遭受电磁环境影响的环节更多、受复杂电磁环境综合影响的机理更难把握的趋势；另一方面，随着各类电子信息系统的应用越来越广泛和有意争夺制电磁权的斗争越来越激烈，复杂电磁环境效应呈现出欺骗、干扰和破坏能力越来越大，针对性和综合性越来越强的趋势，促进了复杂电磁环境效应研究领域的攻防对抗新概念、新原理和新技术不断发展。

管控效应，即利用电磁频谱接入等信息化手段，对电子信息系统（特别是网络化信息系统）的控制协议和信息内容进行探测、识别、欺骗和篡改等操作，实现系统的接管控制和为我所用，即从控制层面影响电子信息系统。管控效应的研究工作目前还处于起步阶段，但是近年来的几次重大国际事件，显现出了它的巨大威力，这表明许多国家已经在这方面进行了探索性研究，并且逐步向实用化方向发展。

第3章

电磁干扰传播与耦合途径

电磁干扰源、敏感设备和耦合通道(耦合途径)是构成电磁兼容性问题的三要素。任何电磁干扰的发生都必然存在干扰能量的传输途径。要想解决电磁兼容问题,可以从干扰源、敏感设备和耦合途径这三个要素入手去考虑。影响系统内电磁兼容性的因素有系统内公共阻抗耦合、设备间的耦合、设备与电缆的耦合、电缆间的耦合等。影响系统间的电磁兼容性的主要因素有天线与天线的耦合、天线与电缆的耦合等。而通常对于已设计完成的设备或系统而言,消除或减弱干扰的传播与耦合途径往往是解决电磁干扰问题的唯一有效手段,所以弄清楚电磁干扰传播和耦合的机理是十分必要的。

3.1 电磁干扰的传播途径

电磁干扰源将干扰能量通过各种途径以不同方式传递到敏感设备的过程就称为电磁干扰的传播与耦合。“传播”强调的是电磁干扰能量传递的途径和方式,而“耦合”更强调电磁干扰的能量与敏感设备的相互作用。

一般而言,依据干扰能量的表现形式及其传播媒介,可将电磁干扰的传播与耦合方式分为两类:传导耦合方式和辐射耦合方式。传导耦合一般是指在频率比较低的情况下,电磁干扰通过导线传输,即通过设备的信号线、电源线等直接耦合到敏感设备。而辐射耦合一般是在电磁干扰的频率较高时,干扰能量以辐射的方式通过空间传播并耦合到与其没有任何物理连接的敏感设备。事实上,这两类干扰的传播和耦合方式都不是单独存在的,而经常是在一定条件下,某一种传播和耦合的方式起主导作用。

正因为实际中出现电磁干扰的耦合方式是多途径、复杂难辨的,所以才使电磁干扰变得难以控制。目前对传导耦合的具体划分,还存在很多分歧。如图3-1(a)所示,将传导耦合的传输电路限定于通过设备的信号线、电源线等可见性连接,而电容性耦合和电感性耦合则归为辐射耦合中的近场感应耦合。而另一种观点则认为,传导耦合范围不仅包含电容性耦合和电感性耦合以及这两者共同作用的两导体间的感应耦合,还包括线路的电路性耦合，以及导体间电容和互感所形成的耦合，如图 3－1(b)所示。除此之外，也有人认为传导耦合的传输电路是由金属导线或集总元件构成的，因此将导线与导线之间的分布参数耦合作为辐射耦合的一部分，如图 3－1(c)所示。

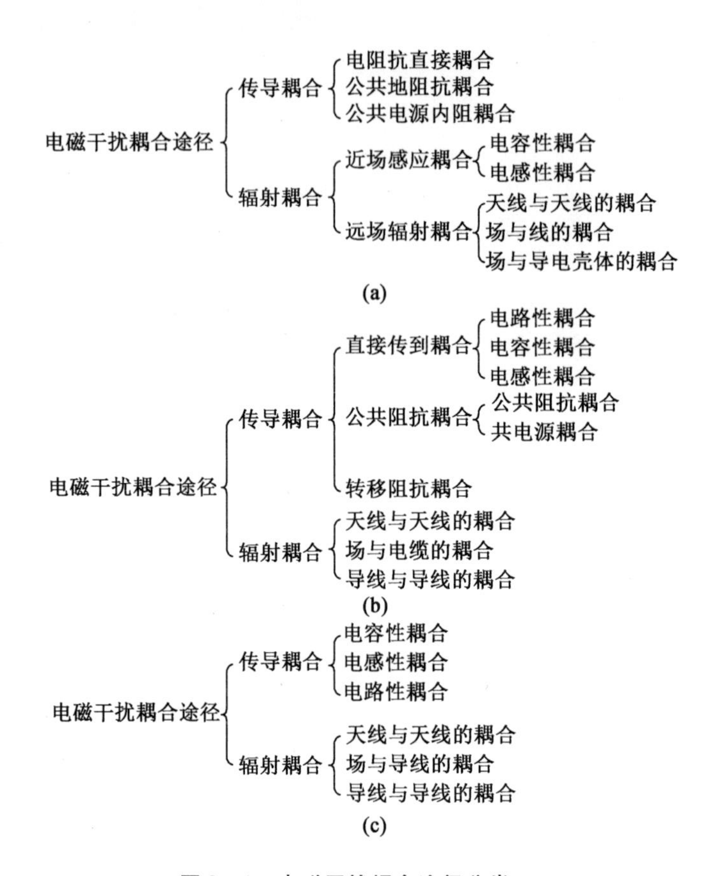

图 3－1　电磁干扰耦合途径分类

3.2　传导耦合

传导耦合是指干扰源的电磁干扰能量以电压或电流的形式通过金属导线、电阻、电容和电感元件而耦合至敏感设备。传导耦合必须在干扰源与敏感设备之间存在完整的电路连接，电磁干扰沿着这一连接电路从干扰源传输至敏感设备。

传导耦合可分为电阻性耦合、电容性耦合和电感性耦合。在实际工程应用中，这 3 种耦合方式往往同时存在且又相互联系。

3.2.1　电阻性耦合

电阻性耦合干扰是传导耦合的一种，干扰的产生至少存在两个相互耦合的电流回路，干扰电压或电流可以通过导线直接耦合或通过电源线和地线的公共阻抗进行耦合。图3-2描述的是电阻性耦合的物理模型，图中每个电流回路中流过的电流是该回路本身的电流与另一个与之耦合的电路在其中产生的电流之和。

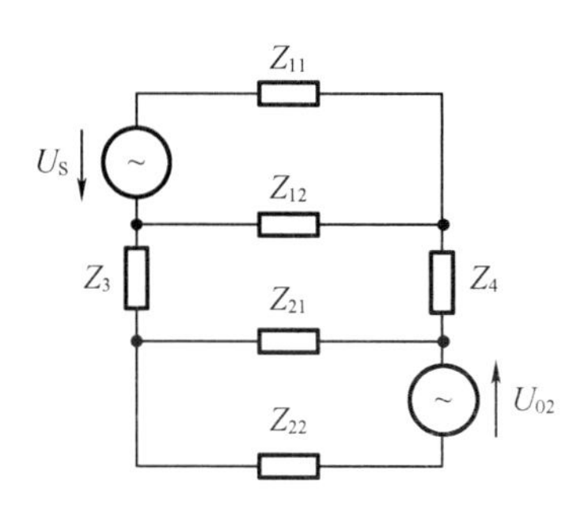

图3-2　电阻性耦合的物理模型

图3-2中，令 $U_S=U_{01}$，$U_{02}=0$，分析 U_{01}产生的有效电流，得到流经阻抗 Z_{11}的电流为

$$I_1=\frac{U_{01}}{Z_{11}+\dfrac{Z_{12}\left(Z_3+Z_4+\dfrac{Z_{21}Z_{22}}{Z_{21}+Z_{22}}\right)}{Z_{12}+Z_3+Z_4+\dfrac{Z_{21}Z_{22}}{Z_{21}+Z_{22}}}} \tag{3-1}$$

再令 $U_{01}=0$，分析 U_{02}经过阻抗 Z_3、Z_4在回路1中产生的干扰电流为

$$I_2=U_{02}\frac{Z_{22}}{Z_{21}Z_{22}+(Z_{21}+Z_{22})\left(Z_3+Z_4+\dfrac{Z_{11}Z_{12}}{Z_{11}+Z_{12}}\right)} \tag{3-2}$$

干扰电流在被干扰回路的阻抗 Z_{11}和 Z_{12}上产生的干扰电压分别为

$$U_{11}=Z_{11}I_2\frac{Z_{12}}{Z_{11}+Z_{12}} \tag{3-3}$$

$$U_{12}=Z_{12}I_2\frac{Z_{11}}{Z_{11}+Z_{12}} \tag{3-4}$$

此时，通过 Z_{12}中的电流为

$$I_{12}=I_1\frac{Z_3+Z_4+\dfrac{Z_{21}Z_{22}}{Z_{21}+Z_{22}}}{Z_{12}+Z_3+Z_4+\dfrac{Z_{21}Z_{22}}{Z_{21}+Z_{22}}}-I_2\frac{Z_{11}}{Z_{11}+Z_{12}} \tag{3-5}$$

式中，第一项代表有效电流的一部分，第二项代表干扰电流的一部分。在一定工作频率范围内，若干扰电流或干扰电压超过了被干扰对象的敏感度门限值，就会产生电磁干扰。

电阻性耦合可分为共电源阻抗耦合和共地线阻抗耦合。电源线在一定条件下会产生明显的阻抗，通常使用的电源也不是理想电源，都具有一定的内阻抗。因此，当多个设备或元件使用同一电源供电时，电源的内阻抗及共用电源线的阻抗就成为设备或元件的公共阻抗。同理，在共地线阻抗耦合中，如果有多个设备或元件使用同一地线接地，则地线阻抗也将成为这些设备或元件的公共阻抗。

1. 共电源阻抗耦合

当多个设备或元件共用同一个电源供电时，就有可能产生共电源阻抗耦合。例如把电动剃须刀和电视机插在同一个交流电源插座上，开动剃须刀就可能影响电视机画面质量，这时剃须刀和电视机之间就发生了共电源阻抗耦合干扰。断开大电感负载、使用晶闸管等对电网的污染实质上就是共电源阻抗耦合的典型例子。如图 3－3 所示，电路Ⅰ和电路Ⅱ共用一个电源，电源的输出电压为 U，电流为 I_S，电路的共电源阻抗为 Z，包括电源内阻、供电电缆的电阻以及供电电缆的感抗。

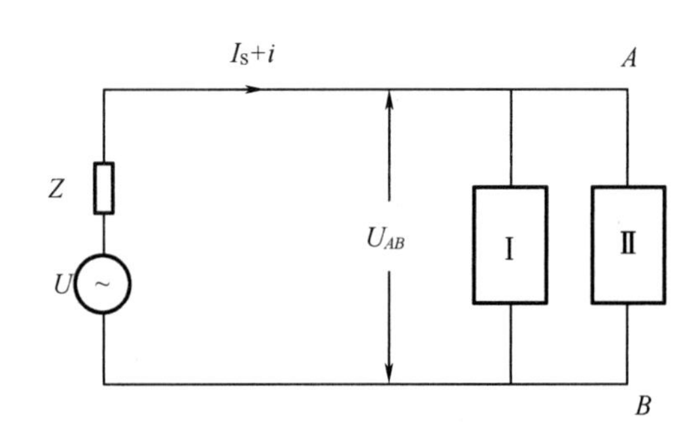

图 3－3　共电源阻抗耦合

所以，共电源阻抗的表达式为 $Z=R+j\omega L$，其中 R 为电源内阻和供电电缆的电阻，ω 为电流的角频率，L 为供电电缆的等效电感。通常，R 的取值很小，而对于直流或频率为 50 Hz 的电流 I_S 来说，感抗 $j\omega L$ 也很小，所以 $Z\approx 0$。则 I_S 在共电源阻抗 Z 上产生的电压降几乎为 0，即电路两端的电压 $U_{AB}\approx U$。假设电路 I 在工作时，供电电缆上产生的干扰电流为 i，频率 ω 通常很高，因此 L 的感抗很大，i 会在 L 上产生明显的干扰电压 $j\omega iL$，此时电路两端的实际电压 U_{AB} 为

$$U_{AB}=U-j\omega iL \tag{3-6}$$

骚扰（干扰）信号通过共用电源内阻耦合，如图 3－4(a) 所示，等效电路如图 3－4(b) 所示，放大器 1 中产生的骚扰电流 i_1 通过电源、地线构成的回路，在电源内阻 R_0 上产生一电压降 $R_0 i_1$，与电源产生的骚扰电压叠加，在放大器 2 上产生干扰。

如果仅分析放大器 1 中产生的骚扰电压 U_{1S}、对放大器 2 的影响电压 U_2，可得

$$U_2=\frac{R_2/\!/R_0}{R_2/\!/R_S+R_1}U_{1S}=\frac{R_2R_0}{R_1R_2+R_1R_0+R_2R_0}U_{1S} \tag{3-7}$$

所以只要共用同一电源的任一电路中产生骚扰信号，就会通过电源内阻耦合到其他电

路中。通常电源内阻抗的计算比较复杂，可以采用仪表测量其大小。

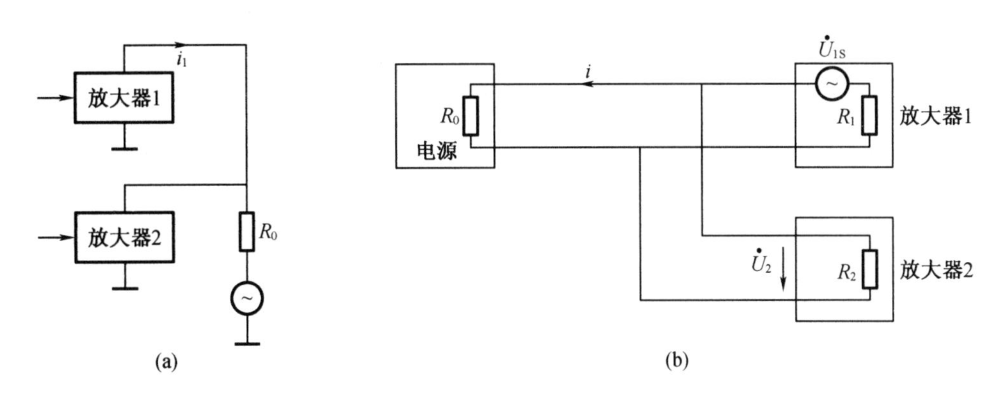

图 3－4　通过共用电源内阻的耦合及其等效电路

（1）直流电源内阻的测定

将直流电源负载断开，测电源的开路电压 U_0，然后加上一定的负载，测量电源输出端的电压 U_1 和电流 I_1，由负载特性可知，电源的内阻为

$$R_0 = \frac{U_0 - U_1}{I_1} \tag{3-8}$$

（2）交流电源内阻的测定

测定交流电源的内阻仍然可以采用上述方法，但是电源负载应为纯电阻，并且可变。所测电压和电流为交流有效值。由于交流电源内阻抗包含电源和电抗，因此需要测空载电压 U_0、负载电压 U_1 和电流 I_1，以及负载 R_2 的电压 U_2 和电流 I_2，写出联立方程组：

$$\begin{cases} \dfrac{U_0}{I_1} = \sqrt{X_L^2 + (R_0 + R_1)^2} \\ \dfrac{U_0}{I_2} = \sqrt{X_L^2 + (R_0 + R_2)^2} \end{cases} \tag{3-9}$$

式中，$R_1 = U_1/I_1$，$R_2 = U_2/I_2$，由以上方程组可解出电抗 X_L 和电阻 R_0 的值，从而求得

$$Z_0 = R_0 + jX_L \tag{3-10}$$

2. 共地线阻抗耦合

如图 3－5 所示，当干扰源（系统 A）与敏感设备（系统 B）共用一根接地线时，由于系统 A 的输出电流会流过图中 $X-X$ 段所示的公共阻抗，从而在该公共阻抗上会产生与系统 A 的负载相关的压降。由于系统 A 和系统 B 共用了接地线，所以该压降又会加在系统 B 的输入端，从而有可能对系统 B 造成干扰。此外，由于接地导线的阻抗呈感性，因此系统 A 输出电流中的高频或高 di/dt 分量更容易被耦合到系统 B 中。而当输入和输出在同一系统内时，公共阻抗也将构成寄生反馈通路，有可能导致振荡。

要解决上述共地线阻抗耦合问题，可以将两个系统分别接地，如图 3－6 所示。当系统 A 和系统 B 分别直接接地后，两个系统之间也就不存在公共通路，即不存在公共阻抗。这

种方法的代价是使用了多根接地导线。

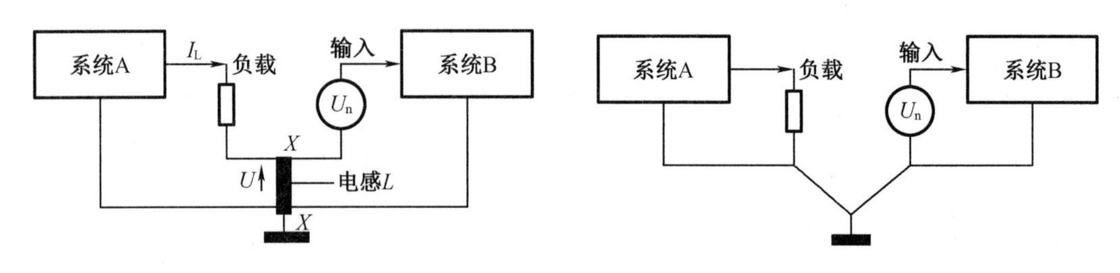

图 3－5　共地线阻抗耦合　　图 3－6　共地线阻抗耦合的解决示例

3.2.2　电容性耦合

设备或系统的信号电缆之间、设备内部的电路元件之间、导线之间以及导线和元件之间都存在分布电容。如果干扰源的频率较高，则干扰就有可能通过分布电容耦合至敏感电路或设备，这样的耦合就称为电容性耦合。如图 3－7 所示，以平行线的电容性耦合为例来详细阐述电容性耦合的原理。

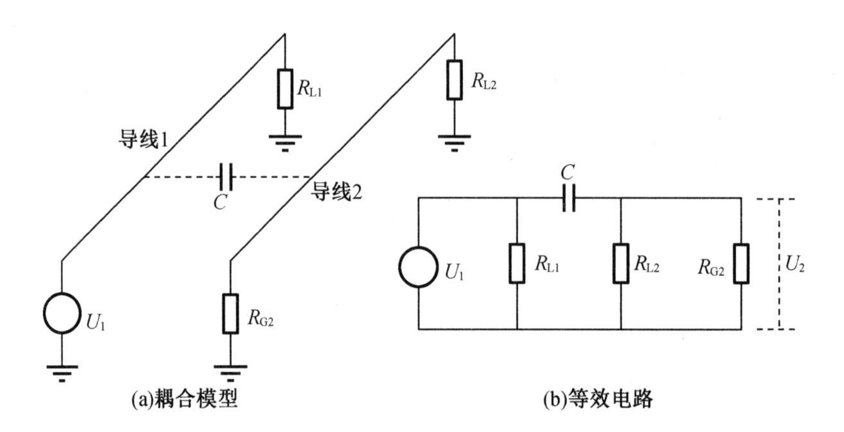

图 3－7　平行线的电容性耦合

图 3－7(a) 所示为两平行线之间电容性耦合的示意图。C 为平行线间的分布电容，C 的值与导体之间距离、有效面积以及有无电屏蔽材料有关。导线 1 上的信号电流或噪声电流可以通过分布电容 C 将部分信号能量或噪声能量注入导线 2，进而可能对其所连接的电路造成干扰。两平行线之间的电容性耦合等效电路如图 3－7(b) 所示。

由电容性耦合在接收电路导线上产生的电压 U_2 与作为干扰源电路的导线上的电压 U_1 之间的关系为

$$U_2 = \frac{R_2}{R_2 + X_C} U_1 \tag{3-11}$$

式中，X_C 为电容 C 的容抗，阻抗 R_2 为

$$R_2=\frac{R_{G2}R_{L2}}{R_{G2}+R_{L2}} \tag{3-12}$$

当耦合电容比较小时，式(3-11)可简化为

$$U_2=j\omega CR_2U_1 \tag{3-13}$$

式(3-13)表示，电容性耦合引起的感应电压正比于干扰源的工作频率、耦合电容 C、敏感电路对地的电阻 R_2 以及干扰源电压 U_1。电容性耦合主要对射频频率造成干扰，因此频率越高，电容性耦合越明显。

下面继续分析另一个电容性耦合模型，这一模型在前一模型的基础上，除了考虑两导线间的耦合电容外，还考虑每一电路的导线与地之间存在的电容。如图 3-8(a) 所示为两平行线之间电容性耦合示意图。C_m 为平行线间的分布电容，C_m 的值与导体之间距离、有效面积以及有无电屏蔽材料有关；C_1 为导线 1 和地之间的分布电容；C_2 为导线 2 和地之间的分布电容。导线 1 上的信号电流或噪声电流可以通过分布电容 C_m 将部分信号能量或噪声能量注入导线 2，进而可能对其所连接的电路造成干扰。两平行线之间的电容性耦合的等效电路如图 3-8(b) 所示。

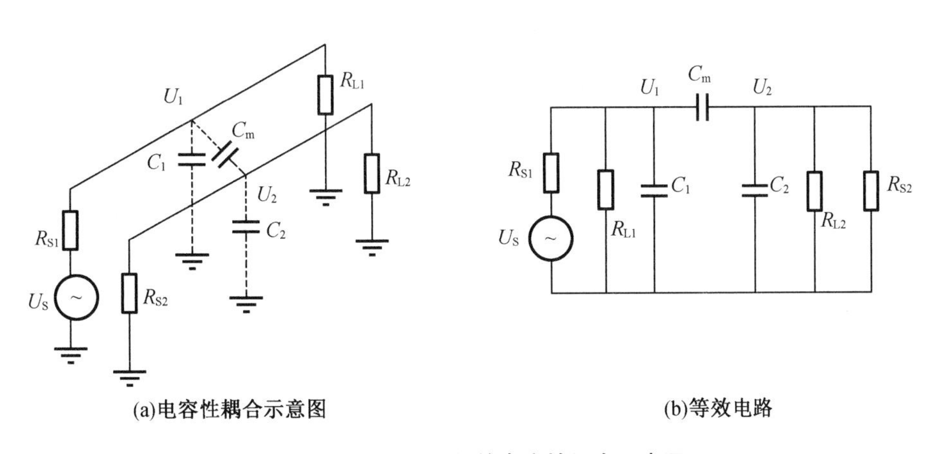

图 3-8 平行线之间的电容性耦合示意图

由电容性耦合在接收电路导线上产生的电压 U_2 与作为干扰源电路的导线上的电压 U_1 之间的关系为

$$U_2=\frac{Z_2}{Z_2+X_{Cm}}U_1 \tag{3-14}$$

式中 X_{Cm}——电容 C_m 的容抗；

Z_2——C_2、R_{S2}、R_{L2} 三者并联阻抗。

当频率较高时，

$$U_2=\frac{C_m}{C_m+C_2}U_1 \tag{3-15}$$

图 3-9 给出了电容性耦合骚扰电压与频率的关系。由图可见，$\frac{U_2}{U_1}$ 随频率升高而增加。

当频率 $\omega > \dfrac{1}{R_2(C_m + C_2)}$，即高频时，其耦合量基本保持不变。

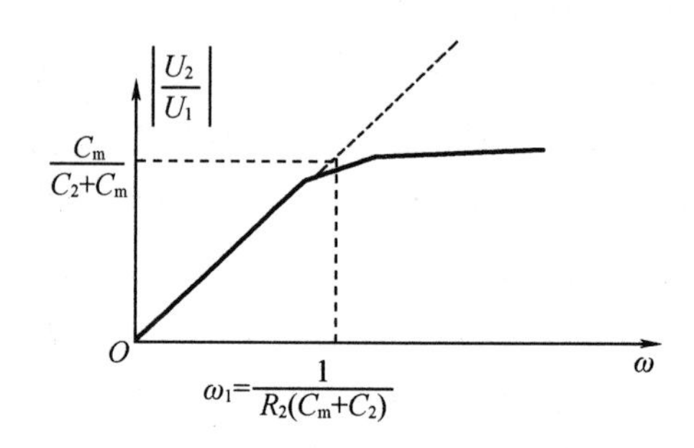

图 3－9　电容性耦合电压与频率之间的关系

除上述常见而基本的电容性耦合原理外，由干扰源产生的电压干扰信号还可以通过与敏感设备之间的静电电容而耦合到敏感设备上，即干扰的电容性耦合中还包括静电耦合。

总之，干扰源回路与敏感设备靠得越近，平行布线的距离越长，电容性耦合就越严重。由于电容性耦合主要取决于电压而不是电流，所以即使在不发生事故的正常情况下，也会发生这种容性耦合作用，通常高频通道上的干扰主要是通过电容性耦合进入敏感设备的。

3.2.3　电感性耦合

干扰源的干扰能量通过近场磁场或对称分布电感而传输耦合至敏感设备的方式就称为电感性耦合。电感性耦合的条件是干扰源回路导线中的电流大、电压低，而导线间的耦合主要通过互感实现，如图 3－10 所示。

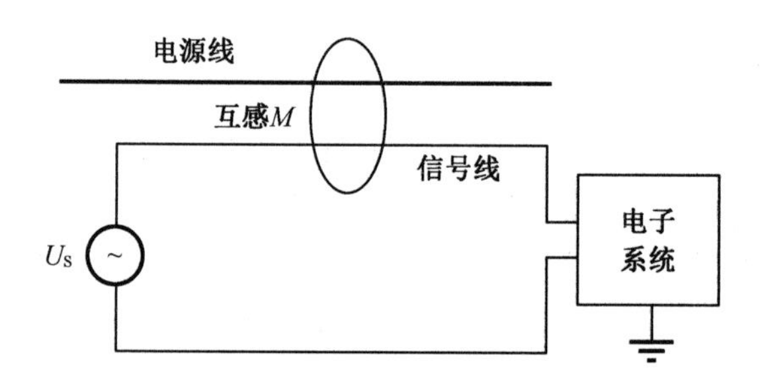

图 3－10　电感性耦合

电感性耦合程度主要取决于干扰源电流的变化。当干扰源回路中的电流发生快速变化时，必然在其周围产生大的磁场，从而在其附近的敏感设备上感应出干扰电压。例如，回路中的隔离刀闸在操作时，会产生多次重燃的电弧，并在线路上产生相应的高频脉冲，从而对邻近的敏感设备造成干扰。

在敏感设备中，感应的干扰电压由下式确定：

$$U = M\frac{\mathrm{d}i}{\mathrm{d}t} \tag{3-16}$$

式中　U——敏感设备感应的干扰电压；

M——互感；

$\mathrm{d}i/\mathrm{d}t$——干扰源回路中电流的变化率。

互感 M 取决于干扰源和敏感设备中的环路面积、方向、距离以及两者之间有无磁屏蔽。通常，靠近的短导线之间的互感为0.1～3 μH。电感性耦合的等效电路相当于将等效的干扰电压源串联在敏感设备的电路中。值得注意的是，干扰源和敏感设备之间有无直接连接对耦合没有影响，并且无论干扰源和敏感设备对地是隔离的还是非隔离的，感应的干扰电压都是相同的。

下面以平行线的电感性耦合为例，详细阐述电感性耦合的原理。图3－11(a)为两根导线之间的电感性耦合示意图，图3－11(b)为对应的等效电路。电路Ⅰ的等效电感为 L_1，电路Ⅱ的等效电感为 L_2，两电路间的互感为 M。当电路Ⅰ中通过高频噪声电流时，其产生的高频磁场通过互感 M 耦合到电路Ⅱ，进而可能对电路Ⅱ造成干扰。

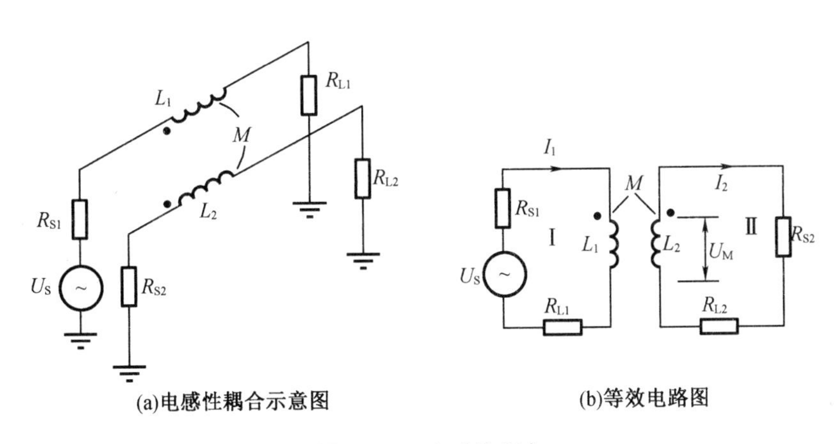

(a)电感性耦合示意图　　(b)等效电路图

图3－11　电感性耦合

干扰源电路在敏感设备的电路中产生的电动势为

$$U_{\mathrm{M}} = \mathrm{j}\omega M I_1 \tag{3-17}$$

式中，I_1 为干扰源电路中的电流。

电动势 U_{M} 在敏感设备电路中产生的电流为

$$I_2 = \frac{\mathrm{j}\omega M I_1}{R_{\mathrm{S2}} + R_{\mathrm{L2}} + \mathrm{j}\omega L_2} \tag{3-18}$$

频率较低时，$R_{\mathrm{S2}} + R_{\mathrm{L2}} \gg \omega L_2$，式(3－18)可简化为

$$I_2 = \frac{\mathrm{j}\omega M I_1}{R_{\mathrm{S2}} + R_{\mathrm{L2}}} \tag{3-19}$$

频率较高时，$R_{\mathrm{S2}} + R_{\mathrm{L2}} \ll \omega L_2$，式(3－18)可简化为

$$I_2 = \frac{M}{L_2} I_1 \tag{3-20}$$

图3－12所示为电感性耦合与频率的关系。由图可见，磁场耦合量 $\left|\frac{I_2}{I_1}\right|$ 随频率升高而

增加,当频率 $\omega > \frac{R_{S2}+R_{L2}}{L_2}$ 时,其耦合量基本保持不变。

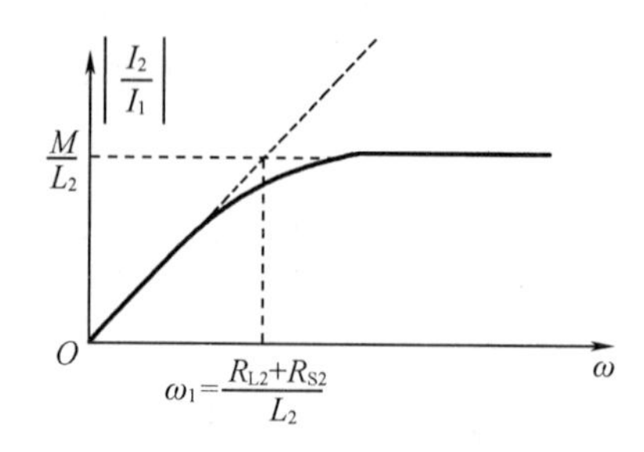

图 3-12　电感性耦合与频率的关系

3.3　辐射耦合

当敏感设备位于干扰源的远场区时,干扰能量主要以空间电磁波的形式传播耦合到敏感设备,这种方式称为干扰的辐射耦合。干扰能量从发射天线或具有天线效应的导线辐射出去后,以电磁波的形式传播。若在电磁波传播的方向上放置天线或具有天线效应的导线,则在电磁波的作用下,天线或导线上就会产生感应电动势。若此时天线或导线与接收设备相连,则在接收设备的输入端产生高频电流,此高频电流进入设备内部就有可能造成干扰。辐射耦合的途径主要有:天线-天线;天线-电缆;天线-机壳;电缆-机壳;机壳-机壳;电缆-电缆。

3.3.1　天线的辐射

一段长度 Δl 比电磁波波长小得多的载流导线可看成电偶极子(短线天线),许多实际天线都可以看成由无数个电偶极子所构成。假设沿长度方向上的电流是均匀的,导线长度 Δl 比场中任意点与电偶极子的距离小得多,即认为场中任意点与导线上各点的距离是相等的。电偶极子经一对导线与高频电源相连,如图 3-13 所示,偶极子两端电荷大小相等、极性相反,并随时间变化。设电偶极子上的传导电流做余弦变化 $I=I_m\cos(\omega t)$,与空间的位移电流构成回路。

一根半径 a 远小于波长的环形载流导线可看成磁偶极子(小环天线)。这一小环形载流导线可看作一假想的相距很近并具有磁荷 $+q_m$ 和 $-q_m$ 的偶极子,磁荷随时间的变化与小环中的电流相同。设小环形载流导线中的电流做余弦变化 $I=I_m\cos(\omega t)$。在直角坐标系中的磁偶极子如图 3-14 所示,磁偶极子的中心位于坐标原点。

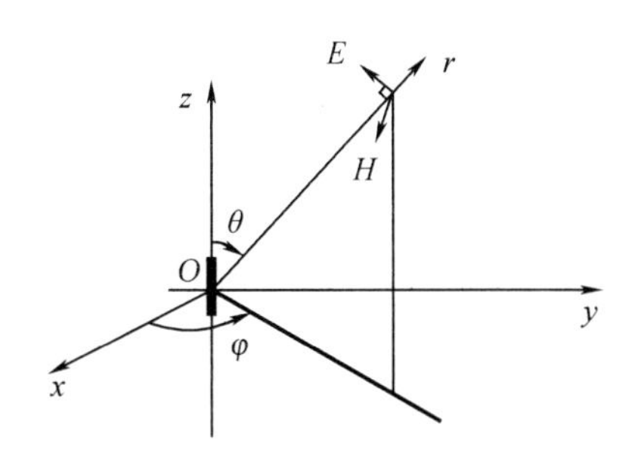

图3－13　电偶极子的辐射场

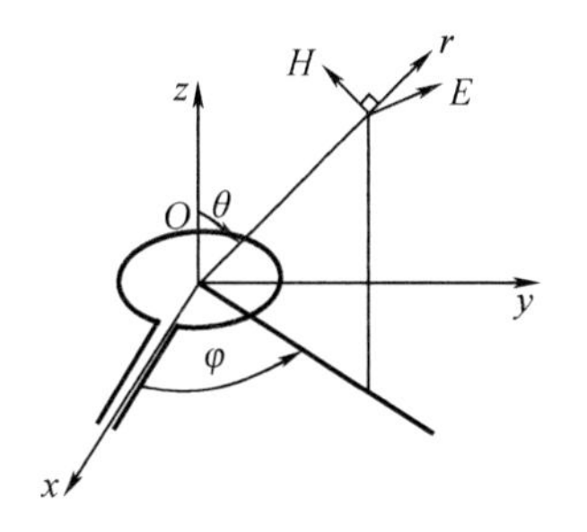

图3－14　磁偶极子产生的电磁场

当电偶极子或磁偶极子中的电流随时间变化时,它们在周围空间产生的电磁场也是随时间变化的,符合麦克斯韦方程描述的源和时变场之间的关系:

$$\begin{cases}\nabla\times\dot{\boldsymbol{H}}=\mathrm{j}\omega\varepsilon\,\dot{\boldsymbol{E}}\\ \nabla\times\dot{\boldsymbol{E}}=-\mathrm{j}\omega\mu\,\dot{\boldsymbol{H}}\\ \nabla\cdot\dot{\boldsymbol{B}}=0\\ \nabla\cdot\dot{\boldsymbol{D}}=0\end{cases}\tag{3-21}$$

式中　$\dot{\boldsymbol{H}}$——磁场强度向量;

$\dot{\boldsymbol{E}}$——电场强度向量;

$\dot{\boldsymbol{B}}$——磁感应强度向量;

$\dot{\boldsymbol{D}}$——电位移矢量向量。

在球坐标系中解得偶极子周围的电磁场如下。

电偶极子:

$$\begin{cases}H_r=0\\ H_\theta=0\\ H_\varphi=\dfrac{I_\mathrm{m}\Delta l}{4\pi}k^2\left[\dfrac{-1}{kr}\sin(\omega t-kr)+\dfrac{1}{(kr)^2}\cos(\omega t-kr)\right]\sin\theta\\ E_r=\dfrac{I_\mathrm{m}\Delta l}{2\pi\omega\varepsilon}k^3\left[\dfrac{1}{(kr)^2}\cos(\omega t-kr)+\dfrac{1}{(kr)^3}\sin(\omega t-kr)\right]\cos\theta\\ E_\theta=\dfrac{I_\mathrm{m}\Delta l}{4\pi\omega\varepsilon}k^3\left[\dfrac{-1}{kr}\sin(\omega t-kr)+\dfrac{1}{(kr)^2}\cos(\omega t-kr)+\dfrac{1}{(kr)^3}\sin(\omega t-kr)\right]\sin\theta\\ E_\varphi=0\end{cases}\tag{3-22}$$

半径为 a 的磁偶极子:

$$\begin{cases} E_r = 0 \\ E_\theta = 0 \\ E_\varphi = -\dfrac{I_m a^2 k^4}{4\omega\varepsilon}\left[\dfrac{1}{kr}\cos(\omega t - kr) + \dfrac{1}{(kr)^2}\sin(\omega t - kr)\right]\sin\theta \\ H_r = \dfrac{I_m a^2 k^3}{2}\left[\dfrac{-1}{(kr)^2}\sin(\omega t - kr) + \dfrac{1}{(kr)^3}\cos(\omega t - kr)\right]\cos\theta \\ H_\theta = \dfrac{I_m a^2 k^3}{4}\left[\dfrac{-1}{kr}\cos(\omega t - kr) - \dfrac{1}{(kr)^2}\sin(\omega t - kr) + \dfrac{1}{(kr)^3}\cos(\omega t - kr)\right]\sin\theta \\ H_\varphi = 0 \end{cases} \tag{3-23}$$

式中　r——观察点到坐标原点的距离,m;

k——取 $2\pi/\lambda$,其中 λ 为电磁波波长。

在电磁兼容领域,一般将 $r<\lambda/2\pi$ 的区域称为近场区,将 $r>\lambda/2\pi$ 的区域称为远场区。远场区中主要为辐射场。辐射场与距离的一次方成反比,所以将式(3-22)和式(3-23)中与 r 的高次方项忽略,可得电偶极子和磁偶极子的辐射场。

电偶极子的辐射场:

$$\begin{cases} H_\varphi \approx \dfrac{-I_m \Delta l k}{4\pi r}\sin\theta\sin(\omega t - kr) \\ E_\theta \approx \dfrac{-I_m \Delta l k^2}{4\pi\omega\varepsilon r}\sin\theta\sin(\omega t - kr) \end{cases} \tag{3-24}$$

磁偶极子的辐射场:

$$\begin{cases} E_\varphi \approx \dfrac{-I_m {r_0}^2 k^3}{4\omega\varepsilon r}\sin\theta\cos(\omega t - kr) \\ H_\theta \approx \dfrac{-I_m {r_0}^2 k^2}{4r}\sin\theta\cos(\omega t - kr) \end{cases} \tag{3-25}$$

由上述公式可见,电偶极子与磁偶极子的辐射特性如下。

(1)辐射电场与磁场在时间上相位相同,波阻抗为实数。可以看出,电偶极子辐射场的波阻抗 $Z_e = \dfrac{E_\theta}{H_\varphi}$ 与磁偶极子辐射场的波阻抗 $Z_m = \dfrac{E_\varphi}{H_\theta}$ 相等,均等于媒质的波阻抗 Z_c。

$$Z_e = Z_m = \frac{K}{\omega\varepsilon} = \frac{\frac{2\pi}{\lambda}}{2\pi f\varepsilon} = \frac{1}{\varepsilon v} = \sqrt{\frac{\mu}{\varepsilon}} = Z_c \tag{3-26}$$

在空气中 $Z_c = \sqrt{\dfrac{\mu_0}{\varepsilon_0}} = 377\ \Omega$。

(2)电偶极子与磁偶极子的辐射场均为横电磁波,即电场方向、磁场方向和传播方向两两相互垂直。

(3)在任一瞬间,空间任一点电场的能量密度 W_e 与磁场的能量密度 W_m 相等,各为电磁场总能量密度 W 的一半。

(4)电场强度与磁场强度和离开干扰源的距离 r 成反比,即 $E\propto\frac{1}{r},H\propto\frac{1}{r}$。

图 3－15 所示为干扰源发射的电磁波中波阻抗 Z_w 与干扰源类别及距离的变化关系。

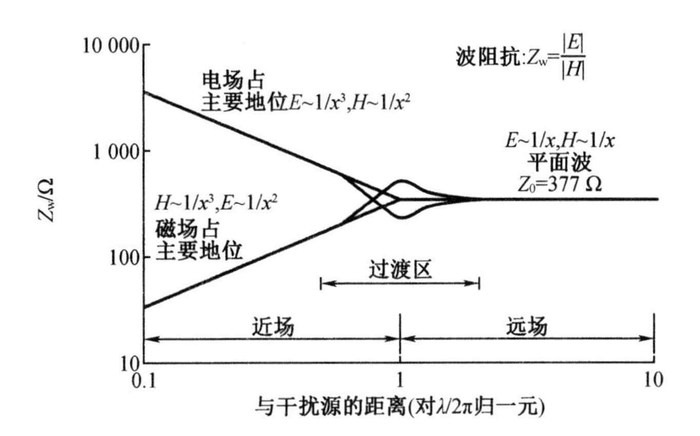

图 3－15　波阻抗 Z_w 与干扰源类别及距离的变化关系

3.3.2　场对天线的耦合

除常见的真正天线外,设备内每个电路都可能是等效磁场天线,机壳和电缆都可能是等效电场天线的一部分。它们都可以发射和接收电磁波,通过辐射方式传播的干扰信号耦合进敏感设备。

信号源－传输线－负载组成的电流回路就相当于磁场天线,所有信号环路、电源供电环路、输入和输出环路都等效为磁场天线,如图 3－16 所示。设备的等效磁场天线可以产生差模辐射,同时也可以耦合来自空间的辐射干扰。设备内的等效天线是互易的,既可以发射电磁波,也可以接收电磁波。

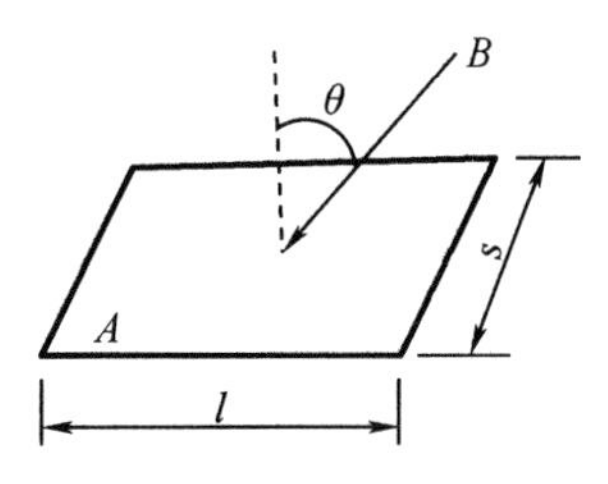

图 3－16　磁场在闭合环路中产生感应电压

磁场通过孔缝耦合进入金属屏蔽机箱内部,则机箱内各个等效磁场天线所接收到的感应电动势为

$$e=2\pi fBA\cos\theta \tag{3-27}$$

式中　A——环路面积;

B——穿过环路的磁感应强度;

θ——入射角；

f——频率。

这种耦合会对设备或系统产生不同程度的干扰，因此应尽可能地减小磁场天线的差模耦合。根据式(3－27)，可从以下方面进行改进。

1. 频率

频率越高，辐射耦合越强，所以应尽量减小有用信号的高次谐波分量。模拟信号应减小信号的失真，数字信号应增加信号的上升沿时间。这些都是减小高次谐波分量的有效方法。

2. 环路面积

可以采用同轴电缆或双绞线进行信号传输，如图3－17所示；或在集成芯片两端并联去耦电容以减小高频噪声的回路面积，如图3－18所示；PCB板的地线采用梳形结构或井字形结构，如图3－19所示；高速回流线不跨越地层隔缝等，如图3－20所示。

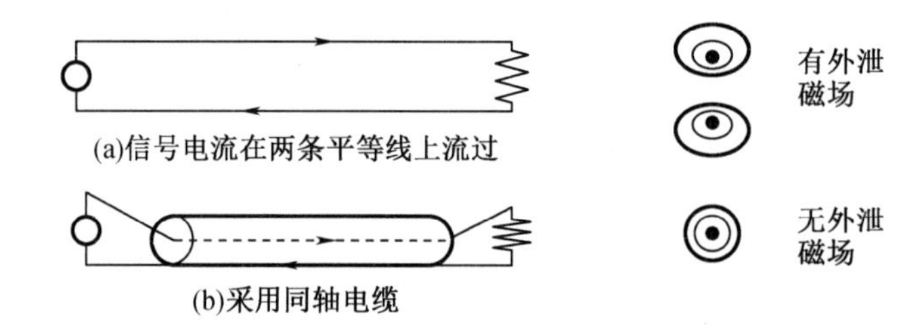

图3－17　环路中的电流

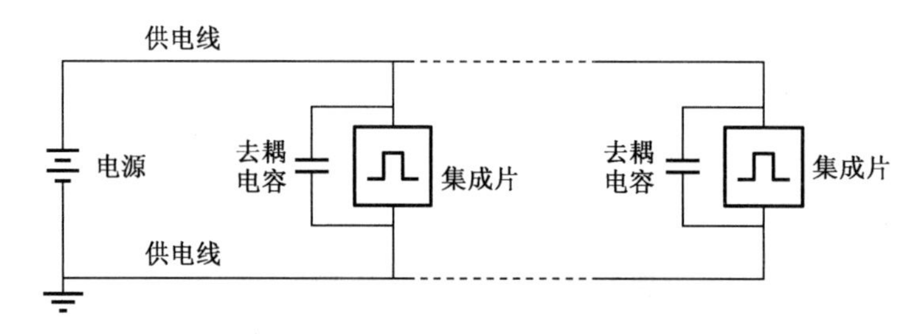

图3－18　去耦电容的干扰抑制作用

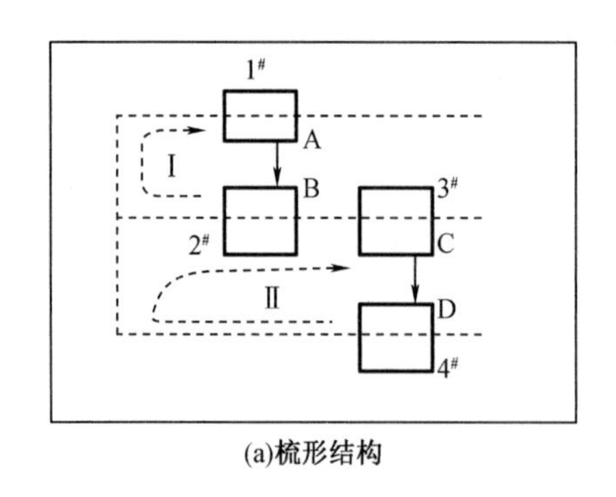

(a)梳形结构

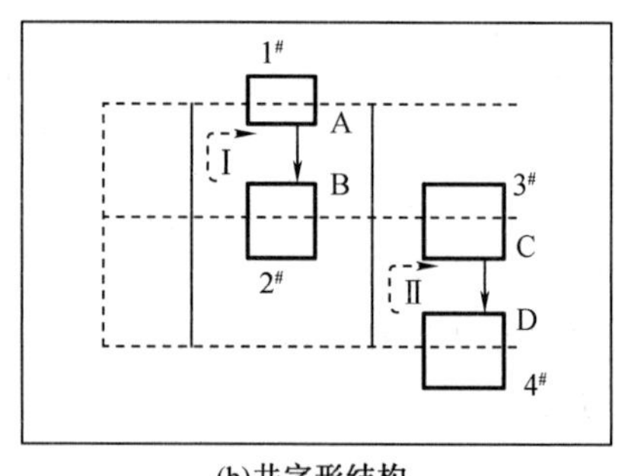

(b)井字形结构

图3－19　地线的梳形结构和井字形结构

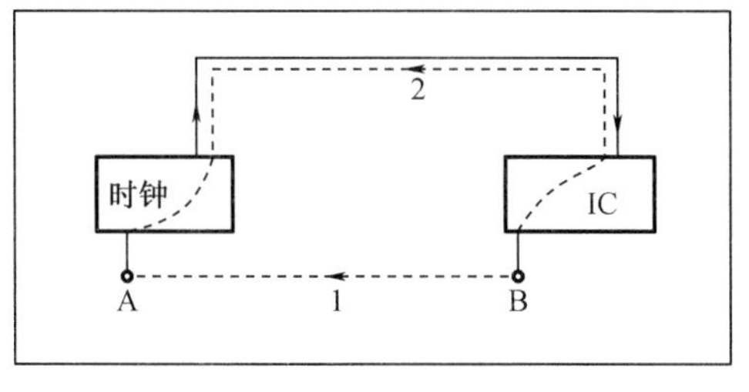

(a)地层中高速回流的可能途径

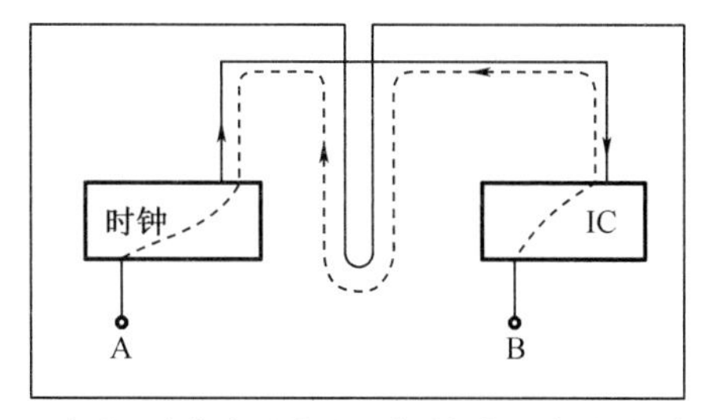

(b)高速回流线由于地层隔缝引起的环路面积扩大

图3－20 高速回流线不应跨越地层隔缝

3. 屏蔽效能

由于金属对电磁波的反射和吸收，全封闭的金属壳有很高的屏蔽效能，但外壳上开的孔缝会显著降低其屏蔽效能。机箱的屏蔽效能由孔缝的形状和直径所决定。机箱上的孔缝等效于二次发射天线，当孔缝的长度等于半波长的整数倍时，其发射和耦合电磁波最强。对于固定的孔缝长度，频率越高，耦合越严重，如图3－21所示。

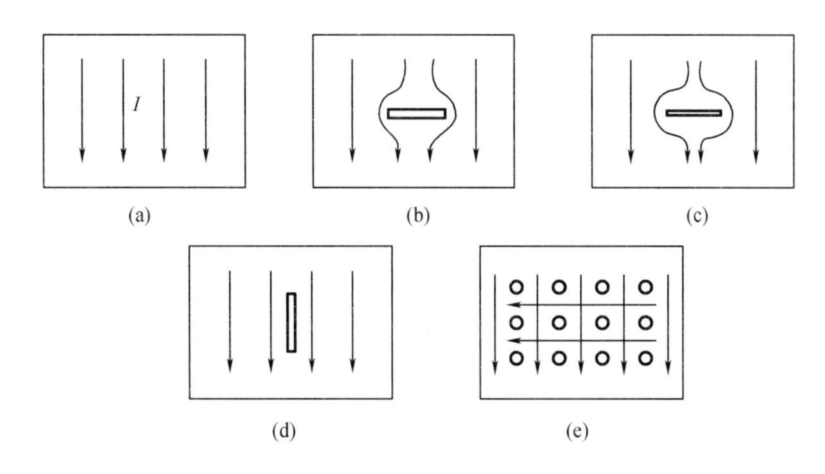

图3－21 孔缝对屏蔽的影响

在设计中要使缝隙尺寸满足要求（商用设备：$d<\lambda/20$，20 dB；军用设备：$d<\lambda/50$，28 dB），显示窗应使用屏蔽玻璃；接缝处应良好搭接，缩短连接螺丝的间距；通风窗可使用波导管。这些措施都能有效地防止电磁场通过孔缝泄漏出去或电磁干扰经耦合进入。

设备的外部连接线、机箱以及内部印刷板的地线、电源面、散热片、金属支撑架等都可以成为等效电场天线的一部分，如图3－22所示。

设备的等效电场天线也是互易的，既可辐射电磁波，也可接收电磁波，如图3－23所示。等效电场天线对电磁场的耦合公式如下：

$$e=El \tag{3-28}$$

式中 e——耦合的干扰电压；

E——干扰场强；

l——等效电场天线的有效长度。

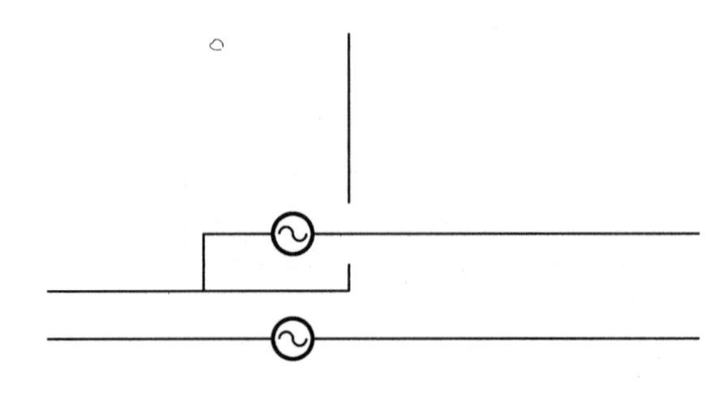

图 3－22　等效电场天线的辐射

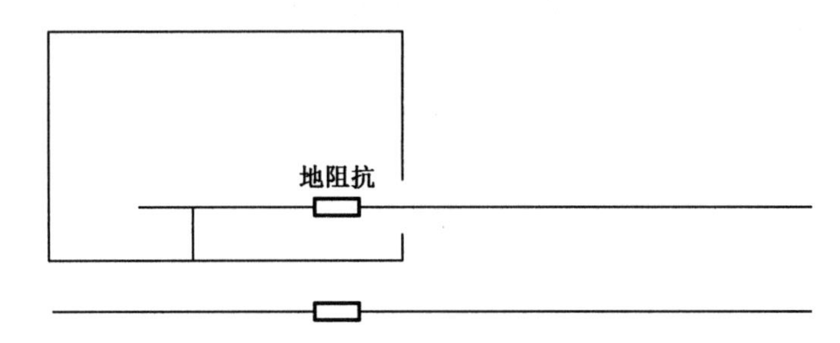

图 3－23　等效电场天线的耦合

通常，抑制等效电场天线的共模辐射和耦合有下面几种措施。

（1）使用铁氧体磁环。铁氧体磁环在高频时呈电阻性，所以能消耗高频共模电流。共模电流在连接线上是有一定分布的，因此铁氧体磁环应放在电流较高的位置，一般是在连接线的引出处。铁氧体磁环是否起作用取决于等效电场天线的阻抗。

（2）采用共模去耦电容、共模电源滤波器等。

（3）采用屏蔽电缆和屏蔽连接器。采用屏蔽电缆和屏蔽连接器时，如果要求传输信号的速率较高，边缘较陡，则串接滤波器就可能把有用信号的高频部分也滤掉，从而影响信号的正常传输，这时就只能采用屏蔽的方法。屏蔽层应保持电连续性和一致性，要求电缆屏蔽层和连接器插头的金属外壳要有360°的完整搭接，不能出现“猪尾巴效应”，如图 3－24、图 3－25、图 3－26 所示。

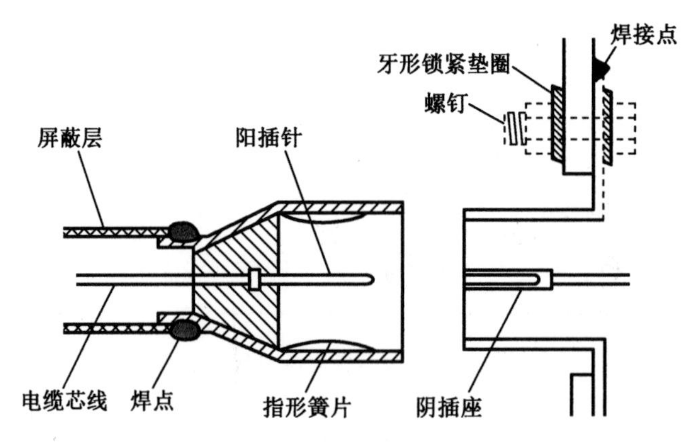

图 3－24　同轴电缆连接器

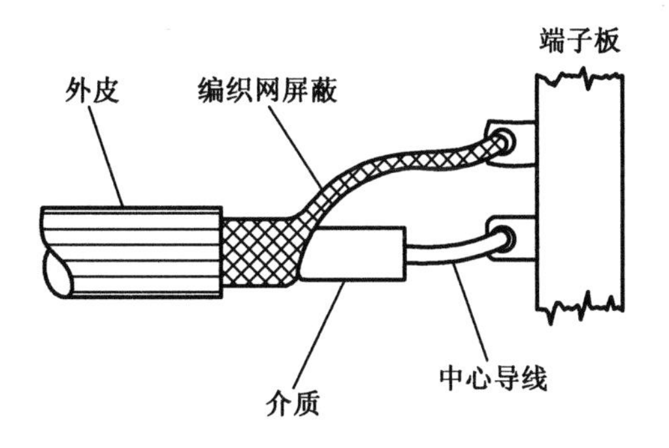

图 3－25　屏蔽电缆接头处的“猪尾巴效应”

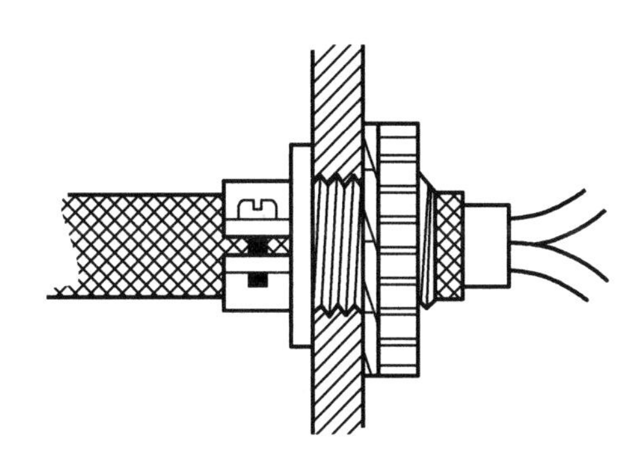

图 3－26　多芯屏蔽电缆的端接

(4)改进产品内部结构的设计与布置。改进时,要注意尽量减小回流地线的阻抗;在 PCB 的上方不允许有任何电气设备上没有连接并悬空的金属存在等。

3.3.3　场对导线的耦合

干扰源产生的空间电磁场在传输线上会产生分布干扰电压源,如雷电产生的空间电磁场在输电线路上产生的干扰电压。图 3－27 所示为 π 型分布参数电路。图中 H 为每个回路水平方向的磁场分量,电压源 E_{Vh}是垂直方向电场分量与线路高度的乘积。研究表明,轴向的电场分量也影响总的感应电压。

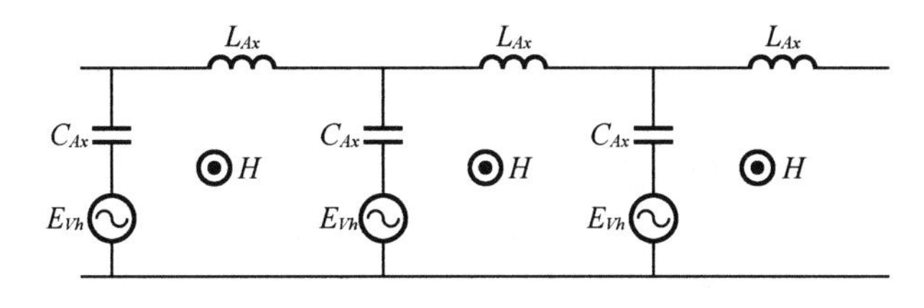

图 3－27　计算感应电压的等效电路

图 3－27 所示的 π 型分布参数电路的每个 LC 段可以进一步转化为图 3－28 所示的 LC 等效电路。

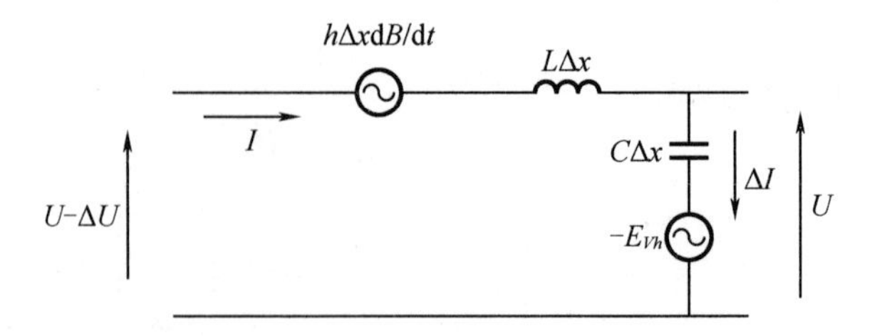

图 3-28　计算感应电压的 LC 等效电路

当外部电磁场作用时,线路的电流和电压可以用偏微分方程(PDEs)来描述:

$$\begin{cases}\dfrac{\partial I}{\partial x}=-C\dfrac{\partial U}{\partial t}-C\dfrac{\partial E_{Vh}}{\partial t}\\[2ex]\dfrac{\partial U}{\partial x}=-L\dfrac{\partial I}{\partial t}+\dfrac{\partial B}{\partial t}h\end{cases}\tag{3-29}$$

式(3-30)的一阶偏微分方程可以变换为二阶偏微分方程

$$\begin{cases}\dfrac{\partial^2 I}{\partial t\partial x}=-C\dfrac{\partial^2 U}{\partial t^2}-C\dfrac{\partial^2 E_{Vh}}{\partial t^2}\\[2ex]\dfrac{\partial^2 U}{\partial x^2}=-L\dfrac{\partial^2 I}{\partial t\partial x}+\dfrac{\partial^2 B}{\partial t\partial x}h\end{cases}\tag{3-30}$$

从式(3-31)可以得到感应电压的二阶偏微分方程为

$$\frac{\partial^2 U}{\partial x^2}=LC\frac{\partial^2 U}{\partial t^2}+LC\frac{\partial^2 E_{Vh}}{\partial t^2}+\frac{\partial^2 B}{\partial t\partial x}h\tag{3-31}$$

同理,我们可以得到感应电流的二阶偏微分方程。求解二阶偏微分方程可以得到感应电压。如果不考虑垂直方向的感应电压,则等效计算电路如图 3-29 所示。

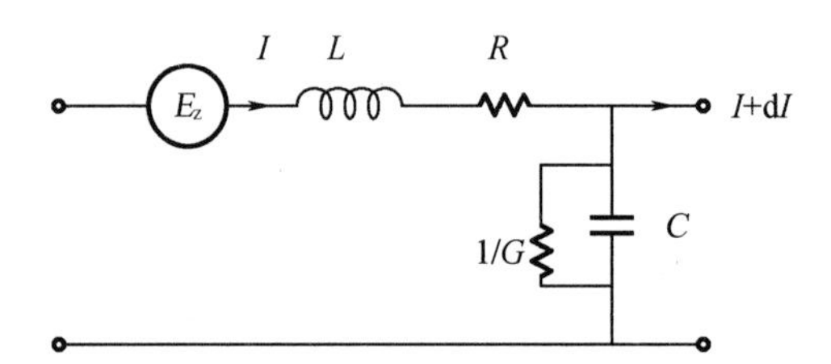

图 3-29　干扰源产生的空间电磁场在传输线上会产生分布干扰电压源

第4章 接地技术

在电子设备或系统中,接地是抑制电磁噪声、防止干扰的重要手段之一。正确的接地设计既能抑制电磁干扰对设备的影响,又能防止设备向外发射干扰;错误的接地则会引入地环路干扰等,导致电子设备失灵或无法工作。因此,合理使用接地技术至关重要,包括接地点选择、电路组合接地的设计和抑制接地干扰措施的合理应用等,对实现电子设备的电磁兼容性起到事半功倍的作用。

4.1 接地的含义及分类

4.1.1 接地的含义

“地”可以是大地,即我们所站立的这个地,陆地使用的设备通常以地球为基准,以大地作为零电位。“地”也可以是系统的某一电位基准点,是作为信号回路的基准导体,并设该点电位为相对零电位,不是大地零电位。注意,这里的“地”不一定是实际的大地,还可以泛指电路和系统的某金属导电部分,作为系统中各电路任何电信号的公共电位参考点。例如,电子电路以设备底座、机箱壳体作为零电位,但底座和壳体并不一定与地面相连接,因此设备内部的“地”不一定与大地电位相同。

接地,是指系统的某个选定点与某个电位基准面之间建立了低阻抗导电通路。理想的接地导体是一个零电阻的实体,任何电流在接地导体中流过都不应该产生电压降,各接地点之间不应该存在电位差。

但是为了设备和操作人员安全,通常应该将设备的底座、机壳等与大地连接,此时接地有如下作用。

(1)为设备和操作人员提供安全保障。泄放雷击电流、静电放电电流等从接地通路直接流入大地,而不致影响设备或系统的正常工作及人身安全。

(2)泄放机箱上存在的漏电流,建立设备外壳与附近金属导体之间的低阻抗通路,不至于危及人身安全。

(3)提高电子设备电路系统的稳定性。设备或系统的各部分都连接到一个公共点或等位面,以便有一个公共的参考电位,消除两个悬浮电路之间可能存在的干扰电压。

(4)与屏蔽技术结合使用,使屏蔽体发挥作用。

(5)将滤波器接地,使滤波器起到抑制共模干扰的作用。

(6)印制电路板上的信号电路接到地平面,以提供一个信号返回通路。

(7)汽车、飞机上的非重要电路接车体或机体的金属外壳,以提供一个电流返回通路。

上述接地中,(1)(2)是有关安全的接地,(3)~(5)是有关干扰控制的接地,(6)(7)是与实现电路的功能有关的接地。

4.1.2 接地的分类

在电子产品设计中,地线根据其功能分为两类,即安全接地和信号接地。安全接地是将电气电子设备的外壳通过低阻抗导体连接至大地,以保证设备及人员安全;信号接地是在系统和设备中,采用低阻抗的导线为各种电路提供具有共同参考电位的信号返回通路。

1. 安全接地

安全接地分为设备安全接地、接零保护接地和防雷安全接地。

(1)设备安全接地

为了避免高电压直接接触设备外壳,或防止由于内部绝缘损坏造成漏电打火而带电,任何高压电气设备及电子设备的底座和机壳都需要接地,否则人体触及机壳就会发生触电。

如图4-1(a)所示,机壳通过杂散阻抗带电。其中,Z_1和Z_2分别代表机壳与电路或大地之间的杂散阻抗;U_1为机箱内部电路的电压,U_2为机壳与地之间的电压,是机壳对地杂散阻抗Z_2上的分压,其中

$$U_2 = \frac{Z_2}{Z_1 + Z_2}U_1 \tag{4-1}$$

当$Z_2 \gg Z_1$(机壳与地绝缘)时,则$U_2 \approx U_1$。如果机箱内部电路电压U_1足够大,人触及机壳就会发生触电。但如果机壳做了接地设计($Z_2 \to 0$),则有$U_2 \to 0$。此时,人触及机壳,大部分电流经由地线流入大地,因此不会发生触电危险。

而在图4-1(b)中,机壳因绝缘击穿带电。图中显示了带有保险丝的电流经电力线引入封闭机壳内的情况。如果人员触及机壳,电力线的电流将直接经人体进入地端;在实施了接地措施后,当发生绝缘击穿或电力线触及机壳时,因接地而使电力线上有大量电流流动从而烧掉保险丝,电力线断电也就不会有危险。

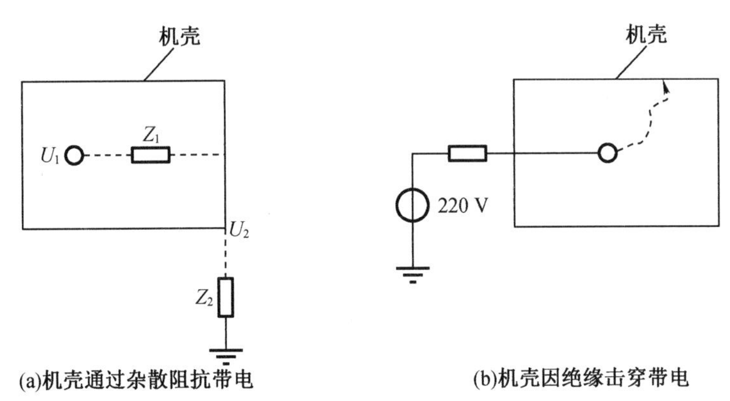

(a)机壳通过杂散阻抗带电　　(b)机壳因绝缘击穿带电

图4-1　设备机壳接地

一般来讲，人体触及机壳，相当于机壳与大地之间并联了一个人体电阻。人体电阻变化范围很大，当人体上肢处于干燥洁净、无破损情况时，人体电阻可高达40～100 kΩ，而当人体处于出汗、潮湿状态时，人体电阻将降至1 000 Ω左右。通常流经人体的安全交流电流值为15～20 mA，安全直流电流值为50 mA，而当流经人体的电流高达100 mA时，就可能导致死亡。因此，我国规定的人体安全电压为36 V。一般家用电器的安全电压为36 V，以保证触电时流经人体的电流小于40 mA。为保证人体安全，应该将机壳接地，通常规定接地电阻值为5～10 Ω。当人体触及带电机壳时，人体电阻与接地导线的阻抗并联，人体电阻远大于接地导线的阻抗，大部分漏电流经接地导线旁路流入大地。

(2)接零保护接地

用电设备通常采用220 V(单相三线制)或者380 V(二相四线制)电源提供电力，如图4-2所示。设备的金属外壳除了正常接地之外，还应与电网零线相连接，称为接零保护。当用电设备外壳接地后，一旦人体与机壳接触，则人体处于接地电阻并联的位置，接地电阻远小于人体电阻，使漏电电流大部分从接地线中流过。如图4-2(a)所示的接法，“火线”上接有保险丝，负载电流经“火线”至负载再经“零线”返回。还有一根线是安全“地线”，该地线与设备机壳相连并与“零线”连接于一点。因而，地线上平时没有电流，所以没有电压降，与之相连的机壳都是地电位。只有发生故障，即发生绝缘击穿时，安全地线上才会有电流。但该电流是瞬时的，因为保险丝或电流断路器在发生故障时会主动将电路切断。

(3)防雷安全接地

雷闪电的发生是由于雷雨云中的电荷累积到一定程度而引起静电放电。放电可以在云层与云层之间发生，也可以在云层和地面间的某一点发生，特别是在平地或水面上的突出点，如山峰、高建筑物、塔架、树木等。云层与地面之间发生的放电称为直接雷击，它所释放的巨大能量将使被击中的目标受到破坏，如引起树林和建筑物被摧毁、金属熔化、设备损坏、人畜死亡等。防雷击是电气、电子设备以及人身安全防护最重要的内容之一，也是抗干扰需要考虑的重要问题。雷击建筑物时，雷电流经接地装置入地。防雷接地的目的就是把雷电流引入大地而保护设备及人身安全，同时在消除雷击时避免影响电气设备。

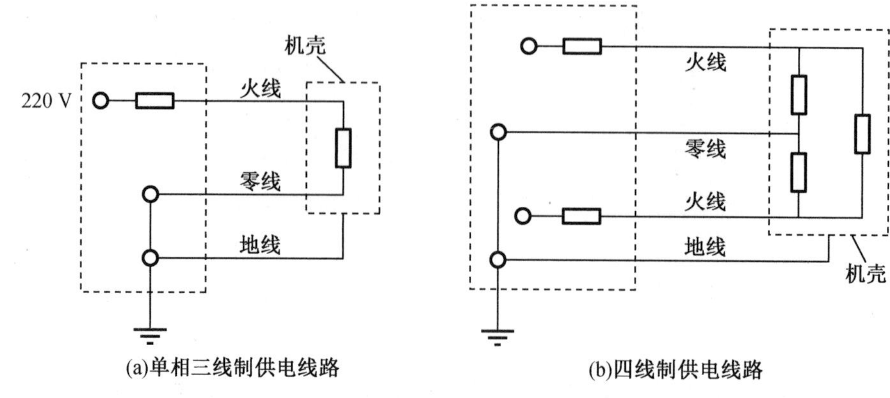

图 4-2　接零保护

电子设备受雷击可分为直接雷击和感应雷击两种情况。从防雷安全保护观点出发，人们特别关心直接雷击。防雷接地的作用就在于把雷闪的强大电流引离保护对象，导入大地，并使由此引起的流散电场降低到安全水平以下。接地装置在冲击电流的作用下，在其周围产生瞬变电磁场，土壤中的场强为

$$E = J\rho_i \tag{4-2}$$

式中　J——电流密度；

ρ_i——土壤的电阻率。

随电场强度的增加，土壤的电阻率下降。

防止雷击的措施，一般是采用避雷针。若避雷针高度为 h，半径为高度的 3 倍，则面积为 $9\pi h^2$。雷击电流沿避雷针的下引导体接到大地，一次典型闪击的电流峰值为 20 kA，即使接地电阻只有 1 Ω，也将产生 20 kV 的电压，并且在附近产生流散电场。接地电阻越小越好，但要做得很低，则十分困难，且不经济。实验表明，接地电阻为 10 Ω 左右就可以使附近的建筑物、传输线、变压器及其他露天设施得到保护。

但是，从抗干扰角度出发，则还必须注意雷闪放电在建筑物或设施附近可能导致的电气、电子设备损坏。雷闪的上升时间快、电流脉冲高，所产生的电压很高，可能击穿绝缘，造成人身伤害，并导致元器件的损坏。由于接地线存在电感，当电流变化很快时，会产生很大的感应电压 $U = L\mathrm{d}i/\mathrm{d}t$，可能使其与近处导体之间的绝缘被击穿，因此接地线近处（如 15 cm 以内）的金属导体应和引线良好搭接在一起。

2. 信号接地

信号接地的对象是种类繁多的电路，因此信号地线的接地方式多种多样。复杂系统中，有高/低频信号、强/弱电电路、模拟/数字电路，也有开关频繁的设备或敏感度极高的弱信号装置等。为了满足复杂用电系统的电磁兼容性要求，通常将所有电路按信号特性分成四个独立的接地系统，每个接地系统可能采用不同的接地方式。

第一类接地系统是敏感信号接地系统。它包括低电平电路、小信号检测电路、传感器输入电路、前级放大电路、混频器电路等的接地。这些电路工作电平低，易受电磁干扰，因

此小信号电路的接地导线应避免混杂于其他电路中。

第二类是非敏感信号或者大信号电路的接地系统。它包括高电平电路、末级放大器电路、大功率电路等接地系统。这些电路中的工作电流较大,对小信号电路可能造成电路失效或性能降级,因此必须使其与小信号接地分开设置。

第三类是干扰源器件、设备的接地系统。它包括电动机、继电器、开关等产生强电磁干扰的设备。这些器件或设备会产生冲击电流、火花等强电磁干扰,频谱丰富、瞬时电平高。因此,除了采用屏蔽技术抑制这样的干扰外,还必须将其接地导线与其他电子电路的接地导线分开设置。

第四类是金属构件的接地系统。它包括机壳、设备底座、系统金属构架等接地系统。其作用是保证人身安全和设备工作稳定。

工程实践中,电路、设备的接地方式有单点接地、多点接地、混合接地和悬浮接地。

(1)单点接地

单点接地是指所有电路、设备中,只有一个物理接地点被定义为接地参考点,其他需要接地的点都必须连接到这一点作为电路、设备的零电位参考点。

①串联单点接地

串联单点接地如图4-3所示,G点为共用地线的接地点。其中,I_1、I_2、I_3分别是电路1、电路2、电路3的接地导线电流;R_3是CB段的地线电阻;R_2是电路2和电路3的共用地线BA段的地线电阻;R_1是电路1、电路2和电路3的共用地线电阻。

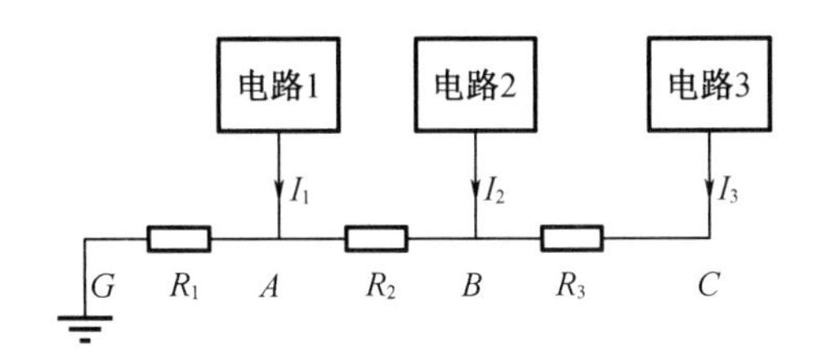

图4-3 串联单点接地

由于地线上有电流,也存在阻抗,所以A、B、C三点的地电位并不相等。

共用地线上A点的电位:

$$U_A=(I_1+I_2+I_3)R_1 \tag{4-3}$$

共用地线上B点的电位:

$$U_B=U_A+(I_2+I_3)R_2=(I_1+I_2+I_3)R_1+(I_2+I_3)R_2 \tag{4-4}$$

共用地线上C点的电位:

$$U_C=U_B+I_3R_3=(I_1+I_2+I_3)R_1+(I_2+I_3)R_2+I_3R_3 \tag{4-5}$$

从干扰的角度讲,这种接地方式最容易引起电路之间的相互干扰,是性能最差的接地方式。根据地线阻抗的计算方法,共用地线上A、B、C点的电位不但不为零,而且各点电路容易受到所有电路注入地线电流的影响。但是这种接地方式结构比较简单,各个电路的接地引线比较短,其阻抗相对较小;或是各个电路的接地电平相差不大时,也可以采用这种接地方式。反之,高电平电路会干扰低电平电路。

对于串联单点接地,接地点的位置选择至关重要。通过 A、B、C 三点的地电位计算公式可知,A 点地电位受三个电路的工作电流和 AG 段地线阻抗的影响;B 点电位受 A 点电位和电路 2、3 的电流以及 BA 段地线阻抗的综合影响;C 点电位受 B 点电位和电路 3 的电流以及 CB 段地线阻抗的综合影响。可见,接地点应该选在低电平电路的输入端。离 A 点越远的地电位受到的交叉影响越多,使输入级的地相对于基准电位有更大的电位差。

②并联单点接地

并联单点接地如图 4-4 所示,它是各个电路分别用一条地线连接到共用接地点 G。电路 1、电路 2、电路 3 的接地导线电阻分别是 R_1、R_2、R_3;电路 1、电路 2、电路 3 注入接地导线的电流分别是 I_1、I_2、I_3。显然,各电路的地电位分别为

$$\left.\begin{aligned}U_A&=I_1R_1\\U_B&=I_2R_2\\U_C&=I_3R_3\end{aligned}\right\}\qquad(4-6)$$

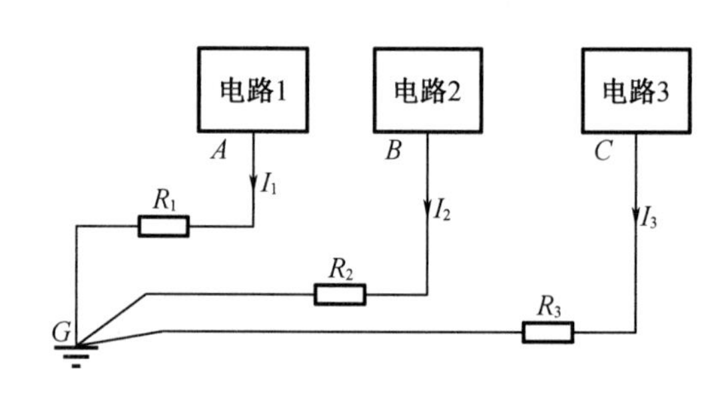

图 4-4　并联单点接地

可见,并联单点接地中各电路的地电位只与本电路的地电流及地线阻抗有关,不受其他电路的影响。因此并联式单点接地是低频电路最佳的接地方式。然而,并联单点接地由于各个电路分别采用独立地线接地,势必增加地线长度,从而增大地线阻抗。此外,这种接地方式容易造成各个地线相互间耦合,随着频率增加,地线阻抗、地线间的电感及电容负荷都会增大。因此这种接地方式不适用于高频,尤其是当系统工作频率很高(工作波长与系统接地平面的尺寸或接地引线的长度可比拟),地线长度接近于 $\lambda/4$ 时,接地导线就像一根终端短路的传输线。此时,地线上的电压、电流呈驻波分布,形成很强的天线效应,向外辐射干扰信号,此时地线根本起不到接地作用。

图 4-5 所示的接地方式是串、并联混合单点接地。从图中看到,这种接地方式将电路按照特性分组,相互之间不易发生干扰的电路放在同一组,相互之间容易发生干扰的电路放在不同组。每个组内采用串联单点接地,获得最简单的地线结构,而不同组的接地采用并联单点接地,以避免相互之间的干扰。

总体来讲,单点接地的问题是,接地线往往较长,当频率较高时,地线的阻抗很大,甚至发生谐振,造成地线阻抗不稳定。即使地线较短,对于频率较高的信号,它们的阻抗和感抗也不能忽略。实际上,当电路的工作频率较高时,各种参数已经起着重要作用,尽管形式上

采用单点接地,实际上也不能起到“单点接地”的作用。因此,单点接地不适合频率较高的场合。

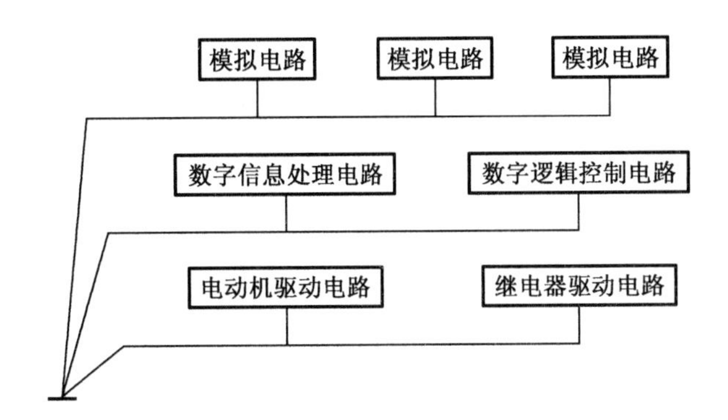

图 4-5　串、并联混合单点接地

(2)多点接地

频率较高时,需要采用电路就近接地的方式,缩短地线,也就是多点接地。多点接地是指系统中各个需要接地的电路、设备都直接接到距它最近的接地平面上,以使接地线的长度最短,如图 4-6 所示。这里说的接地平面,可以是设备底座,也可以是贯通整个系统的接地线,在比较大的系统中还可以是设备的结构框架等。如果可能,还可以用一个大型导电物体作为整个系统的公共地。

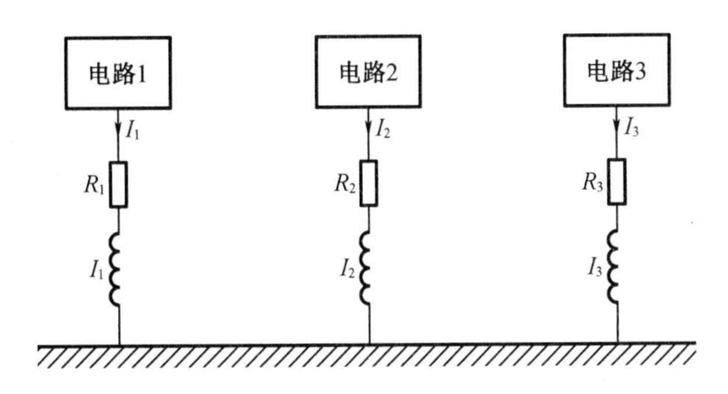

图 4-6　多点接地

图 4-6 中,各电路的地线分别连接至最近的低阻抗公共地。各电路对地的电位差为

$$\begin{cases} U_1 = I_1(R_1 + \mathrm{j}\omega L_1) \\ U_2 = I_2(R_2 + \mathrm{j}\omega L_2) \\ U_3 = I_3(R_3 + \mathrm{j}\omega L_3) \end{cases} \tag{4-7}$$

多点接地方式的优点是电路构成较为简单,地线较短,适用于高频情况。但是多点接地导致设备内部增加了很多地线回路,地线上的电位差、空间的电磁场等对电路形成干扰。为了减小地环路的影响,要使地线阻抗尽量小。减小地线阻抗可以从两方面考虑,一是减小导体的电阻,二是减小导体的电感。在高频时,由于趋肤效应,高频电流只流经导体表面,增加导体的截面积并能减小导体的阻抗,通常可将地线和公共地镀银。在导体截面积

相同的情况下,采用矩形截面导体制成接地导体带,也即采用片状导体来接地可以减小导体的电感。另外,为了减小空间电磁场在地环路中的干扰,要将电路模块尽量靠近地线,以减小地环路的面积,这样不仅能减小地环路上的阻抗部分,也能减小地环路的感抗部分。

总之,单点接地适用于低频,多点接地适用于高频。一般来说,频率低于 1 MHz 可采用单点接地方式;频率高于 10 MHz 应采用多点接地方式;频率为 1 ~ 10 MHz 时,如果最长接地线不超过波长的 1/20,可采用单点接地,否则采用多点接地。此外,还要根据接地电流的大小,以及允许在每一接地线上产生多大的电压降来决定采用何种方式接地。如果一个电路对该电压降很敏感,则接地线长度应不大于 $\lambda/20$ 或更小。

(3)混合接地

如果电路的工作频带很宽,既有低频信号又有高频信号,在低频时要采用单点接地,而在高频时要采用多点接地,只采用单一的信号接地方式是很难完成的。此时,可以采用混合接地方法,如图 4 - 7 所示。

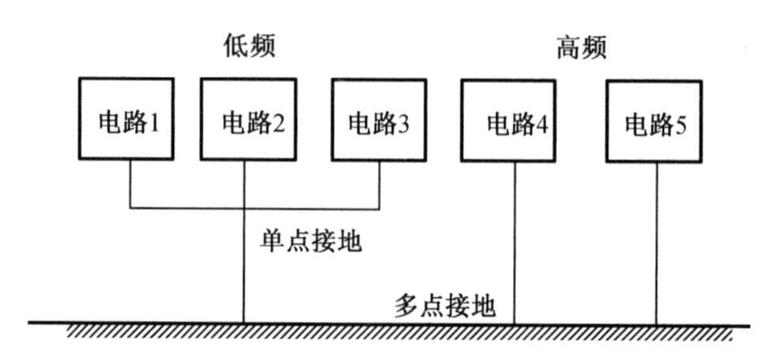

图 4 - 7　混合接地

大多数实际的低频接地系统,常常采用串联和并联相结合的混合信号接地系统,既满足电磁兼容性的要求,又不会使接地系统过于庞杂。此外,有时需要系统对不同频率的信号具有不同的接地结构。这时,可以利用电容、电感等器件在不同频率下的阻抗特性构成混合接地系统。当采用电容接地时,电容“通高阻低”的特性使接地结构低频时是断开的,高频时是连通的;当采用电感接地时,电感“通低阻高”的特性使接地结构低频时是连通的,高频时是断开的。如图 4 - 8 所示为低频多点、高频单点混合接地结构,系统受到地电流干扰。此时,如果将设备的安全地断开,地环路就被切断,可以解决地环路电流干扰的问题。但出于安全的考虑,机箱必须接到安全地上。为此,可以采用图 4 - 8 中所示的接地方法,即对于 50 Hz 的交流电,机箱可靠接地;对于频率较高的地环路电流,地线是断开的。

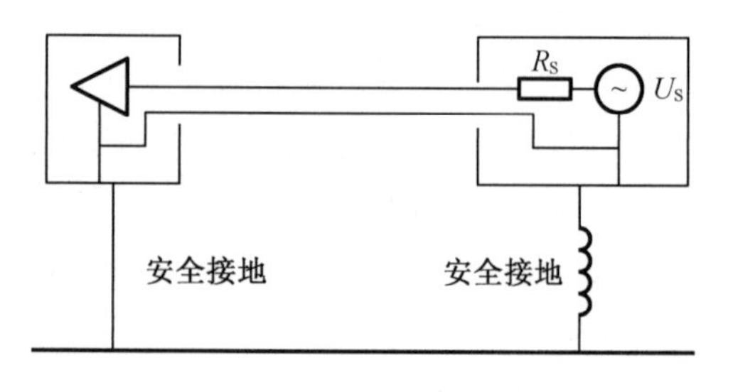

图 4 - 8　低频多点、高频单点混合接地结构

（4）悬浮接地

悬浮接地是指整个网络完全与大地隔离，使电位漂浮，要求整个网络与大地之间的绝缘电阻在50 MΩ以上，绝缘下降会出现干扰，如图4－9所示。图中三个设备的内部电路都有各自的参考“地”，它们通过低阻抗接地导线连接到信号地，信号地与建筑物结构地及其他导电物体隔离。另外悬浮接地也可以应用于设备内部的电路接地设计，将设备内部的电路参考地与设备机壳隔离，避免机壳中的干扰电流直接耦合至信号电路。

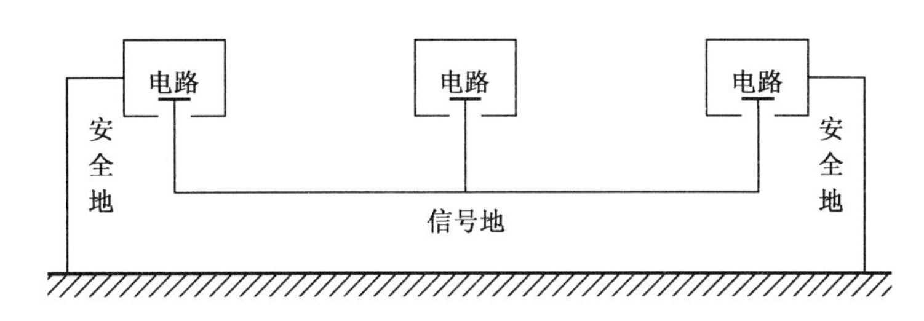

图4－9 悬浮接地

但是悬浮接地容易堆积静电电荷，引起静电放电，形成干扰电流。此外，悬浮接地系统和其他接地系统的隔离要求较高，在一些大系统中往往很难做到理想浮地。因此，除了在低频情况下，为防止结构地、安全地中的干扰地电流干扰信号接地系统外，一般不采用悬浮接地的方式。

4.2 地环路的干扰及消除

如前所述，理想地线是一个在任何情况下都为零阻抗、零电位的物理实体。但在实际的电子设备中，这种理想地线是不存在的。实际的地线既有电阻又有电抗，在有电流通过时地线上必然产生电压降，通过一定的耦合造成干扰。此外，地线还会与其他电源线、信号线等构成回路，空间中的时变电磁场耦合进回路，就在回路中产生感应电动势，形成干扰。

4.2.1 地环路干扰

地环路干扰是一种常见的干扰现象，常发生在由长电缆连接的相距较远的设备之间。地环路指的是在电子设备中的地线，在不对称馈电信号电路中，地线与信号线构成环路；或地线作为直流供电电源，与另一根电源线也会构成环路；此外地线本身也可能构成环路。以图4－10为例，地电流I_g通过地阻抗产生电压降U_g。由于U_g对两根信号线是公共的，从而产生电流I_1、I_2在信号线上流动。因为电流在两根信号线上流经的阻抗不同，因而出现由于阻抗不平衡导致的负载输入端差模电压U_N，此即为地环路干扰的来源之一。

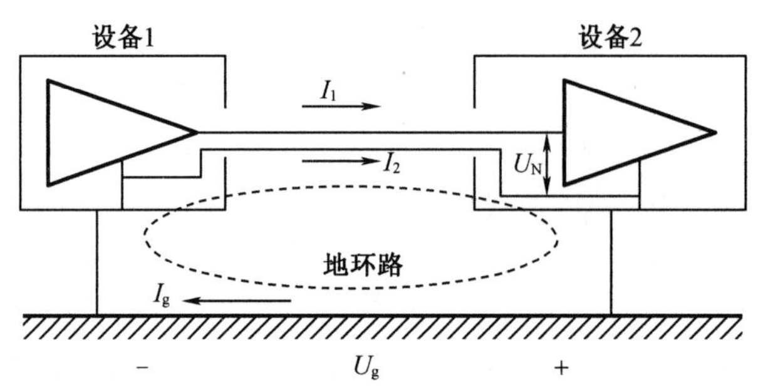

图 4-10　悬浮接地

1. 地阻抗

由于地线是信号电流的回流路径，因此地线电流的频率与信号电流相同，高频情况下，导线的阻抗与直流电阻差异较大。下面分两种情况讨论地线阻抗，一种是单根导体的情况，这关系到电流流过导体时产生的电压降；另一种是电流回路的阻抗，这关系到地线电流真正的回流路径问题。下面重点介绍单根导体的阻抗。

任何导体都有内电感，因此单根导体的阻抗由两部分构成，即电阻分量和电感分量，可以记为

$$Z_g = R_g + j\omega L_g \tag{4-8}$$

(1)电阻部分

在低频情况下，圆形截面导线的电阻计算公式为

$$R_{DC} = \rho l / S(\Omega) \tag{4-9}$$

式中　ρ——导线的电阻率，$\Omega \cdot m$；

l——导线长度，m；

S——横截面积，m^2。

在直流或低频情况下，电流在导体截面上均匀分布，导体的横截面积就是有效载流面积。但电磁兼容分析中，更关心的是交流信号。在高频（交流）情况下，由于导体的趋肤效应，电流集中于导体表面。电流聚集在导体表面的深度，可以用趋肤深度 δ 表示：

$$\delta = \sqrt{\frac{2}{\omega\mu\sigma}} = \frac{1}{\sqrt{\pi f\mu\sigma}} = \frac{66}{\sqrt{\mu_r\sigma_{Cu}f}} \tag{4-10}$$

式中　μ、σ——导体的磁导率和电导率；

μ_r、σ_{Cu}——导体的相对磁导率和相对于铜的电导率；

f——频率。

由于导线的有效横截面积变小，电阻增加，则

$$S_{AC} = \pi d\delta \tag{4-11}$$

式中，d 为圆形导体的直径，高频情况下圆形导体的交流内阻为

$$R_{AC} = \frac{\rho l}{S_{AC}} = R_{DC}\frac{d}{4\delta} \tag{4-12}$$

对于片状导体(导体宽度至少为厚度10倍的导体),低频时内阻为

$$R_{DC}=\rho l/wh(\Omega) \tag{4-13}$$

式中,l、w 和 h 分别为片状导体的长度、宽度和厚度。

高频时,需要考虑导体的趋肤深度,此时交流电阻近似为

$$R_{AC}=\rho l/w\delta(\Omega) \tag{4-14}$$

(2)电感部分

低频时,导体的电阻部分起主要作用。而在高频时,除考虑交流内阻外,导线的电感起主要作用。因此,当频率较高时,导体的阻抗与导线的直径关系并不像低频时那样明显,也即在高频时,增加导体的截面积并不能明显降低阻抗。实际工程中,应尽量缩短导体的长度,或将多根导体间隔一定距离并联连接,来降低高频阻抗。对于圆直导线,其电感为

$$L=0.2l[\ln(4.5/d)-1] \tag{4-15}$$

式中 l——导体长度;

d——直径。

片状导线的电感为

$$L=0.2l[\ln(2l/W)+0.5+0.2W/l] \tag{4-16}$$

式中 l——导体长度;

W——宽度。

若 $l/W>4$,则公式可简化为

$$L=0.2l\ln(2l/W) \tag{4-17}$$

对于单位长度的导体,如果取圆形导体和片状导体的横截面积相等,即此时 $W\gg d$,则片状导体的电感要小于圆形导体。这意味着高频时,片状导体的阻抗更小,更适合传输高频电流,所以在工程应用中常采用金属片来作为地线。

2. 地环路阻抗

如图4-11所示,其中 cd 是信号传输线,地线 ab 既是信号的返回通路,也是电源馈线之一。电源的正极馈线与地线在电路1和电路2间形成环路 $aa'b'b$,信号传输线 cd 与地线在电路1和电路2之间形成环路 $cdba$,当外界有交变磁场穿过环路时,环路中的感应电动势为

$$e_i=-\frac{d\varphi}{dt}=-S\frac{dB}{dt} \tag{4-18}$$

式中 S——接地回路所包围面积(接地环面积);

dB/dt——外磁场穿过环路的磁通密度对于时间的变化率。

可见,磁感应电压正比于接地环的面积 S。因此,为了消除磁感应电压,就应该避免接地环路,或尽可能地减小接地环面积。为了抑制地环路干扰,除了在设计中尽量减小公共接地阻抗、恰当选择接地点位置和个数、减少地环路外,还可以采用专门的技术措施。

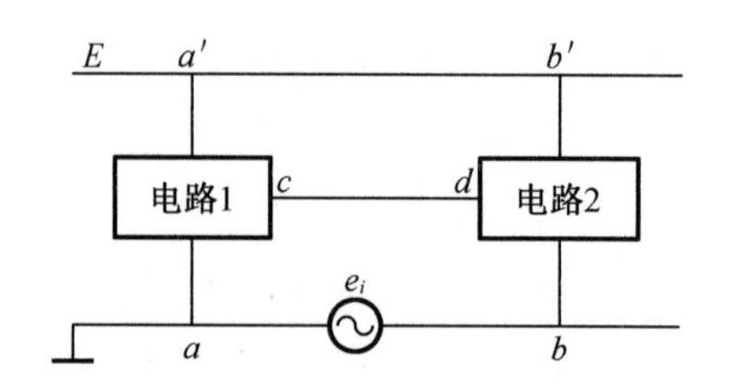

图 4-11　级联的两电路单元

4.2.2　地环路干扰的消除

1. 隔离变压器

隔离变压器一般是指变比为 1∶1的变压器,输入电压与输出电压相等。在两个电路之间插入一个隔离变压器就可以把原边和副边隔离开来,如图 4-12 所示。电路 1 的信号经变压器耦合到电路 2,地环路则被变压器所阻隔,但对交变信号的传输没有影响。然而,变压器绕组之间存在分布电容,通过此分布电容形成地环路的等效电路如图 4-13 所示。设图中电路 1 的内阻为零,变压器绕组之间的分布电容为 C,电路 2 的输入电阻为 R_L。

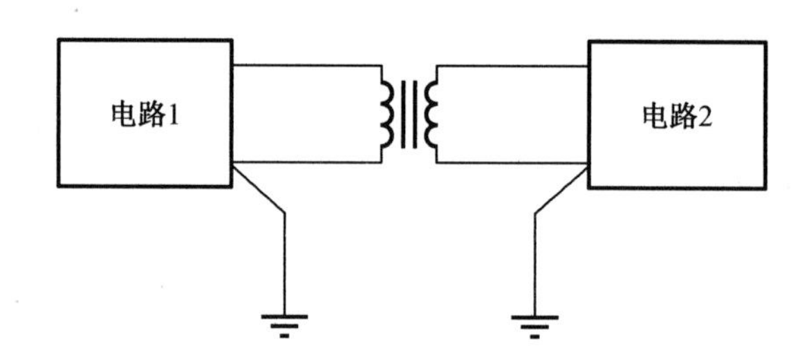

图 4-12　采用隔离变压器阻隔地环路

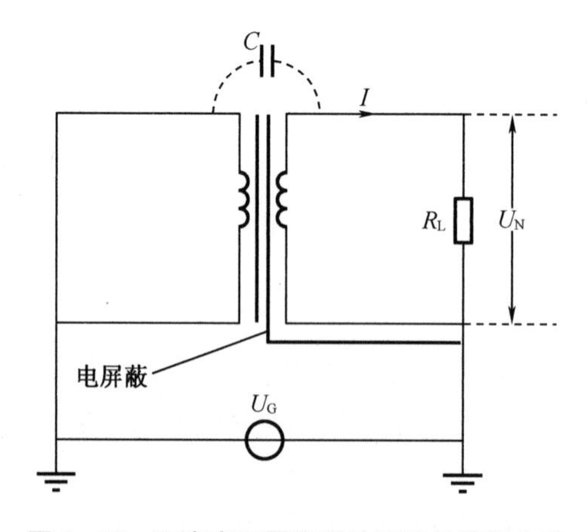

图 4-13　隔离变压器阻隔地环路的等效电路

在分析隔离变压器阻隔地环路的干扰时,根据电路分析的叠加原理,可以不考虑信号电压的传输,即将信号电压短路,只考虑地环路电压 U_G。

根据图 4－13,地环路电压 U_G 在负载 R_L 上产生的地环路电流为

$$I=\frac{U_G}{R_L+\frac{1}{j\omega C}} \tag{4－19}$$

式中 ω——地环路电压 U_G 的角频率;

I、U_G——地环路电流、电压。

地环路电流 I 在 R_L 上产生的压降为

$$U_N=\frac{U_G}{R_L+\frac{1}{j\omega C}}R_L \tag{4－20}$$

将式(4－20)整理,得

$$\frac{U_N}{U_G}=\frac{1}{1+\frac{1}{j\omega CR_L}} \tag{4－21}$$

因此

$$\left|\frac{U_N}{U_G}\right|=\frac{1}{\sqrt{1+\left(\frac{1}{\omega CR_L}\right)^2}} \tag{4－22}$$

当直接用信号线传输时,干扰电压 U_G 全部加到 R_L 上。采用隔离变压器后,加到 R_L 上的电压减小为 U_N。所以,$\left|\frac{U_N}{U_G}\right|$ 表示隔离变压器抑制地环路干扰的能力,数值越小,抑制能力就越大。必须指出,采用隔离变压器不能传输直流信号,也不适于传输频率很低的信号。但是,隔离变压器对地线中较低频率的干扰具有很好的抑制能力。由上可知,变压器抑制地环路干扰的频率范围为

$$0<f<\frac{1}{2\pi R_L C} \tag{4－23}$$

在输入内阻与地线干扰频率一定时,要提高隔离变压器的抗干扰能力,最有效的办法是减小变压器绕组间的分布电容 C。如在变压器之间加一电屏蔽就可以有效地减小绕组之间的分布电容 C,从而有效地阻隔了地环路的干扰。经过良好屏蔽的隔离变压器的最高工作频率可以达到 1 MHz。

2. 光电耦合器

光电耦合器是切断两个电路单元之间地环路的另一种方法。光电耦合器的原理图如图 4－14 所示,输入端为发光二极管,输出端为光敏三极管,将这两种晶体管封装在一起就构成光电耦合器。电路 1 通过输入电流变化调控发出光的强弱,再由三极管根据光强变化转换成相应的电流。可见,光电耦合器通过光强传送控制信号可以完全切断地环路,有效抑制地线的干扰。在使用光电耦合器时,应将电路 1 和电路 2 分别馈电,防止电源馈线在同一电源变压器中构成新的干扰耦合途径。

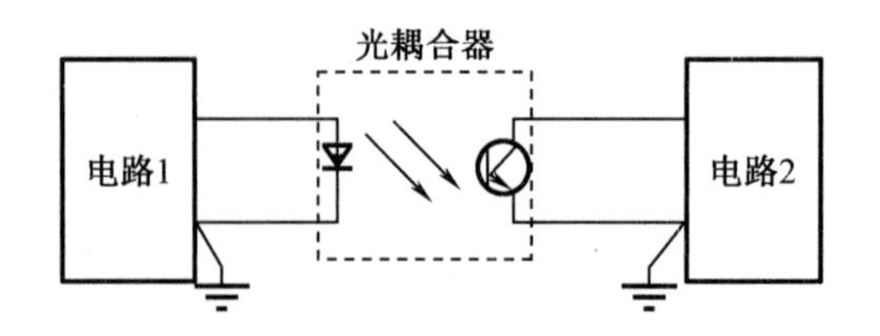

图 4－14　光电耦合器用于切断地环路

光电耦合器对数字电路特别适用。在模拟电路中,由于发光二极管电流与光强不是线性关系,在传输模拟信号时会产生较大的非线性失真,故光电耦合器的应用受到一定限制。光耦的寄生电容在 2 pF 左右,所以在高频时能起到很好的隔离作用,但不能将其简单地认为是电磁隔离。较之更好的是光纤,其寄生电容几乎为零,但需要专门为之配套器件。目前,光纤广泛应用于计算机网络、电话、航天和其他工业领域。而使用光纤需要更大的功率,还需要经常对光缆进行维护,在实际使用中将带来很多其他问题。

3. 纵向扼流圈

当传输的信号中有直流分量或很低的频率分量时,就不能用隔离变压器,因为隔离变压器使直流信号和低频信号无法通过。如图 4－15 所示,纵向扼流圈可以通过直流信号或低频信号,对地环路共模干扰电流呈现出相当高的阻抗,使其受到抑制。

纵向扼流圈是由两个绕向相同、匝数相同的绕组构成的,一般常用双线并绕而成。信号电流在两个绕组流过时方向相反,产生的磁场相互抵消,呈现低阻抗,可以近乎无损耗地传输信号。所以,扼流圈对信号电流不起扼流作用,并且不切断直流回路。而地线中的干扰电流流经两个绕组的方向相同,产生的磁场同向相加,扼流圈对干扰电流呈现高阻抗,起到抑制地线干扰电流的作用。

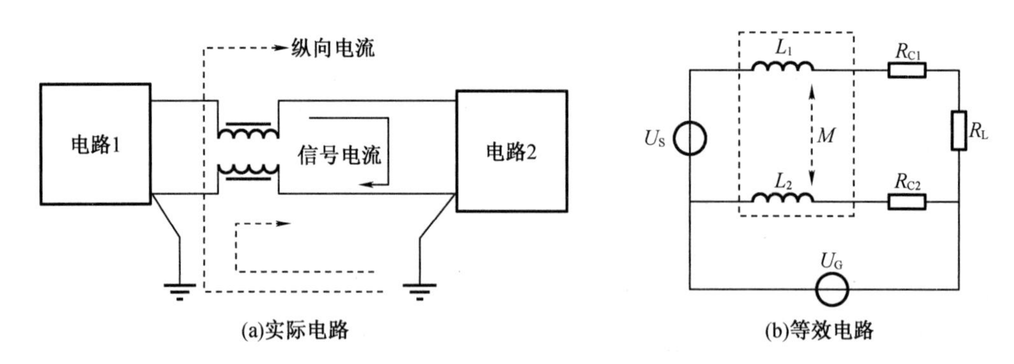

图 4－15　采用纵向扼流圈阻隔地环路

图 4－15(a)的电路性能可用图 4－15(b)的等效电路加以分析。在图 4－15(b)中,U_G 是地电位差或地环路经磁耦合形成的地环路电压。信号电压 U_S 通过纵向扼流圈并经连接线电阻 R_{C1}、R_{C2} 接至负载 R_L。纵向扼流圈可用电感 L_1、L_2 及互感 M 表示。若纵向扼流圈的

两个绕阻相同，且在同一铁芯构成紧耦合，则有 $L_1 = L_2 = M$。

(1)分析纵向扼流圈对信号电压 U_S 的影响，此时可不考虑 U_G。因 R_{C1} 与 R_L 串联，且 $R_{C1} \ll R_L$，故 R_{C1} 忽略不计。这样，图4-15(b)的等效电路可简化为图4-16所示。

信号电流 I_S 流经负载 R_L 后就分成两路：一部分(I_G)直接入地，另一部分($I_S - I_G$)流经 R_{C2}、L_2 后入地。由流经 R_{C2}、L_2 入地的回路可得

$$(I_S - I_G)(R_{C2} + j\omega L_2) - (I_S j\omega M) = 0 \tag{4-24}$$

或

$$|I_G| = \frac{|I_S|}{\sqrt{1 + \left(\frac{\omega L}{R_{C2}}\right)^2}} = \frac{|I_S|}{\sqrt{1 + \left(\frac{\omega}{\omega_C}\right)^2}} \tag{4-25}$$

式中，取 $\omega L = R_{C2}$ 时，扼流圈的截止角频率 ω_C 为

$$\omega_C = \frac{R_{C2}}{L} \tag{4-26}$$

当 $\omega = \omega_C$ 时，$|I_G| = 0.707|I_S|$。当 $\omega > \omega_C$ 时，只有小部分信号电流流经地线。一般认为，当 $\omega \geq 5\omega_C$ 时，$I_G \to 0$，这时绝大部分信号电流经 R_{C2}、L_2 返回。

根据图4-16中上面的回路，可列出方程：

$$U_S = I_S(j\omega L_1 + R_L - j\omega M) + (I_S - I_G)(R_{C2} + j\omega L_2 - j\omega M) \tag{4-27}$$

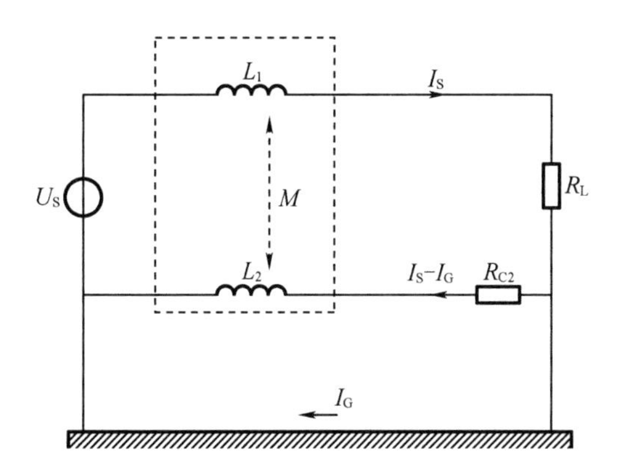

图4-16 纵向扼流圈对信号电压 U_S 的影响

令 $M = L_1 = L_2 = L$，代入式(4-27)，得

$$I_S = \frac{U_S - I_G R_{C2}}{R_L + R_{C2}} \tag{4-28}$$

因为 $R_{C2} \ll R_L$，且当 $\omega \geq 5\omega_C$ 时，$I_G \to 0$，所以式(4-28)可简化为

$$I_S \approx \frac{U_S}{R_L} \tag{4-29}$$

这说明，流经负载 R_L 的信号电流 I_S，相当于没有接入纵向扼流圈时的电流。因此，当扼流圈的电感足够大，使信号频率满足 $\omega \geq 5\omega_C \left(\omega_C = \frac{R_{C2}}{L}\right)$ 时，可认为加入扼流圈对信号传输没有影响。

(2)分析纵向扼流圈对地环路电压 U_G 的抑制作用。此时不考虑 U_S,电路中未加扼流圈时,地环路干扰电压 U_G 全部加到 R_L 上;加扼流圈后,流经变压器两个绕组的干扰电流分别假设为 I_1 和 I_2,在负载 R_L 上的干扰电压 $U_N = I_1 R_L$。

由 I_1 回路得方程

$$U_G = j\omega L_1 I_1 + j\omega M I_2 + I_1 R_{C1} \tag{4-30}$$

由 I_2 回路得方程

$$U_G = j\omega L_2 I_2 + j\omega M I_1 + I_2 R_{C2} \tag{4-31}$$

即

$$I_2 = \frac{U_G - j\omega M I_1}{j\omega L_2 + R_{C2}} \tag{4-32}$$

令 $M = L_1 = L_2 = L$,得

$$I_1 = \frac{U_G R_{C2}}{j\omega L(R_{C2} + R_L) + R_{C2} R_L} \tag{4-33}$$

由 $U_N = I_1 R_L$,$R_{C2} \ll R_L$,所以由式(4-33)可推导出

$$U_N = \frac{U_G R_{C2}}{j\omega L + R_{C2}} \tag{4-34}$$

或

$$\frac{U_N}{U_G} = \frac{1}{1 + \frac{j\omega L}{R_{C2}}} \tag{4-35}$$

或

$$\left|\frac{U_N}{U_G}\right| = \frac{1}{\sqrt{1 + \left(\frac{\omega L}{R_{C2}}\right)^2}} \tag{4-36}$$

设 $\omega_C = \frac{R_{C2}}{L}$ 为扼流圈的截止角频率,则有

$$\left|\frac{U_N}{U_G}\right| = \frac{1}{\sqrt{1 + \left(\frac{\omega}{\omega_C}\right)^2}} \tag{4-37}$$

当 $\omega \geqslant 5\omega_C$ 时,$\left|\frac{U_N}{U_G}\right| \leqslant 0.197$。可见,扼流圈能很好地抑制地环路的干扰。

扼流圈的电感 L 越大,绕组及导线的电阻 R_{C2} 越小,干扰的角频率 ω 越高,抑制干扰的效果越好。需要注意的是,纵向扼流圈的铁芯截面应足够大,以便流过不平衡电流时不致发生饱和。

4. 差分平衡电路

差分放大器又称平衡输入放大器,它具有由两个输入端和一个公共端构成的信号入口,放大器的输出电压与两个输入端的电压差成正比。因为差分器件是按照加于电路两输入端的电压差值工作的,当两输入端对地平衡时,即为差分平衡器件,图 4-17 为平衡差分

器示意图。输入电压 U_S 是差分器件响应电压，地电压 U_G 同时加于两输入端。由于电路是平衡的，每一输入端对地具有相同的阻抗，相应的噪声电流等量地加于两输入端，所以总的输入干扰恰好相互抵消，因此差分平衡电路有助于减小接地电路的干扰。

图4－18(a)给出了最简单的差分放大器电路，图4－18(b)为计算其接地干扰的等效电路。图中 U_G 为地干扰电压，放大器含有两个输入电压 U_1 与 U_2，输出电压为

$$U_0 = A(U_1 - U_2) \tag{4-38}$$

式中，A 为放大器的增益。当负载 R_L 远大于接地电阻 R_G 时，由等效电路图4－18(b)可得 U_G 在放大器输入端引起的干扰电压为

$$U_N = U_1 - U_2 = \left(\frac{R_{L1}}{R_{L1} + R_{C1} + R_S} - \frac{R_{L2}}{R_{L2} + R_{C2}}\right) U_G \tag{4-39}$$

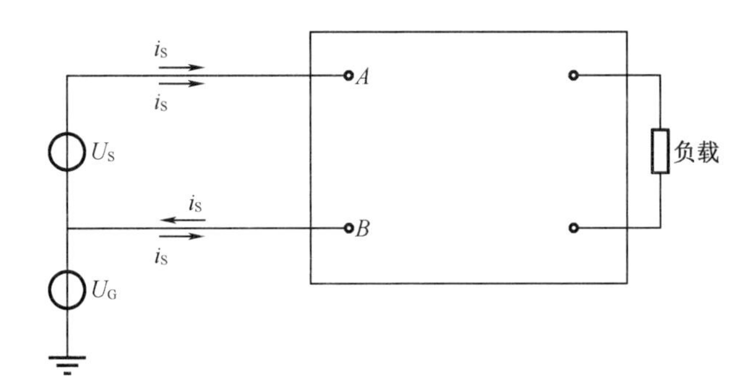

图4－17 平衡差分器件示意图

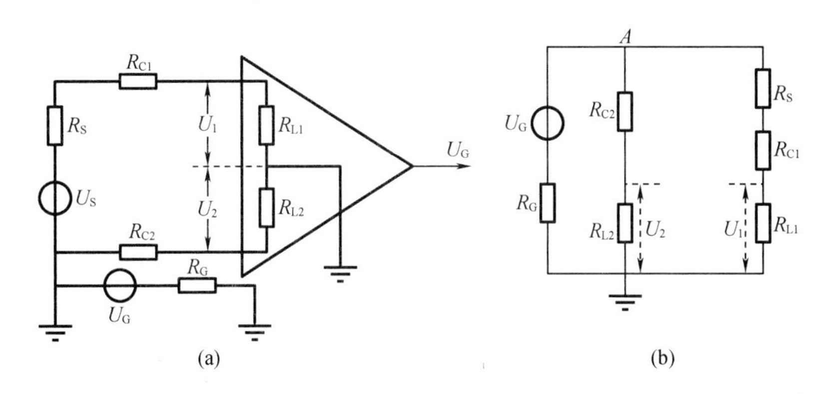

图4－18 差分放大器

若信号源内阻 R_S 很小，且 $R_{L1} = R_{L2}$，$R_{C1} = R_{C2}$，则 $U_N = 0$。当放大器输入阻抗 R_{L1} 与 R_{L2} 增加时，可使 U_N 减小。

图4－19给出了差分电路减小 U_N 的改进电路。图中接入电阻 R 用以提高放大器的输入阻抗，以减少地干扰电压 U_G 的影响，但没有增加信号 U_S 的输入阻抗。

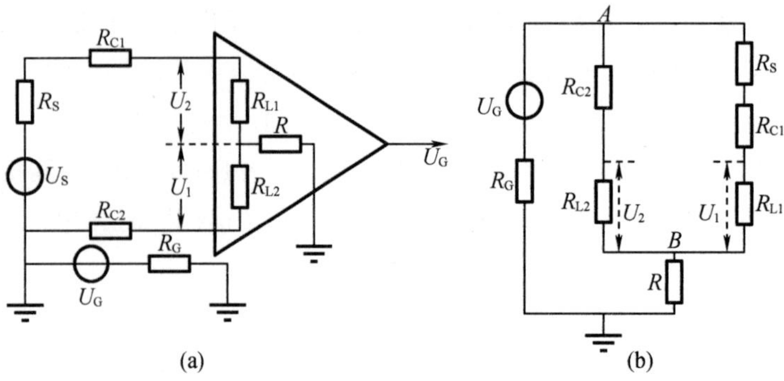

图 4－19　差分放大器的改进电路

图 4－19(a)接地干扰的等效电路如图 4－19(b)所示，设 R_{AB} 为图中 A、B 两点间的电阻，R_G 为接地电阻，一般有 $R_G \ll (R+R_{AB})$，此时 U_G 在放大器输入端的噪声电压为

$$U_N = U_1 - U_2 = \left(\frac{R_{L1}}{R_{L1}+R_{C1}+R_S} - \frac{R_{L2}}{R_{L2}+R_{C2}}\right)U_{AB} \tag{4-40}$$

式中，U_{AB} 为 U_G 在图中两点产生的电压

$$U_{AB} = \frac{R_{AB}}{R_G+R+R_{AB}}U_G \tag{4-41}$$

由于 $U_{AB} \ll U_G$，此时计算所得到的 U_N 更小，对信号源 U_S 并没有增加输入阻抗。假定 U_S 的内阻为零，理论上外界干扰电压被抵消。但在实际差分器件或电路中，总会存在某些不平衡；此时，干扰电压 U_G 的一部分将作为差分电压出现在等效电阻 R 上。这里的 R 表示 A 端和 B 端对地的漏电阻之差，即 $R=R_A-R_B$(平衡时 $R=0$)。由不平衡所引起的 U_G 的一部分 ΔU_G 将出现在差分器件的输入端。

4.3　常见的接地技术

本节讨论电缆屏蔽体接地、电子电路接地、屏蔽盒接地等常见接地技术。

4.3.1　电缆屏蔽体接地

屏蔽电缆通常由绝缘导线外面包一层金属屏蔽层构成。其中屏蔽层一般是金属编织网或金属箔等，需要接地才能起到屏蔽作用。在不同频率下，电缆屏蔽体的接地位置选择也会影响其抗干扰的能力。

1. 低频电缆屏蔽体接地

低频指频率为 100 kHz 以下的频率，此时电缆屏蔽原则上应该采用单点接地，那么接地

点的位置选择就至关重要。当信号源和放大器之间使用屏蔽电缆连接时,接地点既可以选择信号源一端,也可以选择在放大器一端进行接地。

(1)信号源不接地,放大器接地

如图4-20所示,图中U_{G1}为放大器公共参考端对地的电位,U_{G2}为两接地点之间的电位差。C_2是两芯线间的分布电容,C_1和C_3是电缆芯线与屏蔽体之间的分布电容。

传输电缆的屏蔽体可能的四个接地点位置经图4-20(a)中的虚线A、B、C、D连接到地。哪种连接最合适呢?

接线A显然是最差的一种接地方式,因为这种接法会将屏蔽体中的噪声电流引入放大器的输入端,并在输入端阻抗上产生一个干扰电压,此干扰电压叠加于正常信号电压上。

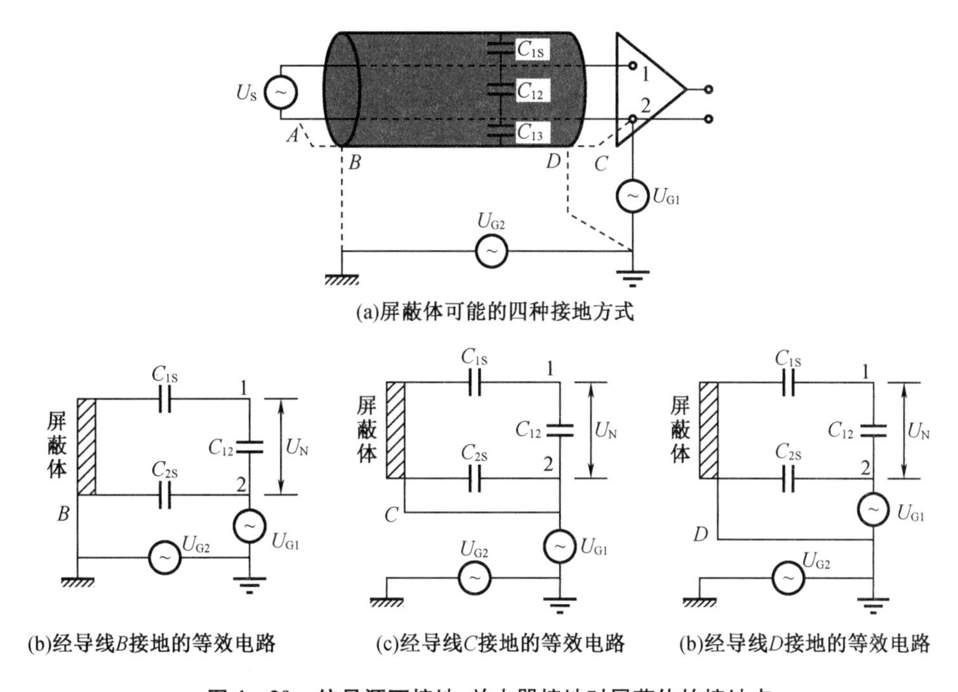

图4-20　信号源不接地、放大器接地时屏蔽体的接地点

屏蔽体经导线B接地的等效电路如图4-20(b)所示,此时U_{G1}、U_{G2}与C_1、C_2组成的分压器将产生一个附加的干扰电压于放大器输入端,其值为

$$U_N = \frac{C_{1S}}{C_{1S} + C_{12}}(U_{G1} + U_{G2}) \tag{4-42}$$

因此这种接法是不合适的。

屏蔽体经导线C接地的等效电路如图4-20(c)所示,此时U_{G1}、U_{G2}在放大器输入端无响应,即U_N与U_{G1}、U_{G2}无关。

屏蔽体经导线D接地的等效电路如图4-20(d)所示,此时U_{G1}与C_1、C_2组成的分压器将产生一个附加的干扰电压于放大器输入端,其值为

$$U_N = \frac{C_{1S}}{C_{1S} + C_{12}}U_{G1} \tag{4-43}$$

因此这种接法也是不合适的。

从以上分析可看出,对于信号源不接地、放大器接地的情形,唯一可行的办法是屏蔽体以导线 C 接地,即把屏蔽体接在放大器的公共参考点上。

(2)信号源接地,放大器不接地

此时屏蔽体有四种接地方法,如图 4-21(a)所示,图中 U_{G1} 为信号源参考点对地的电位,U_{G2} 为两接地点之间的电位差。由于接线 C 将屏蔽体噪声电流引入放大器输入端,所以无法采纳这种方法。

图 4-21(b)表示屏蔽体经导线 A 接地的等效电路图,此时 U_{G1}、U_{G2} 在放大器输入端无响应。图 4-21(c)表示屏蔽体经导线 B 接地的等效电路图,此时 U_{G1} 在放大器输入端的响应为

$$U_N = \frac{C_{1S}}{C_{1S} + C_{2S}} U_{G1} \tag{4-44}$$

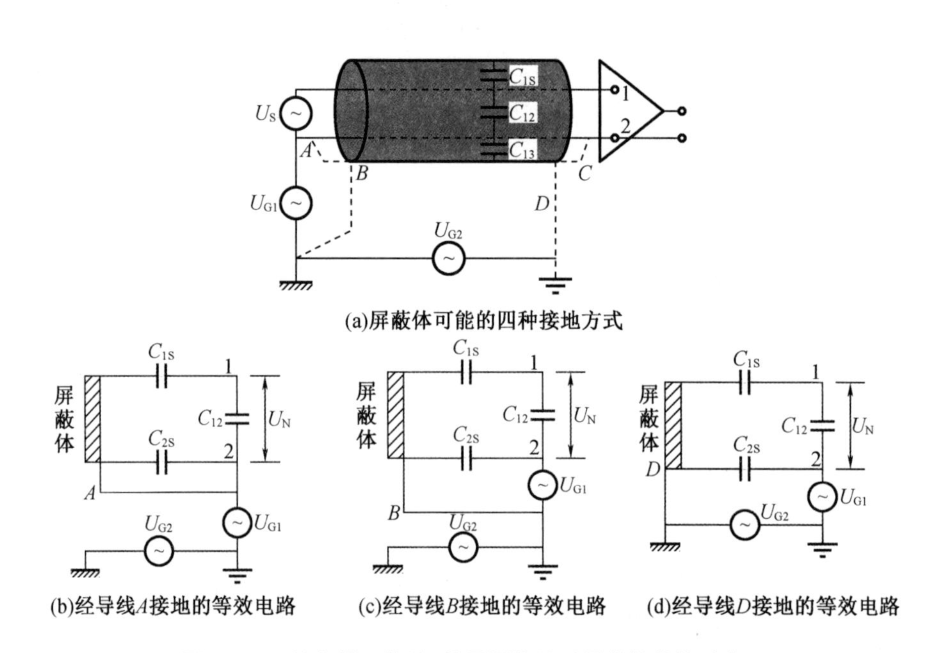

图 4-21　放大器不接地、信号源接地时屏蔽体的接地点

屏蔽体经导线 D 接地的等效电路如图 4-21(d)所示,此时 U_{G1}、U_{G2} 在放大器输入端的响应为

$$U_N = \frac{C_{1S}}{C_{1S} + C_{2S}} (U_{G1} + U_{G2}) \tag{4-45}$$

综上可知,对于信号源接地、放大器不接地的情况,唯一可行的是屏蔽体经导线 A 接地,此时屏蔽体接在信号源的公共参考点上,U_{G1}、U_{G2} 在放大器输入端无响应。

2. 高频电缆屏蔽体接地

当工作频率高于 1 MHz 或导体长度超过工作信号波长的 1/20 时,电缆屏蔽体必须采

用多点接地的方式，以保证其接地的实质效果。因为高频时杂散电容的影响，实际上已难于实现单点接地，如图4－22所示的情况，杂散电容容易造成接地环路。采用多点接地就能解决杂散电容问题。

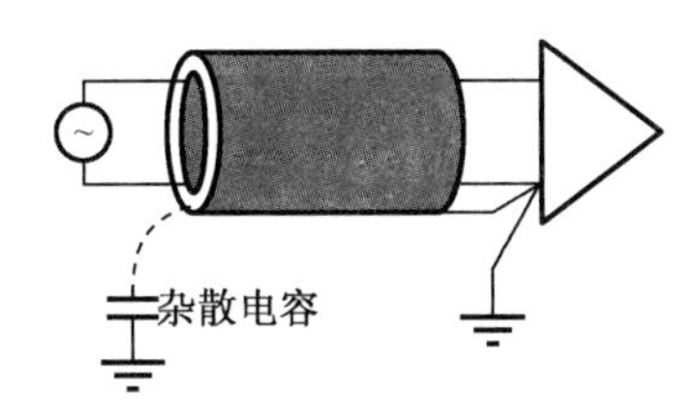

图4－22　高频下，杂散电容会造成接地环路

对于较长的电缆，一般要求每隔0.1λ接地一次，这样可有效防止电缆屏蔽体上出现高电平噪声电压。另外，由于高频的趋肤效应，噪声电流只在屏蔽体的外表面流动，而信号仅在导体内层流动，相互间的干扰也减至最小。若用一个小电容取代图4－22的杂散电容，就构成一种混合接地方式，以改善电路的性质。频率低时，电容的阻抗较大，故电路为单点接地；频率高时，电容的阻抗较低，故电路成为多点接地。这种接地方式适合较宽频率范围内工作的电路。

4.3.2　电子电路接地

1. 一般单元电路的接地设计

一般单元电路的接地方式和信号接地的方式相同，即有单点接地、多点接地、混合接地和悬浮接地等四种，如图4－23所示。

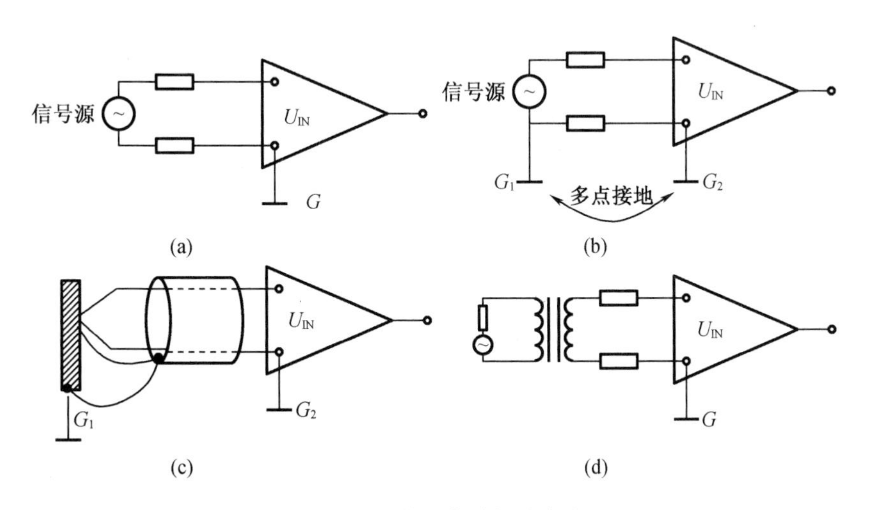

图4－23　单元电路接地方式

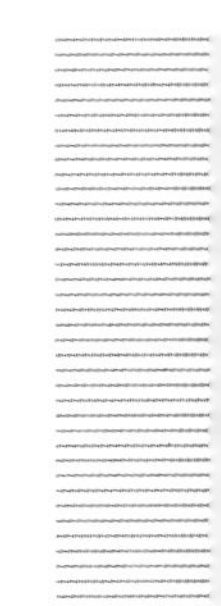

对一个单元电路来说，应该单点接地。由于地电阻的存在，如果采用多点接地往往会引入地阻抗的干扰电压，如图4－23(b)所示。在两个接地点间有电流流过，因为地阻抗导致G_1、G_2两点的电位不相等，即在电路中引入了干扰电压，使电路工作异常。

多点接地引起的干扰可以由图4－24所示的等效电路来计算分析。其中，电路1是干扰电路，电路2是被干扰电路，两电路之间具有公共地阻抗Z_g。现在要分析电路1的存在对被干扰电路负载R_{L2}的影响，即令$U_2=0$，得到负载R_{L2}上产生的电压U_n

$$U_n=\frac{U_1 Z_g}{(R_{C1}+R_{L1})(R_{C2}+R_{L2})}R_{L2} \tag{4-46}$$

由此可知，电路2上的负载R_{L2}的电压是干扰电路1的函数。

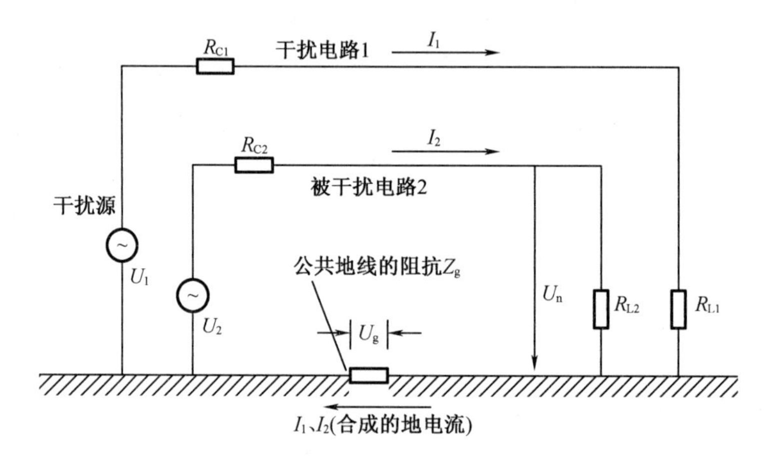

图4－24　公共地阻抗引起的干扰

2. 多级电路的接地设计

多级电路是电子电路中广泛应用的典型电路。多级电路的接地应注意避免各级之间通过公共阻抗而形成干扰，例如高增益放大器往往是由多级放大电路组成的，放大倍数又很高，如果接地方法不正确，将产生增益失真。因此在多级电路中，特别是对于高增益放大器，接地问题是非常关键的，必须做到：

(1)低频单元电路应该是单点接地，避免地环路的形成，如图4－25(a)所示；

(2)各单元电路的接地电流流向必须是由小信号单元流向大信号单元；

(3)保持屏蔽电流的畅通。

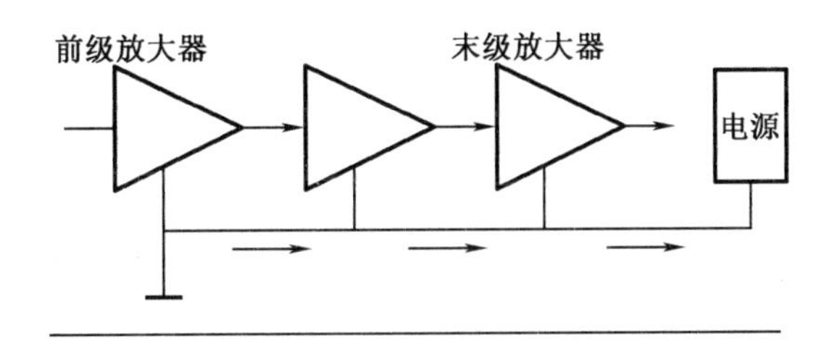

(a)小信号单元流向大信号单元

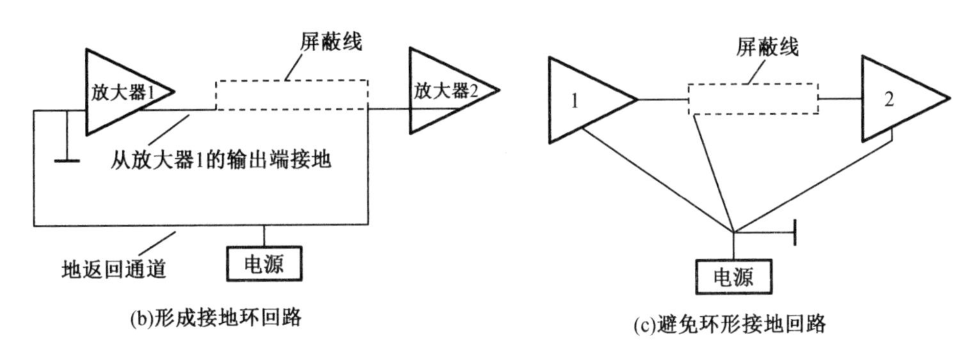

(b)形成接地环回路　　(c)避免环形接地回路

图4-25　多级电路接地

如图4-25(b)所示,多级放大器接地系统包含了一个地环路。在这种情况下,大信号电路电流容易进入小信号电路造成干扰;同时地环路也容易接受外界磁场的干扰,使放大器工作异常。正确的接法如图4-25(c)所示。

图4-26给出高增益放大器的正确接地系统。图中前两级放大器由单线返回到总接地线,末级功率放大器电路和高电平信号电路共用一根地线返回线,因为后两者电平都比较高,相互间不易受干扰。

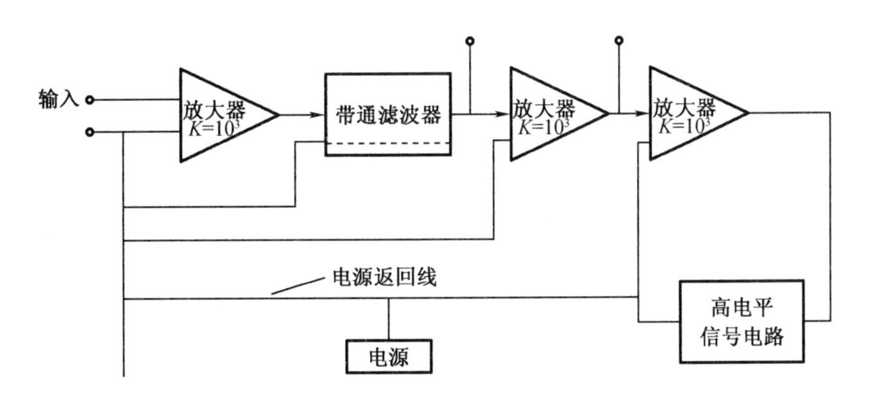

图4-26　高增益放大器的接地系统

4.3.3　屏蔽盒接地

为了实现对电场的屏蔽,必须用良导体金属作屏蔽体,且屏蔽需要接地。在设计屏蔽

盒接地时,不仅要保证屏蔽盒的屏蔽效能,还要进行良好的接地设计,避免地电流影响。

1. 单层屏蔽盒接地

小信号放大器和高增益的放大器往往需要用金属外壳作屏蔽,其屏蔽效能除了与屏蔽盒的设计有关,合理的接地设计也是一个很重要的影响因素。图 4 - 27 表示放大器屏蔽盒不接地的情况。图 4 - 27(b)中放大器与屏蔽盒之间存在分布电容,三个电容构成了从输出端到输入端的反馈网络,容易使放大器自激。

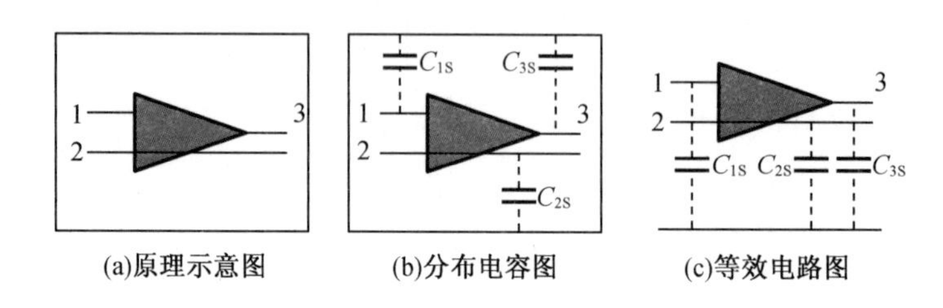

图 4 - 27　放大器屏蔽盒

由图 4 - 27(c)等效电路可知,屏蔽盒与内部电路有三种接地方式:

方式一:如果将屏蔽盒与放大器输出端的地线做接地连接处理,如图 4 - 28(a)所示,这时 C_{2S}被短路,反馈通道也随之消除。结果,屏蔽盒既对放大器起到了屏蔽作用,又不致给放大器引入寄生耦合。

方式二:若把屏蔽盒的接地点选在放大器输入端的地线上,如图 4 - 28(c)所示,虽然把寄生电容 C_{2S}短路,但是放大器输出端的信号电流经 C_{3S}向输入端流动时会在输入端地线上产生寄生电压,形成反馈,破坏放大器的正常工作。因此这种接法是不对的。

方式三:在图 4 - 28(e)中,屏蔽盒在放大器的输入端和输出端均接地,这样屏蔽盒成了放大器接地环路的通道之一,结果在放大器输入端引入了公共地阻抗干扰和地环路干扰,所以这种接法也是不可取的。

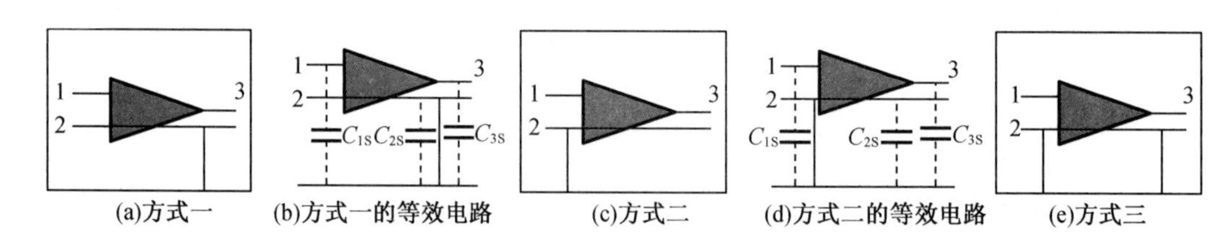

图 4 - 28　屏蔽盒的三种接地方式

由此可见,屏蔽盒应单点接地。接地位置应该选在输出端地线上,既可以防止输出端对输入信号的干扰,也可以避免构成地环路干扰。

2. 双层屏蔽盒接地

为使弱电平的信号电路正常工作,需要对其进行双层屏蔽,且必须接地。屏蔽接地点

的位置与单层屏蔽一样,应仔细考虑地电流的影响。如图4－29所示,接地点的选择至关重要。图4－29(a)是正确的双层屏蔽盒的接地方式,内、外屏蔽层间的连接以及外屏蔽盒接地都在信号电路输出端一侧,缩短了地电流路径,形成的地环路面积大大减小,屏蔽盒的屏蔽效能更好。而在图4－29(b)中,双层屏蔽盒内、外屏蔽层连接点和屏蔽接地点都远离输出端的地线,构成了面积很大的地环路。当高频信号传输时,由于趋肤效应的作用,高频电流会沿着屏蔽盒表面流动,形成严重的地环路电流。加之地电流路径很长,接地阻抗大幅增加,严重影响屏蔽盒的屏蔽效能。

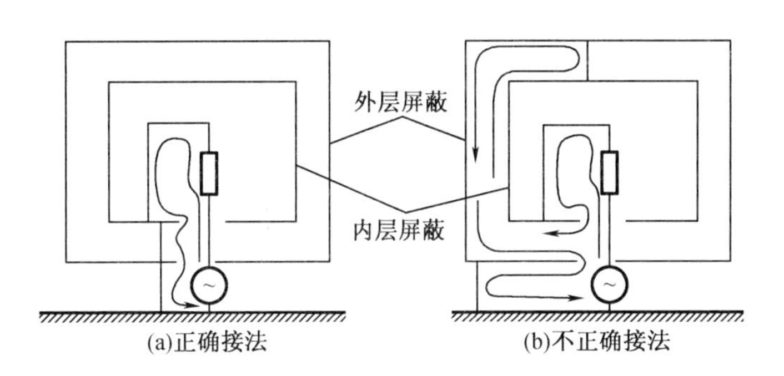

图4－29 双层屏蔽盒的接地

4.4 搭接

搭接是指将设备或系统的外露导电部分连接在一起以确保它们具有相同电位的过程,使两个金属物体之间实现低阻抗电流通路。正确的搭接保证了这些连接点具有高强度、低阻抗和防腐蚀等长期稳定性。搭接的目的是:

(1)保证电源、信号的良好连接,建立信号电流的稳定通路,避免由于金属连接产生电位差形成电磁干扰;

(2)减小装置之间的电位差,避免电磁干扰;

(3)建立雷电保护、静电保护和安全保护的可靠回路。

4.4.1 搭接的分类

搭接可以分为直接搭接和间接搭接两种类型。直接搭接是指在金属间特定部位的表面直接接触,建立一条导电性良好的电气通路。间接搭接是通过搭接带或其他辅助导体将两个金属物体连接起来。

1. 直接搭接

直接搭接方式只能用于两搭接件可以连接在一起并且没有相对移动的情况。直接搭接具有很低的直接接触电阻和射频阻抗。控制搭接质量的关键是增加传导接触面积以减小接触电阻。影响直接搭接的因素有光滑的接触面、受到染污的表面、搭接体间接触面积、加于金属搭接体的接触压力等。在进行搭接前,首先要把金属搭接面存在的如氧化膜、硫化膜或氯化膜等表面膜、灰尘以及残余金属屑等彻底清除掉。

实现直接搭接的方法可以分为三类。

(1)向各种配件施加压力来实现直接搭接

压力搭接法是采用螺栓、铆钉等将金属导体连接起来。在许多不希望永久搭接的场合,如当设备需要移动,接地引线必须断开或设备需要挪开以便调整和修理时,可采用压力搭接法。可以利用螺栓或铆钉等将金属导体连接,此时压力主要集中于螺栓的头部,可以采用在头部位置安放大和硬的垫片,增加有效接触面积的方法。铆接也是一种半永久性搭接方法。它不如螺栓灵活,但由于使用铆枪,铆合十分迅速。铆钉的尺寸和孔的尺寸要配合好,以使铆接口能紧密配合以提供低阻抗通道。如果箱体金属面之间采用铆接,高频电磁能量会泄漏,以致屏蔽性能下降。为了弥补这个缺点,在接缝处可用金属网状衬垫来进一步密封。

(2)利用加热搭接方法,如焊接实现搭接

焊接是最理想的搭接方法。焊接是永久性结合,其电性能、机械性能对环境的适应性都比较理想,因此在要求稳定牢固结合的地方被广泛使用。其优点是机械强度大,接近搭接件本身的强度;由于没有水分掺入焊点,搭接的抗腐蚀能力很强,搭接的使用时间几乎与搭接件的寿命一样;焊接方法的搭接电阻几乎等于零。但是在采用这种方法时,要注意焊点的高温可能对搭接件周围绝缘材料造成损坏。

(3)利用导电黏结胶实现搭接

导电黏结胶方法起辅助连接作用。导电黏结胶是一种掺银粉的环氧树脂,有很好的导电性,可以涂在接合件之间以建立低的搭接电阻。其优点是不需要高温,可以直接黏结,这对防火、防爆等场合特别适宜。其主要缺点是机械性能差,抗拉性差;导电性能也不够理想,对环境适应能力差。

2. 间接搭接

间接搭接通过在金属间使用中介导体实现连接,例如搭接片、跨接片以及铰链等。使用中介导体带来了额外的电阻、电容和电感,对系统的电性能造成影响,搭接质量明显不如直接搭接。但在实际中,当设备之间或设备与接地装置之间需要经常挪动或相距较远时,就不得不选择间接搭接方法。

4.4.2 搭接电阻的要求与测试

搭接阻抗是衡量搭接效果的主要技术指标。间接搭接阻抗为搭接带阻抗和两端连接阻抗之和。搭接带在高频时呈现很大的阻抗,因此,高频电路多采用直接搭接。为了实现可靠搭接,搭接前应对搭接表面进行清理,搭接完成后还应进行搭接表面的防腐蚀处理。

不同的设备对搭接电阻的要求不同。美国的有关设计规范规定，对于信号回路，为使噪声降至最低水平，要求通路的电阻小于50 mΩ。飞行器的搭接阻抗要小于25 mΩ，因为当燃料局部电压超过500 V时，会造成燃料燃烧。对于飞行器中的高精度仪表，搭接阻抗还要更小。具体的搭接电阻由构成干扰威胁的电压幅值和通过连接点的电流值决定。实现高质量的连接的搭接电阻为1 mΩ，只要表面清洁且在两个结合表面具有足够的压力就能实现。更低的搭接电阻需要采用特殊的搭接方法才能达到。

对于搭接的效果可以通过测量确定。但一定要注意，测量时不能简单地用欧姆表而要用高频信号进行测量，因为搭接的阻抗绝不仅仅是直流电阻。当频率较高时，机箱与大地之间的寄生电容和导线电感都不能忽略，因此实际的搭接阻抗是电感和电容的并联网络。一般可以采用四端法测量搭接点的直流或者低频搭接电阻。由图4－30可知，恒流源在被测搭接点上形成电压降，用高灵敏度的数字电压表测出其电压降值再根据恒流源指示的电流值，推算搭接电阻。

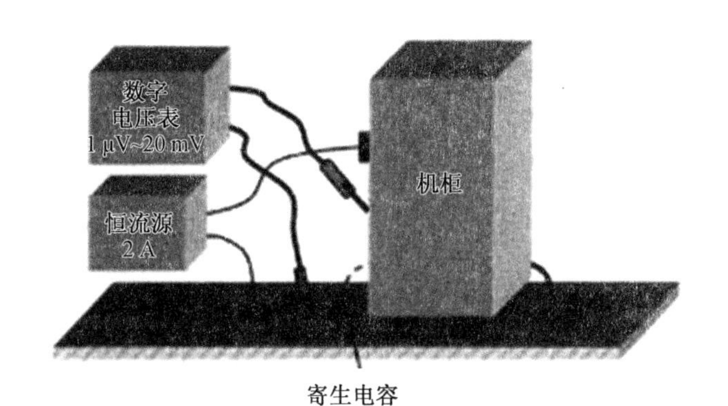

图4－30 搭接阻抗的测量方法图

4.4.3 良好搭接的原则

首先，不良搭接会增加搭接点的阻抗，导致设备不安全，引起电磁干扰。例如，电源线的松动会在负载上产生不希望有的电压降；信号线上连接点的松动和高阻抗会导致信号幅度的下降或噪声水平的增加；由于电路及信号参考网络的不良连接导致噪声水平提高，引起系统性能变坏；雷电保护网络发生不良连接时，电流会在不良连接点产生数千伏的电压，引起对设备的干扰，或产生电弧导致着火或爆炸。

图4－31中的π型滤波器本应在干扰源和敏感设备之间起隔离作用，但由于搭接不良，地线上形成高阻抗，使得传导干扰电流不是像预期那样沿路径①流入地，而是沿路径②流到负载R_L（图中的敏感设备阻抗）。

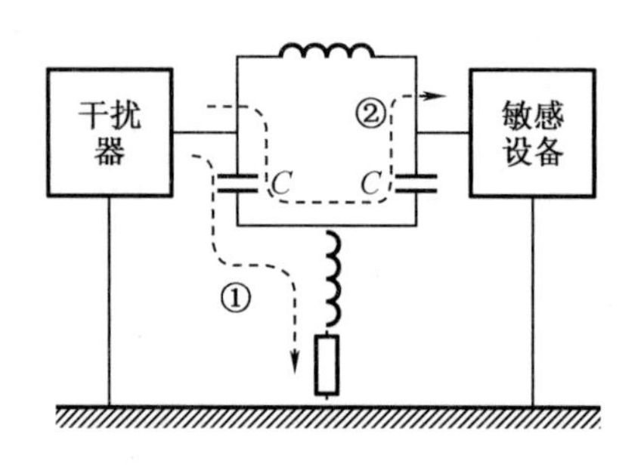

图 4-31　不良搭接的影响

设滤波器的元件是 L 和 C，因搭接不良而形成的阻抗为 $Z_B = R_B + j\omega L_B$，式中的 R_B 是搭接条的电阻（包括搭接条两端的接触电阻），L_B 是搭接条的电感。不难看出，电流沿路径①流动的条件是

$$|R_B + j\omega L_B| \ll \left| R_L + \frac{1}{j\omega C} \right| \tag{4-47}$$

可见，要实现良好搭接，就要想办法减小搭接条本身的阻抗和搭接条与所接触的金属面之间的接触电阻。

（1）良好搭接的关键是金属表面之间的紧密接触。被搭接表面的接触区应光滑、清洁、没有非导电物质。紧固方法应保证有足够的压力将搭接处压紧，以保证在受到机械扭曲、冲击和震动时表面仍接触良好。

（2）对搭接处应采取防潮和防腐蚀的保护措施。

（3）要保证搭接处或搭接条能够承受流过电流，以免因出现过载而熔断。

（4）搭接条应该尽量短、宽、直，以保证搭接时的低电阻和小电感。

（5）尽可能采用相同的金属材料进行搭接。若必须使用两种不同金属搭接，应选用电化序表中位置相近的两种金属进行搭接，以减小电化腐蚀，如表 4-1 所示。

表 4-1　常用金属的电化序

金属	电动势/V	金属	电动势/V
镁	-2.37	镍	-0.25
镀	-1.85	锡	-0.14
钒	-1.66	铅	-0.13
锌	-0.76	铜	+0.34
铬	-0.74	镊	+0.80
铁	-0.44	铂	+1.20
镉	-0.40	金	+1.50

第5章

屏蔽技术

电磁屏蔽是抑制以场的形式造成干扰的最有效方法。通常,电磁屏蔽是以某种导电或导磁材料制成屏蔽壳体,将需要屏蔽的区域封闭起来,部分或全部进行衰减,形成电磁隔离。即当空间中存在两个电磁场时,在其分界面上有物体,从而可以将这两个电磁场看成是相互独立的,该分界面上存在的物体就被称为屏蔽体,这两个相互界面就被称为屏蔽。

5.1 屏蔽技术概述

电磁屏蔽的作用原理是利用屏蔽体对电磁波的反射、吸收和引导功能。因此,使用电磁屏蔽方法的最大好处是不会影响被屏蔽电路的正常工作,不需要对屏蔽电路进行改动。如图5-1所示,电磁屏蔽有两个目的,一是防止外来的辐射干扰进入某一区域,二是限制内部辐射的电磁能量泄漏出该内部区域。

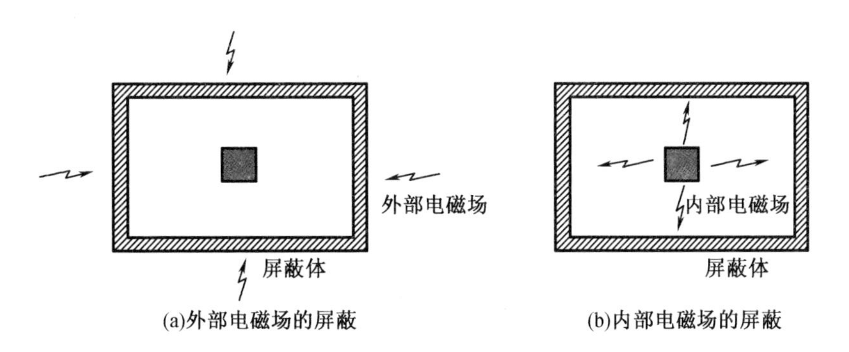

图5-1 电磁屏蔽的类型

根据屏蔽的作用原理,可以将屏蔽分为电场屏蔽、磁场屏蔽和电磁场屏蔽三大类。其中,电场屏蔽包含静电屏蔽和交变电场屏蔽;磁场屏蔽包含静磁屏蔽和交变磁场屏蔽,如图5-2所示。

电磁屏蔽
- 电场屏蔽
  - 静电屏蔽
  - 交变电场屏蔽
- 磁场屏蔽
  - 静磁屏蔽
  - 交变磁场屏蔽
- 电磁场屏蔽

图 5-2　电磁屏蔽的类型

5.2　屏蔽原理

电场屏蔽主要针对高电压、小电流的电磁骚扰源，近场以电场为主，其磁场分量可以忽略；而磁场屏蔽则是针对低电压、大电流的电磁骚扰源，近场以磁场为主，其电场分量可以忽略。如果骚扰源的频率较高，或骚扰源在较远的地方（即满足远场条件），可以视为平面波电磁场，此时的电场和磁场均不可忽略，因此需要将电场和磁场同时屏蔽，即电磁屏蔽。

5.2.1　电场屏蔽

电场屏蔽简称电屏蔽，包括静电屏蔽和交变电场屏蔽，其目的是减少设备、电路、元器件等相互之间的电场感应。

1. 静电屏蔽

电磁场理论表明，置于静电场中的导体在静电平衡的条件下，具有下列性质：

（1）导体内部任何一点的电场为零；

（2）导体表面任何一点的电场强度矢量的方向与该点的导体表面垂直；

（3）整个导体是一个等位体；

（4）导体内部没有静电荷存在，电荷只能分布在导体的表面上。

当一空腔导体处于静电场中时，由于其内表面无静电荷，因而在其内部空间无电场，所以空腔导体起到了隔离外部静电场的作用，抑制了外部静电场对空腔导体内部的干扰。反之，如果把空腔导体接地，即使空腔导体内部存在带电体，其产生的静电场也不会在空腔导体外部出现。这就是静电屏蔽的理论依据，即静电屏蔽原理。

图 5-3 所示为空腔屏蔽体内部存在带有正电荷 $+Q$ 的带电体，在其内侧感应出 $-Q$，屏蔽体外侧感应出 $+Q$。此时，图 5-3(a)所示仅用空腔屏蔽体将静电场源包围起来，实际上无法实现屏蔽。只有空腔屏蔽体接地泄放外侧的感应正电荷，如图 5-3(b)所示，空腔导体的电位为零，外部静电场才会消失，即将静电场源产生的电力线封闭在屏蔽体内部，屏蔽

体真正起到了静电屏蔽的作用。值得注意的是，从不接地到接地的过渡状态下，空腔导体的接电线上将有电流通过。如果屏蔽体内部是静电荷，图5－3(b)就表示达到稳定后的状态。如果屏蔽体内部是时变电荷，则接地线上的电流变化会与时变电荷对应。

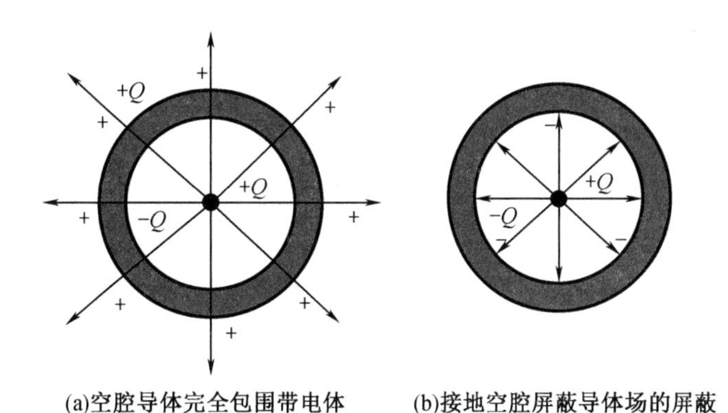

(a)空腔导体完全包围带电体　　(b)接地空腔屏蔽导体场的屏蔽

图5－3　静电屏蔽

当空腔屏蔽体外部存在静电场时，如图5－4所示，由于空腔导体可以视为等位体，则其内部空间不会存在静电场，外部存在的电力线终止在屏蔽体上，屏蔽体的两侧出现等量异号的感应电荷，最终实现静电屏蔽。理想屏蔽体(完全封闭)无论是否接地，其内部空间的外电场均为零。但是，实际的空腔屏蔽导体不可能是完全封闭的，如果屏蔽体不接地，就会引起外部电力线的入侵，造成直接或间接静电耦合。因此为了防止这种情况，仍应将空腔屏蔽导体接地，保证有效的屏蔽。综上可见，静电屏蔽必须具有两个基本要点：完整的屏蔽导体和良好的接地。

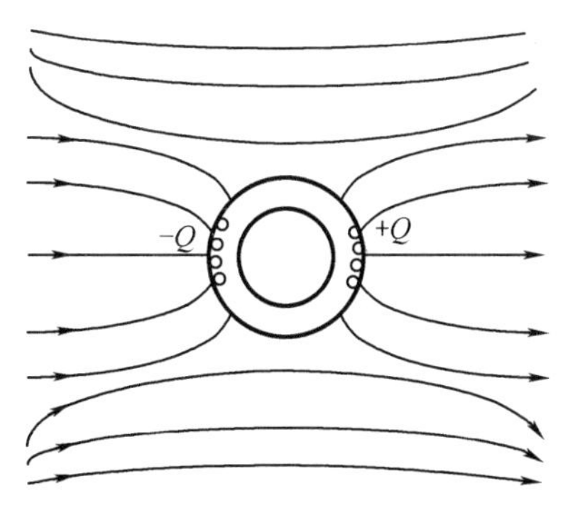

图5－4　对外来静电场的静电屏蔽

2. 交变电场的屏蔽

交变电场屏蔽原理可以采用电路理论来解释，干扰源与被干扰对象之间的电场感应可以用两者之间的分布电容进行描述。如图5－5所示，干扰源g上有一交变电压 U_g，在其附近产生交变电场，置于交变电场中的接收器s通过阻抗 Z_s 接地，干扰源对接收器的电场感

应耦合可以等效为分布电容 C_e 的耦合，这就形成了由 U_g、Z_g、C_e 和 Z_s 构成的耦合回路。接收器上产生的干扰电压 U_s 为

$$U_s = \frac{j\omega C_e Z_s}{1 + j\omega C_e (Z_s + Z_g)} U_g \tag{5-1}$$

从式(5－1)可看出，干扰电压 U_s 的大小与耦合电容 C_e 有关。要使接收器端的感应电压 U_s 减小，可将干扰源与接收器尽量远离，减小 C_e。如果干扰源与接收器间的距离受空间位置限制无法加大，则可采用屏蔽措施。

图5－6所示为为了减少干扰源与接收器之间的交变电场耦合，在两者之间插入屏蔽体，并对屏蔽体接地。插入屏蔽体后，原来的耦合电容 C_e 的作用现在变为耦合电容 C_1、C_2 和 C_3 的作用。C_1 是干扰源与屏蔽体间的分布电容，C_2 是接收器与屏蔽体间的分布电容，C_3 是加屏蔽体后的剩余耦合电容。因为干扰源和接收器在插入屏蔽体后，相互之间的直接耦合非常小，所以此时耦合电容 C_3 可以忽略。

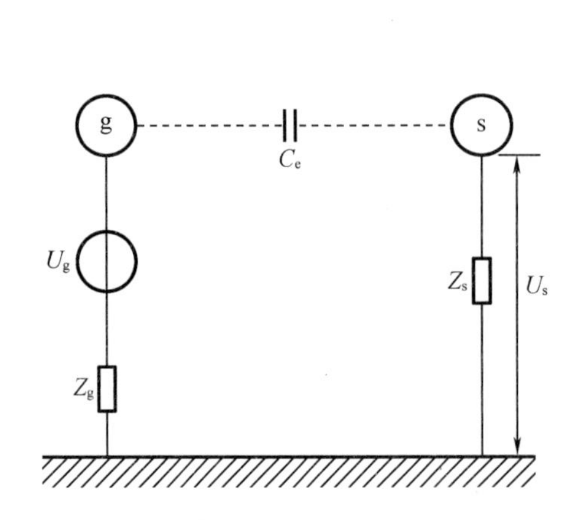

图5－5　交变电场的耦合

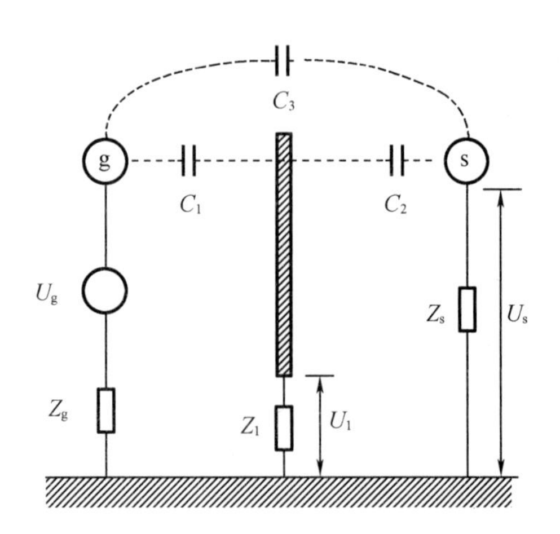

图5－6　存在屏蔽的交变电场的耦合

设金属屏蔽体的对地阻抗为 Z_1（Z_1 为屏蔽体阻抗和接地线阻抗之和），则屏蔽体上的感应电压为

$$U_1 = \frac{j\omega C_1 Z_1}{1 + j\omega C_1 (Z_1 + Z_g)} U_g \tag{5-2}$$

故接收器上的感应电压为

$$U_s = \frac{j\omega C_2 Z_s}{1 + j\omega C_2 (Z_1 + Z_s)} U_1 \tag{5-3}$$

从式(5－3)可看出，要使 U_s 比较小，则应减小 C_1、C_2 和 Z_1。只有 $Z_1=0$，才能使 $U_1=0$，进而 $U_s=0$。也就是说，屏蔽体必须良好接地，才能真正将干扰源产生的干扰电场的耦合抑制或消除，保护接收器免受干扰。如果屏蔽导体没有接地或接地不良，那么接收器上的感应干扰电压比不加屏蔽导体时的干扰电压还要大，反而增加了干扰效应。

从上面的分析可以看出，交变电场屏蔽的基本原理是采用接地良好的金属屏蔽体将干扰源产生的交变电场限制在一定的空间内，从而阻断干扰源至接收器的传输路径。为了获

得有效的电场屏蔽,在设计时需要注意:

(1)屏蔽体必须良好接地。

(2)注意屏蔽材料的选择。电场屏蔽应选用良导体,如铜、铝等。

(3)正确选择屏蔽接地点。屏蔽体接地点应该靠近被屏蔽体的低电平元件的接地点,避免地电流干扰进入接收器。

(4)合理设计屏蔽体的形状。盒形屏蔽体比板状或线状屏蔽体更好,全封闭屏蔽体比有缝隙、孔洞的屏蔽体更有效。

(5)屏蔽体厚度。单就电场屏蔽而言,对厚度没有要求,只要材料的刚性和强度满足屏蔽体的要求即可。

在电子设备内部的多级级联电路中,为防止级间寄生耦合,各级之间要进行屏蔽隔离,在结构上,一般是共用一个屏蔽盒,级间用中隔板分开,其盖子有共盖和分盖两种形式。

(1)共盖结构

共盖结构就是各级屏蔽共用一个盖子,其结构及等效电路如图 5-7 所示,图中 S 是干扰源,R 是接收器,Z_R 是接收器的对地阻抗,Z_G是盖子与盒体间的接地阻抗。

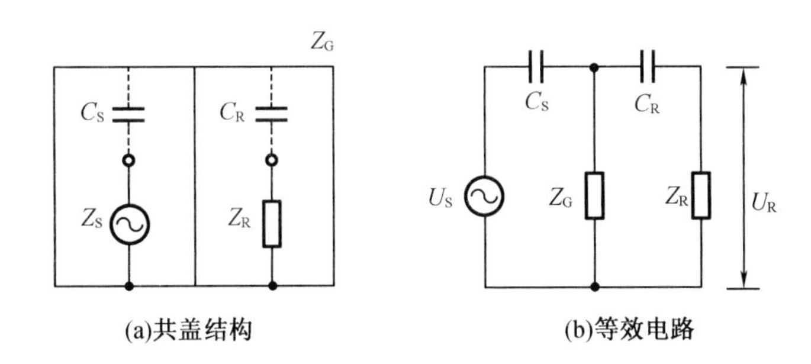

图 5-7　共盖结构及其等效电路

假定屏蔽盒的盒体部分是良好接地的,在干扰源 S 的作用下,由等效电路很容易求出接收器 R 上的感应电压为

$$U_R = \frac{j\omega C_S Z_G}{1 + j\omega C_S Z_G} \cdot \frac{j\omega C_R Z_R}{1 + j\omega C_R Z_R} U_S \tag{5-4}$$

由上式可见,减小 Z_G 可减小 U_R,也就提高了屏蔽体的电屏蔽效能。

为了提高共盖结构的屏蔽效能,可在中隔板上加装专用螺母,改善盖子与盒体中隔板的电接触,减小缝隙影响。亦可在中隔板与盖板间安放导电衬垫改善接触。

(2)分盖结构

分盖结构就是在每一屏蔽隔板间单独用盖子封闭,图 5-8 为其结构及等效电路。从等效电路可写出接收器 R 上的感应电压表达式为

$$U_R = \frac{j\omega C_S Z_{G1}}{1 + j\omega C_S Z_{G1}} \cdot \frac{j\omega C Z_{G2}}{1 + j\omega C Z_{G2}} \cdot \frac{j\omega C_R Z_R}{1 + j\omega C_R Z_R} U_S \tag{5-5}$$

式中,Z_{G1}、Z_{G2}分别为盖子与盒体间的接触阻抗,减小 Z_{G1} 和 Z_{G2}都能提高屏蔽效能。

从式(5-5)可见,分盖结构的屏蔽效能优于共盖结构。但是分盖结构成本高,仅用在

级间隔离要求高的设备中。

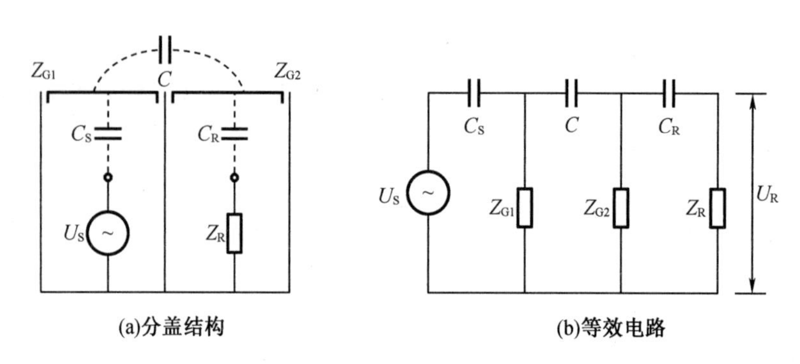

(a)分盖结构　　(b)等效电路

图 5－8　分盖结构及其等效电路

5.2.2　磁场屏蔽

磁场屏蔽简称磁屏蔽,是用于抑制磁场耦合实现磁隔离的技术措施,它包括低频磁场屏蔽和高频磁场屏蔽。

1. 低频磁场屏蔽

由磁通连续性原理可知,磁力线是连续的闭合曲线,磁力线通过的路径称为磁路,如图 5－9(a)所示。低频(100 kHz 以下)磁场的屏蔽,是利用磁力线集中分布在低磁阻磁路中,铁磁性材料具有磁导率高、磁阻小的特点,对磁场有分路作用,使磁场绕过敏感元件,从而起到屏蔽的作用。低频磁场屏蔽常采用高磁导率材料,如铁、镍钢、坡莫合金等。高磁导率材料对磁场的旁路作用可以用磁路模型来表示,如图 5－9(b)所示。图中的 R_s 和 R_0 分别是屏蔽体的磁阻和屏蔽体内空气的磁阻,H_0 和 H_1 分别代表屏蔽体外部磁场强度和屏蔽体中心处磁场强度。

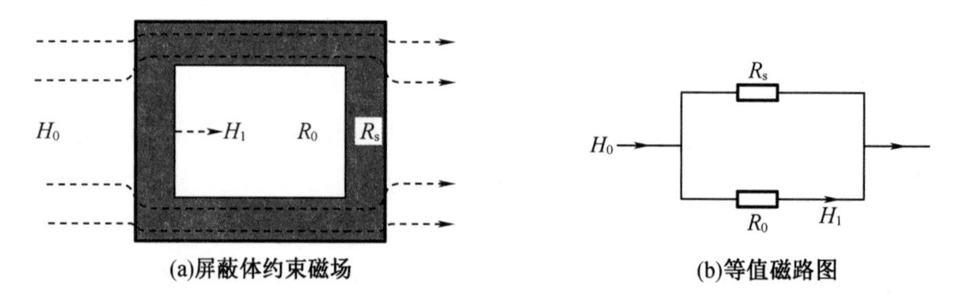

(a)屏蔽体约束磁场　　(b)等值磁路图

图 5－9　磁路与磁阻

由磁路定理可知

$$U_m = R_m \cdot \Phi_m \tag{5-6}$$

式中,U_m 是磁路中两点间的磁位差;Φ_m 是通过磁路的磁通量

$$\Phi_{\mathrm{m}} = \int_S B \cdot \mathrm{d}S \tag{5-7}$$

R_{m} 是磁路中 a、b 两点间的磁阻

$$R_{\mathrm{m}} = \frac{\int_a^b H \cdot \mathrm{d}l}{\int_S B \cdot \mathrm{d}S} \tag{5-8}$$

如果磁路横截面是均匀的，且磁场也是均匀的，则上式可化简为

$$R_{\mathrm{m}} = \frac{Hl}{BS} = \frac{l}{\mu S} \tag{5-9}$$

式中 μ——铁磁材料的磁导率(H/m)；

S——磁路的横截面积(m^2)；

l——磁路的长度(m)。

显然，磁导率 μ 大则磁阻 R_{m} 小，此时磁通主要沿着磁阻小的途径形成回路。由于铁磁材料的磁导率 μ 比空气的磁导率 μ_0 大得多，所以铁磁材料的磁阻很小。将铁磁材料置于磁场时，磁通将主要通过铁磁材料，而通过空气的磁通将大为减小，从而实现磁场屏蔽。

图5-10所示的屏蔽线圈用铁磁材料作屏蔽罩。由于其磁导率很大，磁阻比空气小得多，如图5-10(a)所示，线圈所产生的磁通主要沿屏蔽罩通过，磁力线被限制在屏蔽体内部，从而使线圈周围的元件、电路和设备不受线圈磁场的干扰。同样，如图5-10(b)所示，外界磁通也将通过屏蔽体而很少进入屏蔽罩内，从而对外部磁场进行屏蔽。

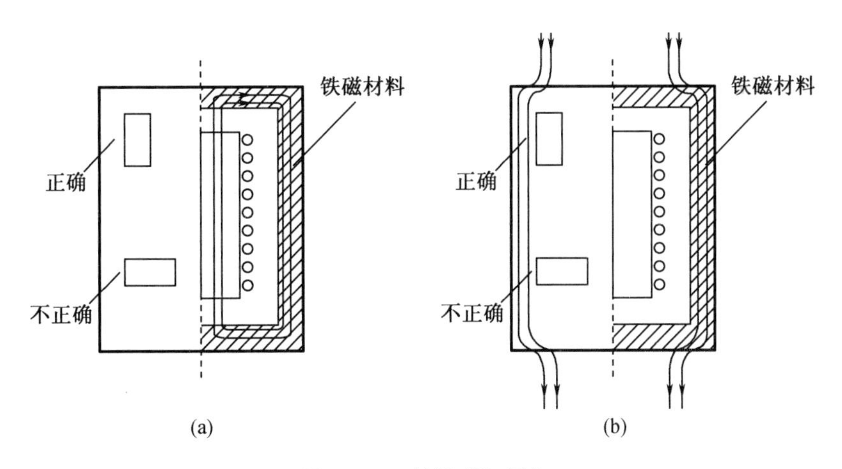

图5-10 低频磁场屏蔽

使用铁磁材料作屏蔽体时要注意下列问题：

(1)磁导率随着频率的增加而下降。材料手册上的磁导率大多是直流情况下的数据，一般直流磁导率越高，其随着频率下降越快，如图5-11所示。

(2)外加磁场对磁导率的影响。当外加磁场为某一个强度时，材料的磁导率最高，大多材料手册上给出的磁导率数据往往是此时的磁导率，称为最大磁导率。一旦外界磁场大于或小于这个磁场，磁导率都会降低。

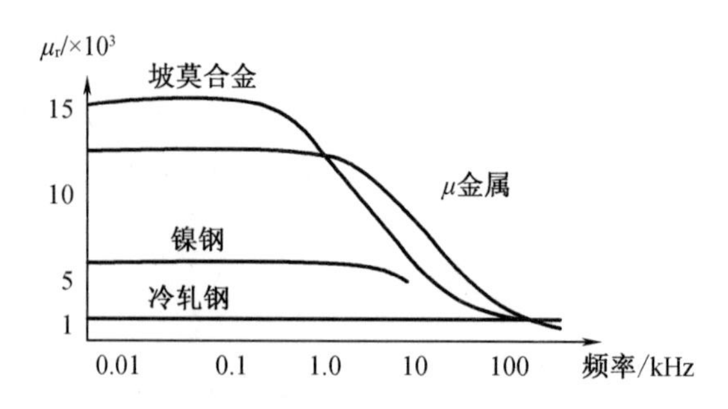

图 5-11　高磁导率材料的频率特性

（3）磁饱和。当外界磁场超过一定强度时，材料的磁导率会变得很低，这种现象称为磁饱和现象。材料的磁导率越高，越容易饱和。当要屏蔽的磁场强度很高时，需要使用磁导率较高的材料，但这种材料容易饱和；如果用比较不容易饱和的材料，往往磁导率较低，屏蔽效果又达不到要求。对于这个问题，可以采用双层屏蔽，即先用磁导率低但不容易饱和的材料将磁场强度衰减到较低的程度，然后再使用高磁导率材料提供足够的屏蔽。

（4）加工影响。对高磁导率材料进行机械加工，如焊接、打孔、剪切等操作，会降低材料的磁导率，影响屏蔽体的屏蔽效能，因此在组装和搬运过程中要格外注意。解决的办法是在加工完成后，按照材料生产厂商的要求进行热处理，恢复磁导率。

（5）屏蔽体的结构设计。当屏蔽体需要开缝时，狭缝不能切断磁路，狭缝要与磁通方向保持一致，避免切断磁力线，影响屏蔽效果，如图 5-12 所示。

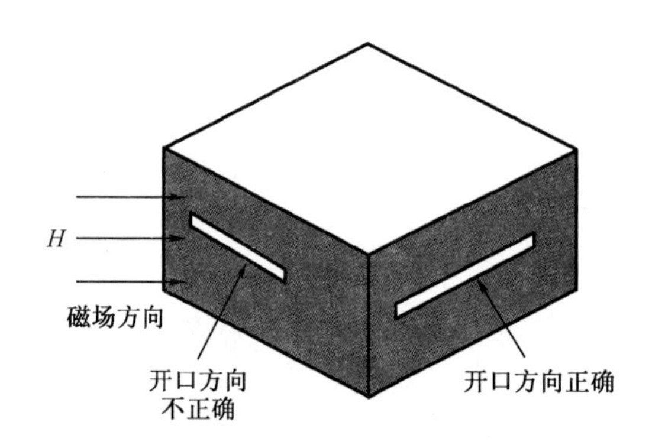

图 5-12　屏蔽体上的开口方向

2. 高频磁场屏蔽

利用低电阻率的良导体材料，例如铜、铝等，可以对高频磁场进行屏蔽。其原理是根据电磁感应现象，闭合回路上产生的感应电动势等于穿过该回路的磁通量的时变率。而楞次定律表明，感应电动势引起感应电流，感应电流所产生的磁通要阻止原来磁通的变化，即感应电流产生的磁通方向与原来磁通的变化方向相反。外部高频磁场在屏蔽体表面会产生感应涡流，涡流反磁场会抵消或抑制原磁场，从而达到屏蔽的目的。也就是说，高频磁场屏蔽利用了感应涡流的反磁场对原干扰磁场的排斥作用，达到了屏蔽效果。

如图5－13所示，当高频磁场穿过金属板时，在金属板中就会产生感应电动势，从而形成涡流。金属板中的涡流产生的反向磁场将抵消穿过金属板的原磁场，即为感应涡流产生的反磁场对原磁场的排斥作用。同时，感应涡流产生的反磁场增强了金属板侧面的磁场，使磁力线在金属板侧面绕行而过。

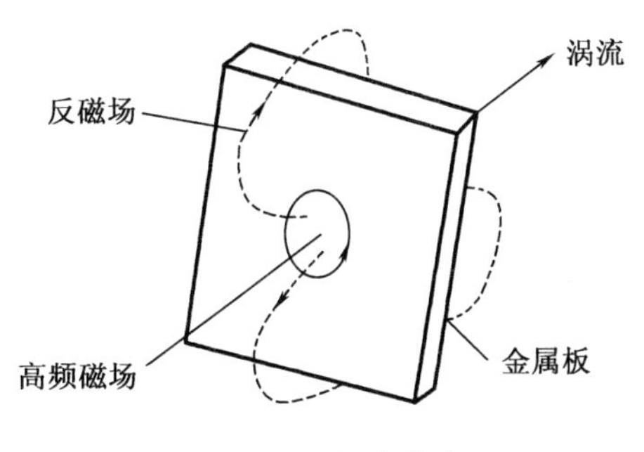

图5－13 涡流效应

如果用良导体制成屏蔽体，将线圈置于屏蔽体内，如图5－14所示，则线圈产生的磁场将被屏蔽中的涡流反磁场排斥而被限制在屏蔽体内。同样，外界磁场也将被屏蔽体的涡流反磁场排斥而不能进入屏蔽体内，从而达到磁场屏蔽的目的。

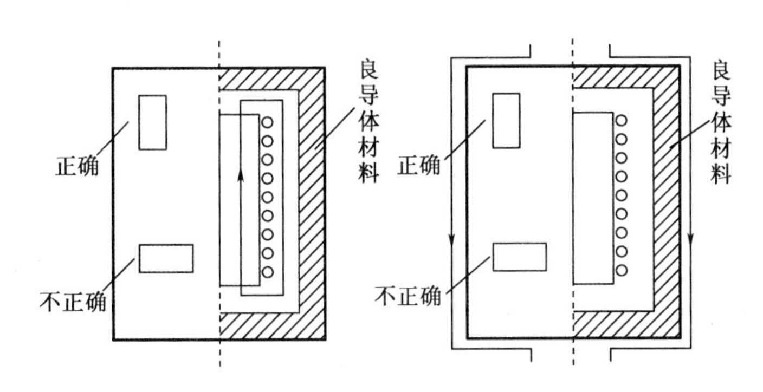

图5－14 高频磁场屏蔽

由于良导体金属材料对高频磁场的屏蔽作用是利用感应涡流的反磁场排斥原干扰磁场而达到屏蔽的目的，所以屏蔽体上产生的涡流大小直接影响屏蔽效果。屏蔽线圈的等效电路如图5－15所示。

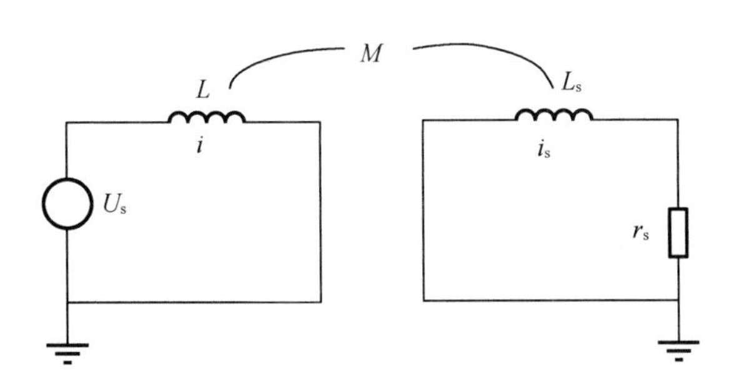

图5－15 屏蔽线圈等效电路

将屏蔽体视为单匝线圈，I 为线圈电流，M 为屏蔽体与线圈之间的互感，r_s 和 L_s 分别为屏蔽体的电阻与电感，i_s 为屏蔽体上产生的涡流。由电路易得

$$I_s = \frac{j\omega M}{r_s + j\omega L_s} I \tag{5-10}$$

现在我们对上式进行讨论：

(1)频率变化

当频率较高时($r_s \ll \omega L_s$)，r_s 可忽略不计。则

$$I_s \approx \frac{M}{L} I = k\sqrt{\frac{L}{L_s}} i \approx k\frac{n}{n_s} i = kni \tag{5-11}$$

式中，k 为线圈与屏蔽体之间的耦合系数；n 为线圈匝数；n_s 为屏蔽体匝数(视为单匝)。由式(5-11)可见，屏蔽体上产生的感应涡流与频率无关。即在高频情况下，感应涡流产生的反磁场已足以排斥原磁场，所以导电材料可用于高频磁场屏蔽。另一方面，感应涡流产生的反磁场不可能比原磁场大，所以涡流增大到一定程度后不会无限度增大。

当频率较低时($r_s \gg \omega L_s$)，此时 I_s 可简化为

$$I_s = \frac{j\omega M}{r_s} I \tag{5-12}$$

由此可见，频率低时产生的涡流小，涡流反磁场不能完全排斥原磁场。故利用感应涡流在低频时进行屏蔽的效果很差，这种屏蔽方法主要用于高频。

(2)屏蔽体电阻

由式(5-12)可知，屏蔽体电阻 r_s 越小，产生的感应涡流越大，并且由于电阻小，屏蔽体自身热损耗也小。所以，高频磁屏蔽材料需要使用良导体，如铝、铜及铜镀银等。

(3)屏蔽体的厚度

与采用铁磁材料作为低频磁场屏蔽体不同，由于感应涡流仅在屏蔽体的表面存在，屏蔽体内部就可被屏蔽，因而高频屏蔽体无须很厚。对于常用铜、铝制作的屏蔽体，当频率$f>$ 1 MHz 时，机械强度、结构及工艺要求的屏蔽体厚度，往往比能够获得可靠屏蔽效果所需要的厚度大得多。因此，实际中，一般取屏蔽体的厚度为0.2～0.8 mm。

(4)屏蔽体的缝隙或开口

高频磁场屏蔽中，屏蔽体在垂直于涡流的方向上不应有缝隙或开口。因为垂直于涡流的方向上有缝隙或开口时，将会切断涡流。这意味着涡流电阻增大，涡流减小，屏蔽效果变差。如果屏蔽体必须有缝隙或开口，则缝隙或开口应沿着涡流方向。正确的开口或缝隙对削弱涡流影响较小，对屏蔽效果的影响也较小，屏蔽体上的缝隙或开口尺寸一般不要大于波长的1/100～1/50。

(5)接地

磁场屏蔽的屏蔽体是否接地不影响磁屏蔽效果。这一点与电场屏蔽不同，电场屏蔽必须接地。但是，如果将金属导电材料制造的屏蔽体接地，则它就可以同时具有电场屏蔽和高频磁场屏蔽的作用。所以，实际中屏蔽体都应接地。

5.2.3 电磁屏蔽

通常所说的屏蔽,一般是指电磁屏蔽,即同时抑制或削弱电场和磁场的屏蔽。电磁屏蔽一般也指高频交变电磁屏蔽。电磁屏蔽是用屏蔽体阻止高频电磁能量在空间传播的一种措施,通常使用金属导体或其他对电磁波有衰减作用的材料。随着电磁场频率的升高,电磁辐射能力增加,产生辐射电磁场,并趋向于远场干扰。远场干扰中的电场干扰和磁场干扰都不可忽略,因此需要将电场和磁场同时屏蔽,即电磁屏蔽。

电磁屏蔽有3种不同机理:

(1)在空气中传播的电磁波到达屏蔽体表面时,因为空气和金属交界面的阻抗不连续,所以在分界面上引起波的反射。

(2)未被屏蔽体表面反射而透射入屏蔽体的电磁能量,继续在屏蔽体内传播时被屏蔽材料衰减。

(3)在屏蔽体内尚未衰减完的剩余电磁能量,传播到屏蔽体的另一个表面时,又遇到金属和空气阻抗不连续界面而再次产生反射,并重新折回屏蔽体内。这种反射在屏蔽体内的两个界面之间可能重复多次。

5.3 屏蔽效能

屏蔽效能是度量屏蔽体屏蔽效果好坏的标准。它与屏蔽体的材料性能、干扰源的频率、屏蔽体至干扰源的距离、屏蔽体上存在的不连续形状及其数量有关。屏蔽效能定义为空间某点不存在屏蔽体时电场强度 E_0 与加屏蔽体后电场强度 E_s 之比,常用分贝(dB)表示,即

$$SE_E = 20\lg \frac{E_0}{E_s} \tag{5-13}$$

或者不存在屏蔽体时某处的磁场强度 H_0 与加屏蔽体时同一处的磁场强度 H_s 之比,即

$$SE_H = 20\lg \frac{H_0}{H_s} \tag{5-14}$$

通常,近场区由于电场和磁场的近场波阻抗不相等,所以电场的屏蔽效能与磁场的屏蔽效能不相等。但在远场区,电场和磁场是统一的整体,电磁场的波阻抗是一个常数,电场屏蔽效能和磁场屏蔽效能相等。

5.3.1 完整屏蔽体屏蔽效能的计算

1. 单层屏蔽

完整屏蔽体是一种结构上完整、电气上连续均匀的无限大金属板或封闭的屏蔽壳体。换句话说，就是在屏蔽体上不存在缝隙、孔洞等结构或电气不连接的情况。进行电磁屏蔽分析的目的是从理论上获取屏蔽效能值。图5－16反映了无限大金属板对电磁波的屏蔽机理。虽然这是一种理想情况，但是对无限大金属平板屏蔽体的研究易于揭开屏蔽现象的物理实质，引出一些重要公式。图中金属板两侧为空气，根据电磁场理论，电磁波在传播过程中在不同媒介的交界面，由于波阻抗不同，在与屏蔽体交界面上出现波阻抗突变，入射电磁波在界面上产生反射和透射。

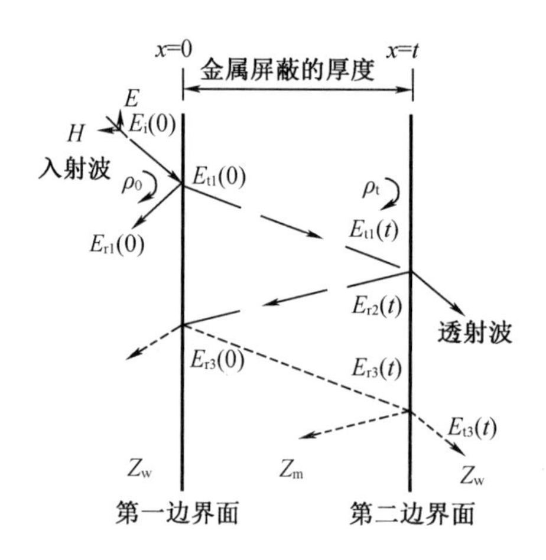

图5－16　屏蔽体对入射电磁波的衰减

设屏蔽体厚度为 t，电磁波由左侧入射，设自由空间和金属屏蔽层中的波阻抗分别为 Z_w 和 Z_m。在屏蔽体的第一界面 $x=0$ 处，电磁波的反射系数为

$$\rho_0=\frac{Z_m-Z_w}{Z_m+Z_w} \tag{5－15}$$

在本节中，以电场强度的衰减作为分析对象，磁场的分析与此类似。设入射波电场强度是被归一化的，$E_i(0)=1$，则有

$$E_{t1}(0)=1+E_{r1}(0) \tag{5－16}$$

因为反射波 $E_{r1}(0)=\rho_0 E_{i1}(0)=\rho_0$，所以透射波 $E_{t1}(0)=1+\rho_0$，该透射波在金属板中的传播常数为

$$\gamma=\alpha+j\beta\approx(1+j)\sqrt{\pi\mu f\sigma}=(1+j)\alpha \tag{5－17}$$

式中，α 为实部，表示波幅的衰减系数；β 为虚部，表示相位的变化；μ、σ 分别为屏蔽体材料的磁导率和电导率；f 为电磁波的频率。

其中

$$\alpha = \sqrt{\pi\mu f\sigma} \tag{5-18}$$

当电磁波到达第二交界面，即 $x=t$ 时，$E_{t1}(t)=(1+\rho_0)e^{-\gamma t}$。

此时电磁波在金属板的第二交界面（$x=t$ 处）再次反射和透射，且在 $x=t$ 处反射系数 $\rho_t=-\rho_0$。因此透射波电场强度 $E_{t2}(t)$ 为

$$E_{t2}(t)=E_{t1}(t)(1+\rho_t)=(1-\rho_0^2)e^{-\gamma t} \tag{5-19}$$

反射波电场强度 $E_{r2}(t)$ 为

$$E_{r2}(t)=E_{t1}(t)\rho_t=(1+\rho_0)e^{-\gamma t}\rho_t \tag{5-20}$$

该反射波以 $e^{-\gamma x}$ 的衰减规律向（$-x$）方向传播，在到达 $x=0$ 处再次反射，其反射波电场强度为

$$E_{r3}(0)=E_{r2}(t)e^{-\gamma t}\rho_t=(1+\rho_0)e^{-2\gamma t}\rho_t^2 \tag{5-21}$$

$E_{r3}(0)$ 向 x 方向传播，再次到达 $x=t$ 时，其入射电场强度为

$$E_{r3}(t)=E_{r3}(0)e^{-kt}=(1+\rho_0)e^{-3\gamma t}\rho_t^2 \tag{5-22}$$

在此处又发生反射和透射，其中透射波 $E_{t3}(t)$ 成为穿过屏蔽体的又一部分透射电磁波。该电磁波电场强度为

$$E_{t3}(t)=E_{r3}(t)(1+\rho_t)=\rho_t^2(1-\rho_0^2)e^{-3\gamma t} \tag{5-23}$$

如此往复类推，可得透过屏蔽体的电磁波总的电场强度为

$$\begin{aligned}\sum E_t(t) &= (1-\rho_0^2)e^{-\gamma t}+(1-\rho_0^2)\rho_t^2e^{-3\gamma t}+(1-\rho_0^2)\rho_t^4e^{-5\gamma t}+\cdots\\ &=(1-\rho_0^2)e^{-\gamma t}(1+\rho_t^2e^{-2\gamma t}+\rho_t^4e^{-4\gamma t}+\cdots)\end{aligned} \tag{5-24}$$

因此，屏蔽体的屏蔽效能为

$$\begin{aligned}SE &=20\lg\frac{E_0(t)}{E_s(t)}\\ &=\left|\frac{e^{-\gamma_0 t}}{(1-\rho_0^2)e^{-\gamma t}(1+\rho_t^2e^{-2\gamma t}+\rho_t^4e^{-4\gamma t}+\cdots)}\right|\\ &=20\lg\left|e^{(r-\gamma_0)t}(1-\rho_0^2)^{-1}(1+\rho_t^2e^{-2\gamma t}+\rho_t^4e^{-4\gamma t}+\cdots)^{-1}\right|\end{aligned} \tag{5-25}$$

式中，γ_0 为自由空间电磁波的传播常数。

令

$$\begin{cases}A=\left|e^{(\gamma-\gamma_0)t}\right|\\ R=\left|(1-\rho_0^2)^{-1}\right|\\ B=\left|(1+\rho_t^2e^{-2\gamma t}+\rho_t^4e^{-4\gamma t}+\cdots)^{-1}\right|\end{cases} \tag{5-26}$$

式中，A 为吸收损耗；R 为反射损耗；B 为多次反射损耗。于是有 $SE=A+R+B$。用分贝表示，则屏蔽效能（dB）为

$$SE=20\lg A+20\lg R+20\lg B \tag{5-27}$$

由上可知，分析屏蔽效能的主要任务是计算吸收损耗 A、反射损耗 R 和多次反射损耗 B。

（1）吸收损耗

吸收损耗是电磁波在屏蔽体内部传播时涡流发热所导致的损耗。根据电磁波在屏蔽材料中传输时的衰减特性，$A=e^{(\gamma-\gamma_0)t}$，A 取决于传播常数 γ 和屏蔽层厚度 t。考虑到自由空间衰减系数 $\alpha_0\ll\alpha$，故可忽略 $\gamma_0 t$ 因子。对于吸收损耗只要取其产生损耗的主要因素实部 α

（衰减常数），它是反映电磁波在金属屏蔽体中产生涡流发热导致能量衰减的因子。于是 A 的指数项简化后可得

$$A = e^{\alpha t} = e^{t\sqrt{\pi\mu f\sigma}} = e^{t/\delta} \tag{5-28}$$

式中，δ 为趋肤深度，$\delta = (\sqrt{\pi\mu f\sigma})^{-1}$。

用分贝数表示的吸收损耗（dB）为

$$A = \lg e^{t/\delta} = 8.69\frac{t}{\delta} \tag{5-29}$$

式中，t 为屏蔽体厚度（mm），也可以用屏蔽材料参数来表示吸收损耗，即

$$A = 0.131t\sqrt{f\mu_r\sigma_r} \tag{5-30}$$

式中，μ_r 为屏蔽体的相对磁导率，σ_r 为屏蔽材料相对于铜的电导率。

由此可见，吸收损耗随电磁波频率、屏蔽材料的电导率、磁导率及屏蔽体厚度的增大而增大。表 5-1 为电磁屏蔽常用材料的相对磁导率、相对电导率以及屏蔽厚度与吸收损耗之间的关系。

表 5-1　常用金属材料的 μ_r 和 σ_r 及其屏蔽厚度与吸收损耗的关系

金属	σ_r	μ_r	f/Hz	t/mm		
				8.68 dB	20 dB	40 dB
铜	1	1	10^2	6.7	15.4	30.8
			10^4	0.67	1.54	3.08
			10^6	0.067	0.154	0.308
			10^8	0.006 7	0.015 4	0.030 8
铝	0.63	1	10^2	8.35	19.24	38.48
			10^4	0.835	1.924	3.848
			10^6	0.083 5	0.193 4	0.384 8
			10^8	0.008 35	0.019 34	0.038 48
钢	0.17	180	10^2	1.2	2.76	5.52
			10^4	0.12	0.276	0.552
			10^6	0.012	0.027 6	0.055 2
			10^8	0.001 2	0.002 76	0.005 52
坡莫合金	0.108	8 000	10^2	0.23	0.52	1.04
			10^4	0.023	0.052	0.104
			10^6	0.002 3	0.005 2	0.010 4
			10^8	0.000 23	0.000 52	0.001 04

从表 5-1 中可以看出，对于吸收损耗，当频率 $f \geqslant 1$ MHz 时，用 0.5 mm 厚的任何金属板制成的屏蔽体，都能将电场强度减弱至原来的 $\frac{1}{100}$（屏蔽效能 40 dB）以下。因此，在选择屏

蔽材料时应着重考虑机械强度、刚度和防腐等因素。对于低频屏蔽，应采用高磁导率的铁磁材料，如冷轧钢板、坡莫合金等。

关于吸收损耗的一些结论如下。

①吸收损耗与电磁波的种类（波阻抗）无关。无论电磁波的波阻抗如何，吸收损耗都是相同的。因此做近场屏蔽时，它与辐射源的特性无关。

②吸收损耗与电磁波频率有关。频率越低的电磁波，吸收损耗越小。因此，低频电磁波具有较强的穿透力。

③屏蔽材料越厚，吸收损耗越大。厚度每增加一个趋肤深度，吸收损耗增加约 9 dB。

④吸收损耗与材料特性有关。屏蔽材料的磁导率和电导率越高，吸收损耗越大，但由于金属材料电导率增加有限，因此常用高磁导率材料增加吸收损耗。

（2）反射损耗

由于 $\rho_0=(Z_m-Z_w)/(Z_m+Z_w)$，$\rho_t=-\rho_0$，因此反射损耗可以表示为

$$R=(1-\rho_0{}^2)^{-1}=\frac{(Z_m+Z_w)^2}{4Z_mZ_w} \tag{5-31}$$

反射损耗是由屏蔽体与自由空间交界面处阻抗不连续引起的。一般情况下，自由空间的波阻抗比金属材料的波阻抗要大得多，即 $Z_w \gg Z_m$，故上式可简化为

$$R\approx\frac{Z_w}{4Z_m} \tag{5-32}$$

其模量为

$$|R|\approx\left|\frac{Z_w}{4Z_m}\right| \tag{5-33}$$

任何均匀材料的特性阻抗为

$$Z_i=\sqrt{\frac{j\omega\mu}{\sigma+j\omega\varepsilon}} \tag{5-34}$$

对于高电导率的金属材料，$\sigma\gg\omega\varepsilon$，因此金属材料的波阻抗为

$$\begin{cases}Z_m=\sqrt{\dfrac{j\omega\mu}{\sigma}}=\sqrt{\dfrac{j2\pi f\mu}{\sigma}}=(1+j)\sqrt{\dfrac{\pi\mu f}{\sigma}}\\|Z_m|=\sqrt{2}\sqrt{\dfrac{\pi\mu f}{\sigma}}=3.69\times10^{-7}\sqrt{\dfrac{\mu_r f}{\sigma_r}}\end{cases} \tag{5-35}$$

在不同类型的场源和场区中，自由空间的波阻抗 Z_w 的值是不一样的。

①屏蔽体处于远场区时，自由空间的波阻抗为

$$Z_w=\sqrt{\frac{\mu_0}{\varepsilon_0}}=120\pi\ \Omega=377\ \Omega \tag{5-36}$$

②屏蔽体处于近场区，且以电场为主时，自由空间的波阻抗为

$$\begin{cases}Z_w=\dfrac{1}{j\omega\varepsilon_0 r}\\|Z_w|=\left|\dfrac{1}{j\omega\varepsilon_0 r}\right|=\dfrac{1}{2\pi f\varepsilon_0 r}=\dfrac{1.8\times10^{10}}{fr}\end{cases} \tag{5-37}$$

③屏蔽体处于近场区，且以磁场为主时，自由空间的波阻抗为

$$\begin{cases} Z_w = j\omega\mu_0 r \\ |Z_w| = |\omega\mu_0 r| = 2\pi f\mu_0 r = 8\pi^2 \times 10^{-7} fr \end{cases} \tag{5-38}$$

将 Z_w 在三种不同情况下的计算公式和金属波阻抗 Z_m 代入式(5-31)，用分贝表示，可得不同情况的反射损耗(dB)如下。

①$r \gg \lambda/(2\pi)$时，对远区平面场情况，有

$$R_p = 168 + 10\lg\left(\frac{\sigma_r}{\mu_r f}\right) \tag{5-39}$$

②$r \ll \lambda/(2\pi)$时，对于近区电场为主情况，有

$$R_e = 321.7 + 10\lg\left(\frac{\sigma_r}{f^3 r^2 \mu_r}\right) \tag{5-40}$$

③$r \ll \lambda/(2\pi)$时，对于近区磁场为主情况，有

$$R_m = 14.6 + 10\lg\left(\frac{fr^2\sigma_r}{\mu_r}\right) \tag{5-41}$$

假设屏蔽材料选定为铝(其他材料的趋势大致相同)，其在近场区和远场区反射损耗随距离和频率变化的曲线如图 5-17 所示。

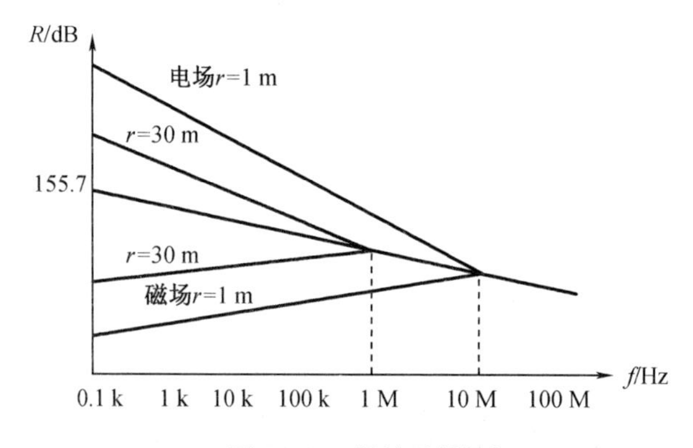

图 5-17　铝的反射损耗

根据图 5-17，可以得到反射损耗的一些结论。

①反射损耗与被屏蔽电磁波的种类有关。波阻抗越高，反射损耗越大。近场区电场波为高阻抗场，反射损耗大；磁场波为低阻抗场，反射损耗小。因此做近场屏蔽时，要分别考虑电场波和磁场波的情况。

②随频率的升高，反射损耗逐渐与辐射源的性质无关。当距离一定，频率升高时，电场波和磁场波的反射损耗趋于一致，最终汇合于平面电磁波的反射损耗数值上。

③屏蔽体到辐射源的距离对反射损耗的影响。平面波的反射损耗与距离无关；对于电场波，距离越近反射损耗越大；对于磁场波，距离越近反射损耗越小。因此，为了获得尽可能高的反射损耗，如果是电场源，屏蔽体应尽量靠近辐射源；如果是磁场源，则应尽量远离辐射源。

④对于平面电磁波，随频率升高，反射损耗降低。因为频率升高时，屏蔽材料的特性阻

抗变大。

值得注意的是，屏蔽材料的反射损耗是将其反射到空间或传播到其他地方，而不是消耗电磁能量。因此，在某些特定场合下，反射的电磁波也可能对其他电路造成影响，例如当辐射源在屏蔽机箱内部时，反射波在机箱里可能由于谐振得到加强，因而对内部电路造成更强的干扰。

(3)多次反射损耗

根据反射损耗的计算方法，令 $X=\rho_t^2 e^{-2\gamma t}$，则有

$$B=(1+\rho_t^2 e^{-2\gamma t}+\rho_t^4 e^{-4\gamma t}+\cdots)^{-1}+(1+X+X^2+X^3+\cdots)^{-1} \tag{5-42}$$

由于 $|\rho_t|=\left|\dfrac{Z_w-Z_m}{Z_w+Z_m}\right|<1$，$|e^{-2\gamma t}|<1$，因此 $|\rho_t^2 e^{-2\gamma t}|\ll 1$，符合 $|X|<1$ 的条件，因此

$$B=\left(\frac{1}{1-X}\right)^{-1}=1-X=1-\rho_t^2 e^{-2\gamma t} \tag{5-43}$$

用分贝表示，则有

$$B=20\lg\left|\left(\frac{1}{1-X}\right)^{-1}\right|=20\lg|1-\rho_t^2 e^{-2\gamma t}| \tag{5-44}$$

式中

$$e^{-2\gamma t}=e^{-2(1+j)\alpha t}=e^{-2\alpha t}e^{-2j\alpha t} \tag{5-45}$$

当吸收损耗 A(dB)已知，则 $e^{\alpha t}=10^{0.05A}$，将等式两边平方后，得 $e^{2\alpha t}=10^{0.1A}$，则 $2\alpha t=\ln 10^{0.1A}=0.23A$。将此结果代入上式，得多次反射损耗为

$$B=1-\left(\frac{Z_m-Z_w}{Z_m+Z_w}\right)^2 10^{-0.1A}(\cos 0.23A-j\sin 0.23A) \tag{5-46}$$

用分贝表示为

$$B=20\lg\left|1-\left(\frac{Z_m-Z_w}{Z_m+Z_w}\right)^2 10^{-0.1A}(\cos 0.23A-j\sin 0.23A)\right| \tag{5-47}$$

对于以下情况，可以忽略多次反射因子。

①对于电场波，由于大部分能量在金属与空气的第一个界面反射，进入金属内部的能量已经较小，可以忽略多次反射造成的泄漏。

②当屏蔽材料的厚度达到一定趋肤深度时，多次反射因子也可以忽略。

(4)综合屏蔽效能

以0.5 mm 厚的铝板为例，D 为屏蔽层到辐射源的距离，综合屏蔽效能如图5-18所示。

结合图5-18，可以得出关于综合屏蔽效能的几个有用结论。

①低频时，屏蔽效能与电磁波的种类关系密切。这是由于低频下趋肤深度很大，吸收损耗小，综合屏蔽效能主要取决于反射损耗。而反射损耗与电磁波的波阻抗关系很大，电场波的屏蔽效能远高于磁场波。

②高频时，屏蔽效能与电磁波的种类无明显关系。随着频率升高，电场波的反射损耗降低，而磁场波的反射损耗增加，另外随着高频下趋肤深度变小，高频时导体的屏蔽效能主要取决于吸收损耗，而吸收损耗与电磁波的波阻抗无关。

③电场波及平面波的屏蔽效能随频率升高而升高，开始时由于反射起主要作用呈下降趋势，然后由于吸收项起主要作用开始上升，呈 U 形曲线；磁场波的屏蔽效能随频率的升高而单调增大。

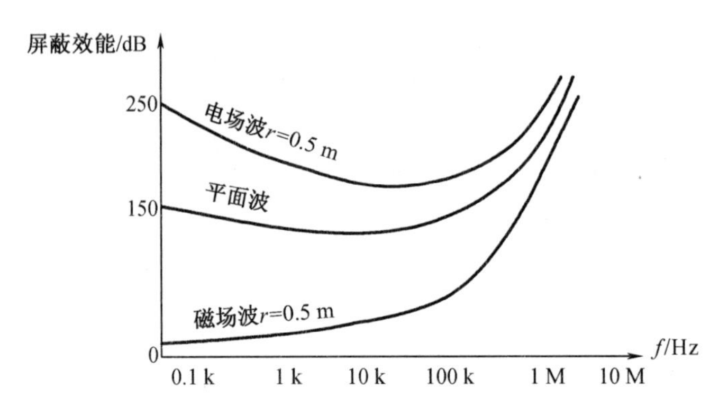

图 5-18　厚度为 0.5 mm 铝板的屏蔽效能

总体来讲，屏蔽的难度为电场波最容易、平面电磁波次之、磁场波较难，最难的为低频磁场波。材料对电场波进行屏蔽时，会有比较高的屏蔽效能，其次是平面电磁波，而对磁场波进行屏蔽时，材料的屏蔽效能都比较低，尤其是屏蔽低频磁场波时，屏蔽效能最低。了解同一种材料对不同电磁波屏蔽效能不同这一点很重要，因为在参考厂家提供的屏蔽数据选购屏蔽材料时，需要注意数据是在什么条件下获得的。

高电导率、低磁导率的抗磁体和高磁导率、低电导率的强磁体坡莫合金在平面波、电场、磁场（假设场源与屏蔽体的距离为 1 m）条件下屏蔽效能 SE 与频率的关系曲线分别如图 5-19 及图 5-20 所示。

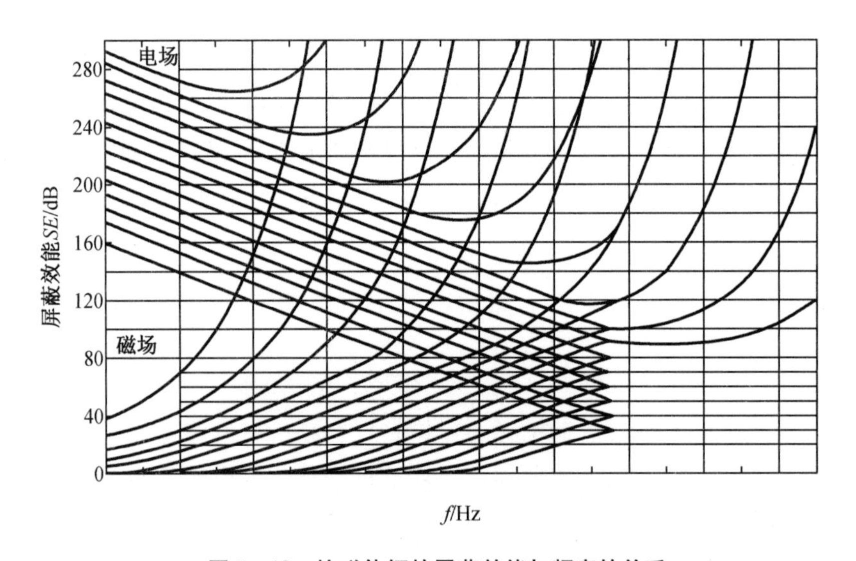

图 5-19　抗磁体铜的屏蔽效能与频率的关系

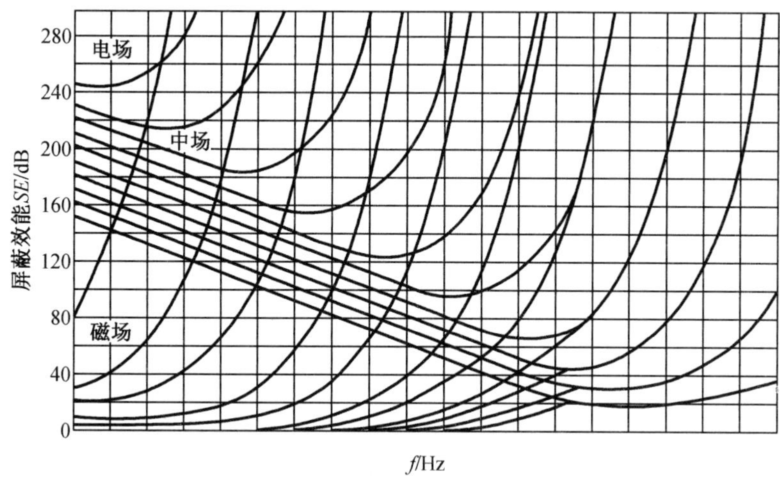

图5－20　强磁铁坡莫合金($\sigma_r=0.04,\mu_r=8\ 000$)的屏蔽效能与频率的关系

可以看出铜对电场的屏蔽性能比对平面波的好,对平面波的屏蔽性能又比对磁场的好,在约48 MHz(即$\lambda/(2\pi r)=1$)处铜对电场、磁场和平面波的屏蔽效能曲线相连接。对于电场的屏蔽,即使材料的厚度很薄(如25 nm),在很低的频率(10 Hz)时屏蔽效能SE也可达到180 dB。只要厚度大于30 μm,在全频谱范围内SE均大于120 dB。另外,铜对于低频磁场的屏蔽效能很差,厚度同样为30 μm的铜,对于50 Hz的磁场几乎无屏蔽作用。铜材料不适合作为低频磁场的屏蔽体,因为这种高电导率、低磁导率的抗磁材料主要靠反射起屏蔽作用,而对于低频磁场,反射损耗非常小,几乎不起反射作用。如果要求对于50 Hz的低频磁场的屏蔽效能达到40 dB,则屏蔽体厚度应达到1 cm以上。

2. 多层屏蔽

为了得到良好的全频段屏蔽特性,可以采用两层甚至三层屏蔽材料做成屏蔽体。电导率高的金属材料(磁导率低),往往对高频电场有着很好的屏蔽,但低频磁场却很难令人满意。而有些高磁导率的合金可以对低频磁场提供很好的屏蔽,但是在高频电场中屏蔽效能又不高,因此将两种材料做成双层屏蔽体就可以得到较好的全频段屏蔽特性。双层屏蔽如图5－21所示。

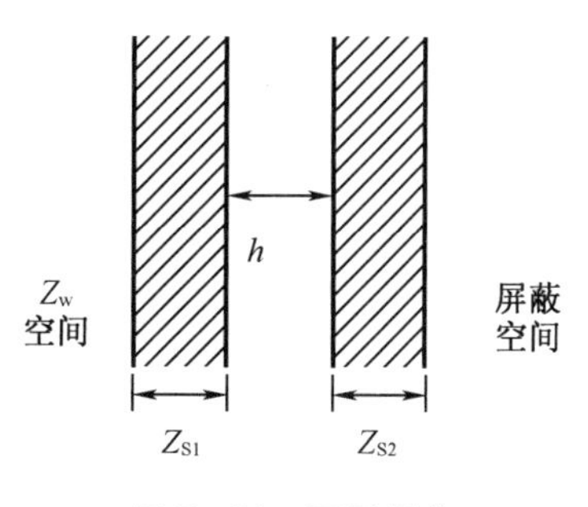

图5－21　双层屏蔽

多层屏蔽效能的计算方法为

$$SE = R + A + B$$
$$R = R_1 + R_2$$
$$A = A_1 + A_2$$
$$B = B_1 + B_2 + B_3 \tag{5-48}$$

这里,反射损耗仍包括在两个界面上的反射损耗;吸收损耗是电磁波在这两层屏蔽材料内部传播时发生的吸收损耗之和;多次反射修正因子则不单包括电磁波在两个屏蔽层内部发生的多次反射,还包括在这两个屏蔽层之间发生的多次反射,把这一部分记为 B_3,计算方法为

$$B_3 = 20\lg\left[1 - \left(\frac{1 - N_1}{1 + N_1}\right)\left(\frac{1 - N_2}{1 + N_2}\right)\mathrm{e}^{-\frac{4\pi}{\lambda}h}\right] \tag{5-49}$$

其中

$$N_1 = Z_W / Z_{S1}, \quad N_2 = Z_W / Z_{S2} \tag{5-50}$$

但要特别注意高频情况,高频时电磁波在两个屏蔽层之间会发生谐振。当两个屏蔽层之间的距离 $h = (2n-1)\lambda/4$ 时,屏蔽效能最大:

$$SE = SE_1 + SE_2 + 6\ \text{dB} \tag{5-51}$$

但如果两个屏蔽层之间的距离 $h = 2n\lambda/4$,则屏蔽效能最小:

$$SE = SE_1 + SE_2 - R_2 \tag{5-52}$$

设计多层屏蔽体时要注意以下 3 点。

(1)在选择材料、确定材料组合以及确定材料的配置顺序时,外层应该用反射能力强的抗磁材料(铜、铝),而内层则用强磁导材料(钢、坡莫合金),最好在内层采用几种磁导率很大的不同材料。

(2)层厚的最佳比与屏蔽体的设计频段有关。从屏蔽效果来考虑,在 10 kHz 以下,一般铜层(铝层)与钢层的厚度相当;在 10 ~ 20 kHz 时,采用薄铜层(薄铝层)与厚钢层;在直流以及频率很低(0 ~ 0.5 kHz)时,或在频率超过 1 MHz 时,由钢制成的均匀强磁屏蔽体可以取得最好的效果。频率越高,越厚的钢层越有效。多层屏蔽时,外层须使用抗磁材料,外层厚度应等于电磁场在最高传输频率时的穿透深度。

(3)各层应尽可能做成整块的,要具有较好的密闭性。

3. 多层屏蔽

在仪器设备绝缘外壳的内层喷镀一层金属薄膜可起电磁屏蔽作用,这层金属薄膜称为薄膜屏蔽体。薄膜屏蔽的屏蔽效能在计算时,当频率较低时,$t/\delta \ll 1$。与一般屏蔽体相比,薄膜屏蔽体厚度远小于 $\lambda/4$,吸收损耗可忽略不计,主要靠反射损耗来进行屏蔽,但多次反射损耗一般不能完全忽略。

现以 Cu 薄膜为例,将不同厚度的薄膜屏蔽效能列于表 5-2 中。厚度为 0.22 mm 以下的薄膜的总屏蔽效能为 60 ~ 90 dB。

表5－2 不同厚度Cu薄膜的屏蔽效能

薄膜厚度 t/μm	10.5		125		0.22		2.2	
频率 f/MHz	1	10^3	1	10^3	1	10^3	1	10^3
吸收损耗 A/dB	0.014	0.44	0.16	5.2	0.29	9.2	2.9	92
反射损耗 R/dB	109	79	109	79	109	79	109	79
多次反和损耗 B/dB	－47	－17	－26	－0.6	－21	0.6	－3.5	0
总屏蔽效能 SE/dB	62	62	83	84	88	90	108	171

既透光又导电的玻璃材料称为导电玻璃，是在光学玻璃、有机玻璃上喷涂一层导电金属层构成的，一般作为窥视窗的电磁干扰屏蔽材料，喷涂金属薄膜的厚度为微米量级，其表面电阻一般以Ω/方块来表示。电磁屏蔽以反射损耗为主，频率高于1 MHz时屏蔽效能将以20 dB/10倍频程降低，在1 GHz左右将降为0，几种导电玻璃的屏蔽效能与频率的关系如图5－22所示。

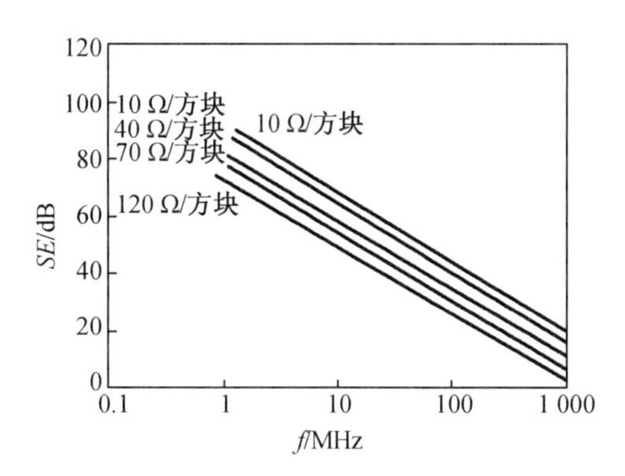

图5－22 几种导电玻璃的屏蔽效能与频率的变化关系图

表面电阻取决于导电玻璃的透光率，透光率为60%～80%，相当于表面电阻为10～100 Ω/方块。金属网和导电玻璃相比，导电玻璃更美观，但其屏蔽效能较低（表5－3）。一般导电玻璃的表面电阻为10 Ω/方块，其屏蔽效能最接近于金属屏蔽网，但频率越高，二者的差别越大，频率在30 MHz以上时，导电玻璃的屏蔽效能要比金属网低得多。

表5－3 金属网与导电玻璃窗屏蔽效能的比较

频率/MHz	金属屏蔽网/dB	导电玻璃/dB
1	98	74～95
10	93	52～72
10^2	82	28～46
10^3	60	4～21

5.3.2 不完整屏蔽体屏蔽效能的计算

在实际中,往往遇到的是不完整屏蔽体,如图 5-23 所示,屏蔽体存在缝隙、孔洞、开关、显示器等。一个是为了通风、窥视、开箱等引入的孔缝,另一个是由于电缆线出入引起的穿透。这样,不完整的屏蔽体会使电磁波由这些缝隙、孔洞进入设备,从而降低屏蔽效能。因此,在进行电磁屏蔽设计时,要着重考虑这些结构的影响。

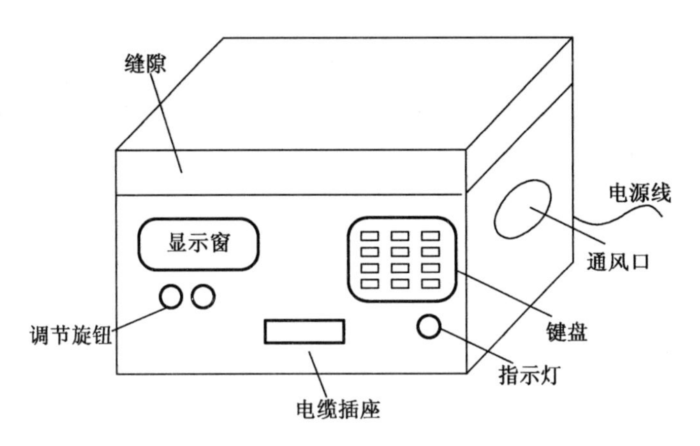

图 5-23 影响机箱屏蔽完整性的因素

1. 缝隙的屏蔽效能

屏蔽体上的孔缝对屏蔽效能的影响主要表现为以下几点。

(1)对于抑制低频磁场的高磁导率材料屏蔽体,开孔或开缝影响了沿磁力线方向的磁阻,使其增大,降低了对磁场的分流作用;

(2)对于抑制高频磁场和电磁波的良导体屏蔽体,开孔或开缝影响了屏蔽体的感应涡流抑制作用,使得磁场和电磁波穿过孔缝进入屏蔽体内;

(3)对于抑制电场的屏蔽,孔缝影响了屏蔽体的电连续性,使之不能成为一个等位体,屏蔽体上的感应电荷不能顺利地从接地线走掉。

当缝隙窄而深时,电磁泄漏很小;当缝隙宽而浅时,电磁泄漏就较为严重。因此,如果必须在屏蔽体上开孔或缝,应当注意开孔或缝的形式及方向,尽量减小对屏蔽体中磁场或涡流通量的影响,使其在材料中能均匀分布,以保证削弱外部磁场。电磁波通过狭缝后的衰减量 S_t 为

$$S_g = 20\lg \frac{H_0}{H_g} = 20 \times \frac{\pi t}{g} \times \lg e = 27.27 \frac{t}{g} \quad (\text{dB}) \tag{5-53}$$

式中,t 代表屏蔽体厚度,g 代表屏蔽体狭缝宽度。

图 5-24(a)为没有孔缝时的磁场或涡流分布,图 5-24(b)~图 5-24(d)分别为开设不同的孔缝。由图可见,图 5-24(b)所示狭长缝的效果最差,图 5-24(d)所示开设多个小

孔的效果最好。因此,当狭缝的宽度与厚度相等时,衰减量约为27 dB。

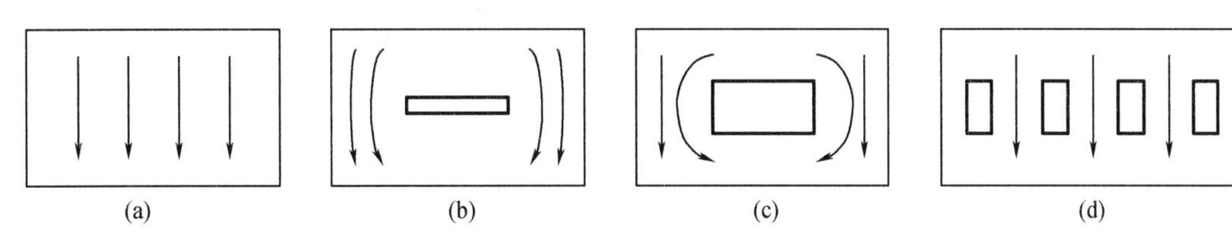

图5-24 屏蔽上的孔缝对磁场和涡流的影响

电磁波能否穿过孔缝取决于其最大尺寸。因此,可以通过设计减小缝隙的间距来减小缝隙的电磁泄漏。一般地,当孔缝的最大尺寸大于电磁波波长的$\frac{1}{20}$时,电磁波可穿过屏蔽体,如图5-25所示;当尺寸大于波长的一半时,电磁波可毫无衰减地穿过。因此,为减小孔缝对屏蔽效果的影响,应减小其最大尺寸,使其小于$\lambda/20$。

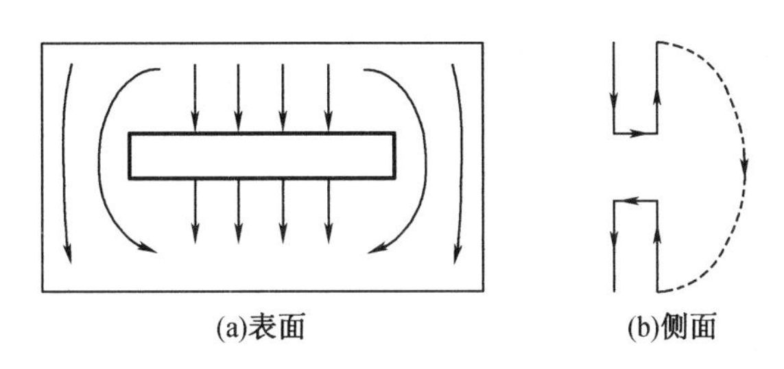

图5-25 电磁场穿过狭长缝

对于一个厚度为0的材料上的缝隙,缝隙的长度为L(mm),宽度为W(mm),入射电磁波的频率为f(MHz),则缝隙的屏蔽效能为

$$SE = 100 - 20\lg \frac{Lf}{1 + 2.3\lg(L/W)} \tag{5-54}$$

如果$L \geqslant \lambda/2$,则$SE = 0$。这个公式是远场区中最坏情况下(造成最大泄漏的极化方向)的屏蔽效能,实际情况下屏蔽效能会大一些。

例5.1 机箱上有一个60 mm×20 mm显示窗,面板与机箱之间的缝隙为300 mm×0.3 mm,计算远场的屏蔽效能。

显示窗的屏蔽效能为

$$SE_{显示窗口} = 100 - 20\lg 60 - 20\lg f + 20\lg[1 + 2.3\lg(60/20)] = 64 - 20\lg f + 6 = 70 - 20\lg f$$

在$f = 2\ 500$ MHz时($L = \lambda/2$),$SE_{显示窗口} = 0$ dB。

缝隙的屏蔽效能为

$$SE_{缝隙} = 100 - 20\lg 300 - 20\lg f + 20\lg[1 + 2.3\lg(300/0.3)] = 50 - 20\lg f + 18 = 68 - 20\lg f$$

在$f = 500$ MHz时($L = \lambda/2$),$SE_{缝隙} = 0$ dB。

在近场区,缝隙的泄漏还与辐射源的特性有关。当辐射源为电场源时,缝隙的泄漏比远场时小、屏蔽效能高,而当辐射源为磁场源时,缝隙的泄漏比远场时要大、屏蔽效能低。

如果 $Z_C > 7.99/(rf)$，则

$$SE = 48 + 20\lg \frac{Z_C[1 + 2.3\lg(L/H)]}{Lf} \tag{5-55}$$

如果 $Z_C < 7.99/(rf)$，则

$$SE = 20\lg \frac{\pi r[1 + 2.3\lg(L/H)]}{L} \tag{5-56}$$

在式(5－56)中，屏蔽效能与电磁波的频率没有关系。大多数情况下，设备满足式(5－55)的条件，这时的屏蔽效能大于 $Z_C > 7.99/(rf)$ 条件下的屏蔽效能。$Z_C > 7.99/(rf)$ 时，假设辐射源是纯磁场源，可以认为是一种在最坏条件下对屏蔽效能的保守计算。对于磁场源，屏蔽效能与孔洞到辐射源的距离有关。距离越近，泄漏越大。在设计时一定要注意这点，磁场辐射源一定要尽量远离孔洞。

2. 孔洞屏蔽

大部分屏蔽外壳内包含热密度较大的电子设备，需要空气自然对流或强迫冷风，因此要在屏蔽壳体上开孔洞通风。

如图 5－26 所示的圆形或正方形孔洞，孔洞的面积为 S，而屏蔽体的面积为 A，当 $A \gg S$ 且孔洞的尺寸比波长小得多时，则电磁场通过孔洞的传输系数为

$$T = \frac{H_P}{H_0} = 4\left(\frac{S}{A}\right)^{3/2} \tag{5-57}$$

式中，H_0、H_P 分别为屏蔽体孔洞前后侧的磁场。

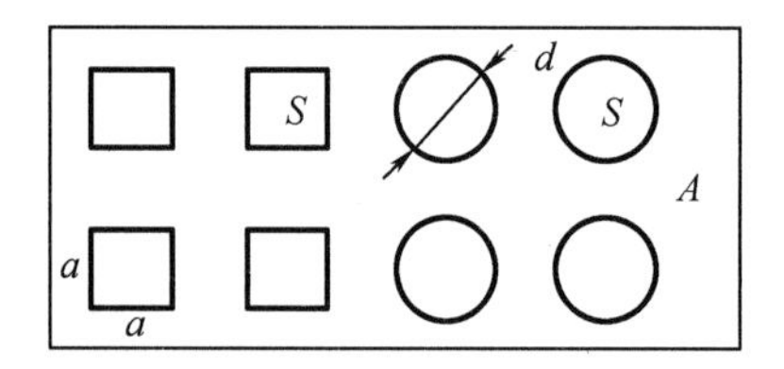

图 5－26　金属屏蔽体上的圆形(正方形)孔洞

若屏蔽体上有几个孔洞，则传输系数为

$$T_{nh} = 4n\left(\frac{S}{A}\right)^{3/2} \tag{5-58}$$

当 $\beta r_0 \ll 1$ 时，式(5－58)的结果相当准确，其中 β 是波传播的相位常数，r_0 为源点至孔面的距离。

例 5.2　若在一块 40 cm×20 cm 的金属导体屏蔽板上有直径为 1.5 cm 的通风圆孔 32 个，试求此通风板对电磁场的传输系数。

孔洞面积 $S = \pi d^2/4 = 1.77\ \text{cm}^2$，屏蔽板面积 $A = 800\ \text{cm}^2$，单个孔洞的传输系数 $T_h = 4(S/A)^{3/2} = 4.1 \times 10^4$。而总传输系数为 $T_{nh} = 32 \times 4.1 \times 10^{-4} = 13 \times 10^{-2}$，则 $H_{nh} = 0.013H_0$。

对于矩形孔洞，若矩形短边和长边分别为 a 和 b，当长边横过电流通路时，将破坏电流

分布，其影响要比圆孔或正方形孔严重，也就是说矩形孔洞要比圆形或正方形孔的传输系数大。矩形孔洞可等效为圆形孔洞。若矩形孔洞的面积为 S'，与矩形孔洞泄漏等效的圆面积为 S，则

$$S = KS' \tag{5-59}$$

式中

$$K = \sqrt[3]{\frac{b}{a}}\xi^2 \tag{5-60}$$

$$\xi = \begin{cases} 1 & \text{当 } b/a = 1\text{，即正方形时} \\ \dfrac{b}{2a\ln\dfrac{0.63}{a}} & \text{当 } b/a \gg 1\text{，即狭长矩形时} \end{cases} \tag{5-61}$$

单个矩形孔的传输系数为

$$T_{\mathrm{h}} = 4\left(\frac{KS'}{A}\right)^{3/2} \tag{5-62}$$

n 个矩形孔洞的传输系数

$$T_{n\mathrm{h}} = 4n\left(\frac{KS'}{A}\right)^{3/2} \tag{5-63}$$

因此，有孔洞的金属导体屏蔽板的总传输系数 T_{T} 应为金属导体板本身的穿透传输系数 T_{S} 与孔洞的传输系数之和，即

$$T_{\mathrm{T}} = T_{\mathrm{S}} + T_{n\mathrm{h}} \tag{5-64}$$

因此屏蔽效能为

$$SE = 20\lg\left|\frac{1}{T_{\mathrm{S}} + T_{n\mathrm{h}}}\right| \tag{5-65}$$

当 n 个尺寸相同的孔洞排列在一起，并且相距很近时，造成的屏蔽效能下降为 $20\lg\sqrt{n}$。因为辐射方向不同，在不同面上的孔洞不会增加泄漏，所以在设计中可以利用这个特点避免某一个面的辐射过强。

例5.3　若在同上面一样大小的 40 cm × 20 cm 金属导体屏蔽板上安排 4.2 cm × 0.42 cm 的矩形通风孔 32 个，试求此通风板对电磁场的传输系数，并与上例圆孔情况做比较。

孔洞的面积 $S' = a \cdot b = 1.76\ \mathrm{cm}^2$，屏蔽板的面积 $A = 800\ \mathrm{cm}^2$，矩形孔的 $b/a = 10$。从式(5-61)可知 $\xi = 2.7$，根据式(5-60)知 $K = 4.2$，则等效圆面积 $S = KS' = 7.39\ \mathrm{cm}^2$。

在例5.2和例5.3中矩形孔的面积 S' 与圆形孔的面积 S 大致相等，但矩形孔对电磁场的传输系数为圆形孔的8.6倍，因此单个孔洞的传输系数为 3.5×10^{-3}。此矩形孔通风板的总传输系数为 $T_{n\mathrm{h}} = 32 \times 3.5 \times 10^{-3} = 0.112$。

3. 波导

对于电磁波，金属管具有高频容易通过、低频衰减较大的特性，也称为波导管。这与电路中的高通滤波器十分相似。与滤波器类似，也可用截止频率来描述波导管的频率特性。如果选择适当的开口尺寸，使波导管相对于所感兴趣的频率或频率范围处于截止区，这个

波导管就称为截止波导管。当电磁波的频率高于截止频率 f_c 时,电磁波可自由通过,而低于截止频率 f_c 时,波导管具有衰减作用。截止波导管对低于截止频率的电磁波衰减很大,可以利用这个特性实现电磁屏蔽和保持物理连通的双重作用。

当电磁波穿过截止波导管时,会发生衰减,这种衰减称为截止波导管的吸收损耗。截止波导管的屏蔽效能包括吸收损耗部分和前面所讨论的孔洞的屏蔽效能(反射损耗)两部分。不同波导管的截止频率 f_c、截止波长 λ_c、衰减损耗的计算方法如表 5-4 所示。

表 5-4　不同波导管的截止频率 f_c、截止波长 λ_c、衰减损耗的计算方法

波导管名称	圆波导管	矩形波导管	六角形波导管
结构图	注:d 为圆形波导管的内直径;l 是导体长度	注:b 为矩形波导管的长边;l 是导体长度	注:w 是六边形高度;l 是导体长度
截止频率 f_c/GHz	$17.5/d$	$15/d$	$15/w$
截止波长 λ_c/cm	$1.71d$	$2d$	$2w$
衰减损耗 A/dB	$32l/d$	$27.3l/d$	$32l/w$

低于截止频率的电磁波从波导管一端传至长度为 l 的另一端时的衰减损耗为

$$A = 1.823 \times 10^{-9} f_c \cdot \sqrt{1-\left(\frac{f}{f_c}\right)^2} \cdot l \quad (\text{dB}) \tag{5-66}$$

若 $f \ll f_c$,则式(5-66)简化为

$$A = 1.823 \times 10^{-9} f_c l \quad (\text{dB}) \tag{5-67}$$

长度与直径相等的圆形波导管具有 32 dB 的衰减效果,当骚扰的频率远低于波导管的截止频率时,若波导管的长度增加一个截面最大尺寸,则损耗增加将近 30 dB。当圆形波导管的长度为直径的 3 倍时,其衰减可达 96 dB,可见波导管具有很好的抑制电磁波的性能,对应于圆形、方形和六角形波导管,一般要求 $l/d \geqslant 4$,$l/b \geqslant 4$、$l/w \geqslant 4$。

若屏蔽板上的孔洞直径小于屏蔽板厚度,则这些孔洞可看作波导管,屏蔽板的厚度即为波导管的长度。当屏蔽体需要开孔,而孔洞的存在又会导致其电磁屏蔽效能不能满足屏蔽要求时,就可以考虑使用截止波导管,但是一定要确保波导管相对于要屏蔽的频率处于截止状态,利用截止波导管的深度提供的额外损耗增加屏蔽效能。设计截止波导管的步骤如图 5-27 所示。

使用截止波导管的关键是确保波导管工作在截止区,因此首先要根据干扰的最高频率来确定截止波导管的截止频率,截止频率应达到最高干扰频率的 5 倍以上。使用截止波导管时,绝对不能使导体穿过截止波导管,否则会造成严重的电磁泄漏,这是一个常见的错误。

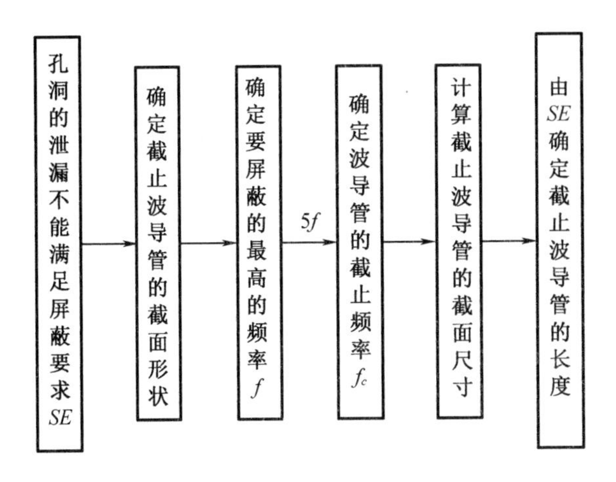

图5-27 截止波导管的设计步骤

4. 金属网

金属网是常用的非实壁型屏蔽体，广泛用于需要自然通风或可向内窥视的屏蔽室，或用于对照明孔、仪表安装孔、加水孔进行屏蔽以及对电缆连接头进行附加屏蔽等。金属屏蔽网的材料通常为铜、铝或镀锌铁丝，结构有两种：一种是将每个网孔金属丝的交叉点均焊牢；另一种是将编织的细金属网丝夹于两块普通玻璃或有机玻璃板之间。

每个金属网的网眼均可看作小波导管。若网眼的空隙宽度为 b，则截止波长 $\lambda_c=2b$。当电磁波的频率低于截止频率时，金属网可起屏蔽作用，但屏蔽效能主要是反射损耗，吸收损耗一般不考虑。对于平面波，当 $b<\lambda/2$ 时，金属屏蔽网的屏蔽效能 $SE=0$；而当 $b>\lambda/2$ 时，有

$$SE=20\lg\left(\frac{\lambda/2}{b}\right)=20\lg\left(\frac{1.5\times10^{-4}}{bf}\right)\quad(\mathrm{dB})\qquad(5-68)$$

式中，b 的单位为 cm，f 的单位为 MHz。

可以看出，SE 随频率以 20 dB/10 倍频程的速率下降，直至频率达截止频率 f_c（$=15/b$ GHz）时为 0。屏蔽效能存在极限值，铜或铝网的屏蔽效能极值为 110 dB，镀锌钢丝网为 140 dB。当电磁波波长 $\lambda\gg2\pi r$（r 为源至屏蔽网的距离）时，不再满足平面波的条件。对于电场，对应的 SE 和平面波的相比较高；而对于磁场，对应的 SE 则低于平面波的值。

在 1～100 MHz 的电磁干扰的频率范围内，金属屏蔽网的屏蔽效能 SE 的范围为 60～100 dB（$b=1.27$ mm）。玻璃夹层的金属屏蔽网也能达到较大的屏蔽效能，为 50～90 dB。金属网作为窥视窗有足够的屏蔽效能，但透明度较差、不够美观，存在绕射光栅问题（莫尔条纹造成的视觉不适）。使用金属丝网夹层的屏蔽材料时，若出现条纹导致视觉不适的现象，将金属网旋转一定角度（10°～30°），问题将有所改善。

穿透指电磁能量直接穿透电缆屏蔽层上的小孔或小缝隙而进入电缆内部，在电缆芯线上产生电磁干扰。穿透一般存在于编织屏蔽电缆中，若电缆屏蔽层上有小编织孔存在，则外部电磁场可直接透入电缆内部。图5-28 和图5-29 分别为磁场和电场穿透的示意图，广泛使用的线编屏蔽电缆在其屏蔽层上有许多菱形的小孔存在，除了导致电缆内部和外部

的电感耦合外，还导致电容耦合。

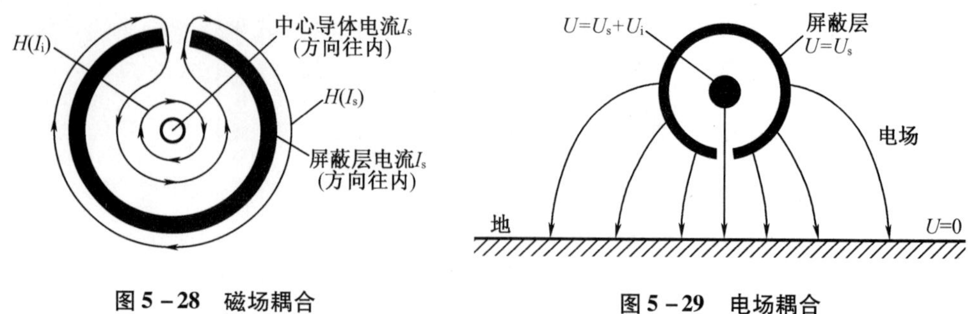

图 5－28　磁场耦合　　　图 5－29　电场耦合

线编屏蔽的特性可以通过屏蔽层半径 b、编束数 s、每束股数 N_d、每股直径 d、编织角 α 等原始结构参数来确定，如图 5－30 所示。

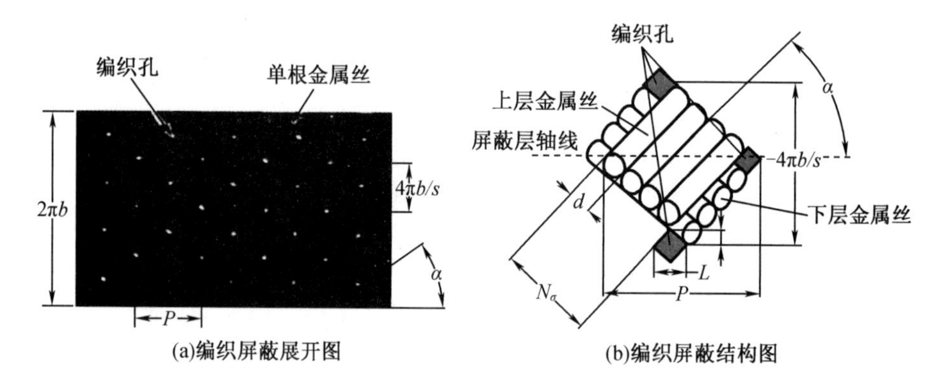

(a)编织屏蔽展开图　　(b)编织屏蔽结构图

图 5－30　线缆电缆的结构特性

5. 编织

编织屏蔽层比较柔软，易于弯曲，有较好的屏蔽性能，主要用于电缆的屏蔽层或屏蔽套管。编织屏蔽材料的结构如图 5－31 所示。

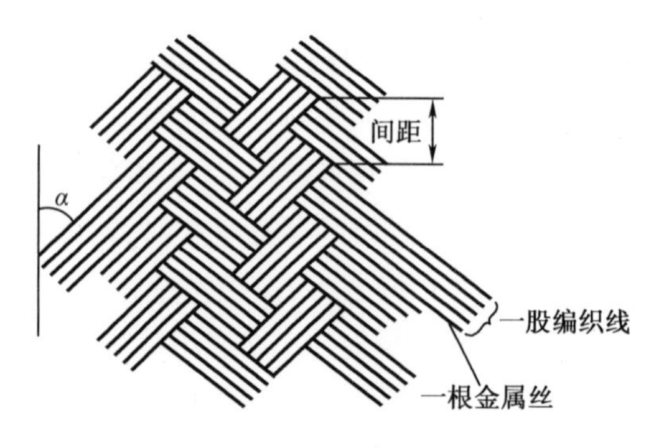

图 5－31　典型的编织屏蔽层结构示意图

编织屏蔽材料的屏蔽效能很难准确计算,主要靠实测得到。一般来说,在低频磁场中(<100 kHz),频率、编织的密度和编织线的磁导率越低,屏蔽效能越低。因此对编织线每股的根数以及编织线与电缆轴线的夹角均有一定的要求,以便有足够的屏蔽覆盖率。一般每股编织线数 $N=5$,夹角 α 为 10°~40°。通常单层编织屏蔽的屏蔽效能为 50~60 dB,而双层编织屏蔽的屏蔽效能约增加 30 dB。

5.4 屏蔽体设计

屏蔽体的实际应用很广,包括专门的屏蔽室、设备的外壳或机箱、设备内部敏感单元的屏蔽体及各种屏蔽线缆等。不同设备的特点及工作环境不同,对屏蔽的要求不同,屏蔽体的设计也各有特点,但其基本原则和处理方法是一致的。

5.4.1 屏蔽体的设计原则

屏蔽是抑制辐射的重要手段,屏蔽设计也是电磁兼容性设计中的重要内容之一。屏蔽体的设计应遵循以下原则及步骤。

1. 确定屏蔽对象,判断干扰源、干扰对象及耦合方式

有时干扰产生的原因很复杂,可能有数个干扰源,通过多种耦合途径作用于同一个干扰对象。这种情况下,首先要抑制较强的干扰,然后再对其他干扰采取抑制措施。通常,为了抑制干扰,仅对干扰源或干扰对象进行单独屏蔽,但在屏蔽要求特别高的场合,也可以对干扰源和干扰对象都进行屏蔽。

2. 确定屏蔽效能

屏蔽体设计之前,应按照设备或电路未实施屏蔽时存在的干扰发射电平,以及按电磁兼容性标准和规范允许的干扰发射电平极限值,或干扰辐射敏感度电平极限值,提出确保正常运行所必需的屏蔽效能值。对于接收机、灵敏仪器和控制系统等设备,可根据敏感度极限值和电磁骚扰场强来确定屏蔽效能;对于信号源、发射机等场源,可根据辐射发射值和自身辐射场强来确定屏蔽效能。

3. 确定屏蔽的类型

根据屏蔽效能要求,结合设计的结构形式确定采用哪种屏蔽方法。只要能满足要求,就要尽量采用单层完整屏蔽结构;要求更高时可采用双层以上屏蔽等综合屏蔽方法。

4. 进行屏蔽结构的完整性设计

对屏蔽的要求往往与系统或设备功能的其他要求有矛盾。当屏蔽室有透明等特殊需求时,可以采用单层或多层屏蔽网的设计来提升屏蔽效能。对屏蔽结构设计有特殊需求的,就需要采用额外的措施来抑制电磁泄漏,达到完善屏蔽的目的。如果对屏蔽体的完整性设计不当,即使选用最好的材料并且厚度足够,也很难达到预期效果。

5. 检查屏蔽体谐振

检查屏蔽体谐振是一个非常需要注意的问题。因为在射频范围内,一个屏蔽体可能成为具有一系列固有频率的谐振腔。检查在屏蔽体工作频段内有无谐振点,当出现干扰频率与屏蔽体某一固有频率一致时,屏蔽体就会产生谐振现象,就应当采取相应措施。

5.4.2 屏蔽体设计中的处理方法

1. 屏蔽方式和屏蔽材料的选择

从屏蔽原理和屏蔽效能来看,应根据干扰场的性质来确定屏蔽方式,对屏蔽电场、磁场和电磁场采用不同的要求和方法。电场屏蔽应采用良导体,对屏蔽体厚度没有要求,只要满足机械强度即可;磁场屏蔽可用具有一定厚度的良导体,但在低频情况下,只能采用高磁导率材料;电磁波屏蔽除了使用良导体外,为抑制其磁场分量,屏蔽体还应具有一定厚度,这与电磁波频率及材料有关。在高频情况下,电磁波的透射深度很小,厚度要求易于满足。

对于设备的屏蔽,一般采用金属外壳。然而,有些设备出于满足用户要求、便于制造出各种形状、降低成本等原因,需要采用塑料外壳。对此,可在其内壁粘贴金属箔,并在接缝处使用导电黏合剂黏接,以构成一个连续导电的整体,也可采用导电涂料或金属喷涂等方法形成薄膜屏蔽体,还可以使用导电塑料。

2. 屏蔽完整性设计

下面具体来讨论几种孔缝的情况。

(1)缝隙

在机箱上有许多接缝,如果接缝处不平整、接缝表面的绝缘材料及油污清理不干净,就会产生缝隙,影响导电结构的连续性。一般要求缝隙的长度小于 $\lambda/20$。因此,对于机箱中的接缝,如果是不必拆卸的,最好采用连续焊接;如果不能焊接,则应使结合表面尽可能平整,结合面宽度大于 5 倍的最大不平整度,保证有足够紧固件数目,并保证结合处不同金属材料电化学性能的一致,避免因金属表面腐蚀所致的结合不牢靠。在装配时,还要清除表面的油污和氧化膜等。

对于因缝隙造成的屏蔽问题,也可采用电衬垫进行电磁密封处理,如图 5 - 32 所示。电磁密封衬垫安装在两块金属结合处,使之充满缝隙,保证电连续性。使用电磁衬垫可降低对接触

面平整度的要求，减少结合处的紧固螺钉，但应注意选用导电性能好的衬垫材料，有足够的厚度，能填充最大缝隙，对衬垫施加足够的压力（通常变形 30% ~40%），并保持接触面清洁。

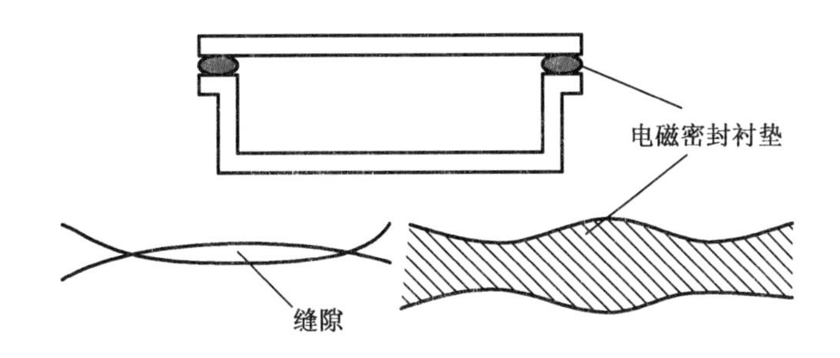

图 5 -32 在接缝处使用电磁密封衬垫

常用的电磁密封衬垫有：

①金属丝网衬垫——最常用的电磁密封材料，结构上有全金属丝、空芯和橡胶芯三种。金属丝网衬垫价格较低，过量压缩时也不易损坏；低频时屏蔽效能较高，但高频时屏蔽效能较低，一般用在 1 GHz 以下的场合。

②导电布衬垫——由导电布包裹发泡橡胶制成，一般为矩形，具有柔软、压缩性好等特点。用于有一定环境密封要求的场合，安装方便；高、低频的屏蔽效果均较好，但频繁摩擦易损坏导电表面。

③导电橡胶——硅橡胶中掺入铜粉、银粉、镀银铜粉和镀银玻璃粉等导电微粒，结构上有条形和板形两种。条形材料分为空心和实心两种，板形材料则有不同厚度。导电橡胶可同时提供电磁密封和环境密封，常用于有环境密封要求的场合，其屏蔽性能在低频时较差，高频时则较好。导电橡胶整体过硬，有时不能刺穿金属表面的氧化层，导致屏蔽效能很低，且价格较贵。

④指形簧片——采用铍铜材料，形状繁多，因形变量大，常用在接触面滑动接触的场合。其低频和高频时的屏蔽效能较好，但价格高。

（2）显示窗

对于小的显示器件，只需在面板上开个很小的孔，一般不会造成严重的电磁泄漏；但当辐射源距离孔洞很近时会发生泄漏，此时可在小孔上设置一个截止波导管。对于较大的显示器件，有两种方法，如图 5 -33 所示。一种是显示窗使用透明屏蔽材料，如导电玻璃、透明聚酯膜、金属丝网玻璃夹层等；另一种是使用隔离舱。无论是透明屏蔽材料还是隔离舱，在安装时都要注意，其边缘与屏蔽体之间不能有缝隙，应保持 360°连接。

（3）通风孔

最简单的通风处理就是在所需部位开孔，但这破坏了屏蔽的完整性。为此，可安装电磁屏蔽罩。有两种方法，一种是采用防尘通风板，另一种是采用截止波导通风板。防尘通风板一般是由多层金属丝网（如铝合金丝网）组成，必要时也会将过滤媒质夹在网层之间，其整体被装配在一个框架内。需要电磁屏蔽时，可以结合抗电磁干扰衬垫使用，其特点是使用寿命长、价格便宜、维修便利和清洁方便。截止波导通风板是将铜制或钢制的蜂窝状结构安装在框架内，以确保有良好的屏蔽性能和通风效果，但价格昂贵，集中应用于高性能要求的屏蔽场合，如屏蔽室、军用设备等。

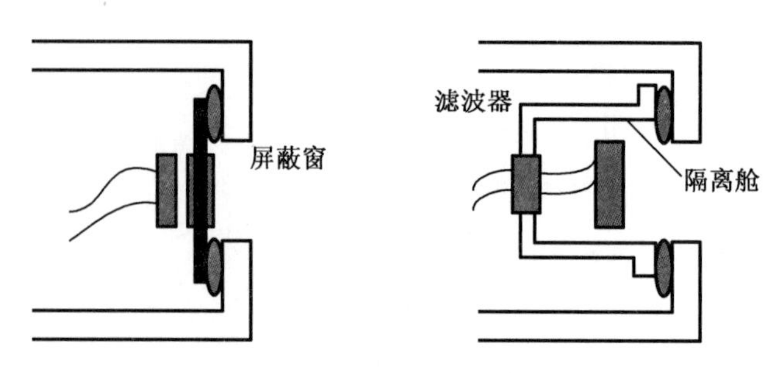

图 5－33 显示窗的屏蔽处理

(4)控制轴

在机箱面板上为调节电位器、控制元件上的轴开孔，也会破坏屏蔽的完整性，这些轴也可成为一些潜在电磁干扰的发送或接收天线。为保证屏蔽的完整性，可采用图 5－34 所示的方法：直接开孔，并用非金属的轴代替金属轴；在金属轴与外壳之间使用圆柱形截止波导管；使用隔舱。

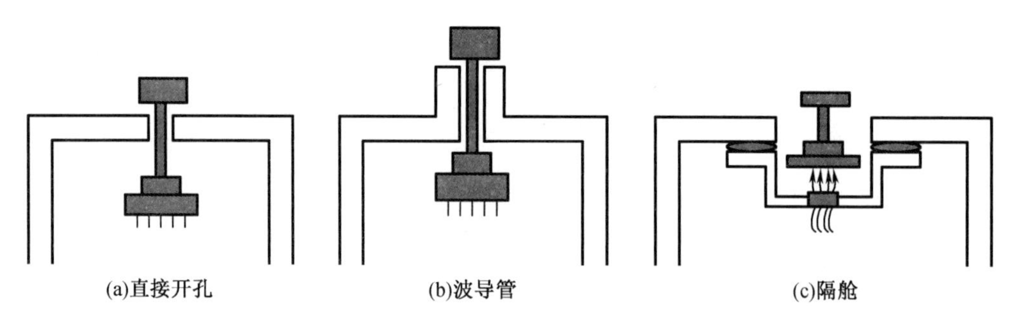

图 5－34 控制轴的屏蔽结构

(5)连接器

两个屏蔽体内的电路连接时，通常采用屏蔽线缆或同轴电缆，如图 5－35 所示，为使其构成一个完整的屏蔽体以保证屏蔽的完整性，必须使用电缆连接器。连接器的插座配合同轴电缆插头，使屏蔽体壁与电缆屏蔽层构成无间隙的屏蔽体；电缆屏蔽体应与插头均匀良好地焊接或紧密地压在一起，并且插座与插头也应保持均匀良好的接触，以保证没有缝隙泄漏。

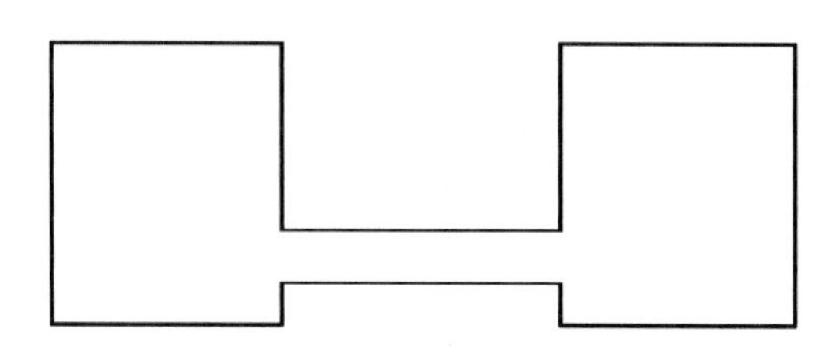

图 5－35 两个屏蔽体之间的连接

第6章 滤波技术

滤波是压缩信号回路干扰频谱的一种方法。滤波技术是一种抑制电子和电气设备传导干扰的重要手段,也是提升设备系统抗传导干扰能力的有效措施。滤波器的作用就是让有用信号通过,而对干扰信号起抑制或衰减作用,即选择信号和抑制干扰。为了实现这两大功能而设计的电路网络就称为滤波器。

任何直接穿透屏蔽体的导线都会造成屏蔽体的屏蔽失效。令缺乏电磁兼容经验的设计师感到困惑的典型问题之一是很多屏蔽严密的机箱(机柜)正是由于有导体直接穿过而导致电磁兼容试验失败。解决导体穿透屏蔽体引入的电磁干扰问题的有效方法之一,就是在电缆的端口处使用滤波器,滤除电缆上不必要的频率成分,减小电缆产生的电磁辐射,也防止周围环境在电缆上感应产生的电磁噪声传进设备内。

滤波是抑制传导耦合的一种重要方法。由于骚扰源产生的电磁骚扰的频谱比待接收的信号的频谱宽得多,所以当接收器接收有用信号时也会接收不希望有的骚扰信号。采用滤波器能限制接收信号的频带以抑制无用的骚扰而不影响有用信号,即可提高接收器的信噪比。

需要实施滤波的情况有:

(1)高频系统中抑制工作频带外的任意频带干扰;

(2)信号电路中消除频谱成分中的无用信号干扰;

(3)控制电路、转换电路和电源电路中消除沿这些电路的干扰。

当接收机的频带无限宽,噪声频谱为 $N(f)$ 时,则进入接收机的噪声为

$$N = \int_0^\infty N(f)\,\mathrm{d}f \tag{6-1}$$

若有用信号为 S,则信噪比为

$$S/N = S/\int_0^\infty N(f)\,\mathrm{d}f \tag{6-2}$$

如果将接收器的频带宽限制在$[f_1,f_2]$的范围,则进入接收器的噪声为

$$N' = \int_{f_1}^{f_2} N(f)\,\mathrm{d}f \tag{6-3}$$

$$N' < N \tag{6-4}$$

信噪比为

$$S/N' > S/N \tag{6-5}$$

6.1 滤波器的特性和分类

滤波器的技术指标包括插入损耗、频率特性、阻抗特性、额定电压、额定电流等,另外其本身的电磁兼容性也是衡量其性能的一个重要指标。

6.1.1 滤波器的特性

滤波器是由一些集中参数或分布参数的电阻、电感和电容构成的能够实现滤波功能的网络。除了上述电阻、电感和电容元件外,滤波器也可以使用相同功能的其他器件等效这些元件来实现。滤波器在传输信号的过程中,可以视为一个四端网络,其中,E_S 为信号源,R_S 为信号源内阻,R_L 为负载阻抗,如图 6-1 所示。

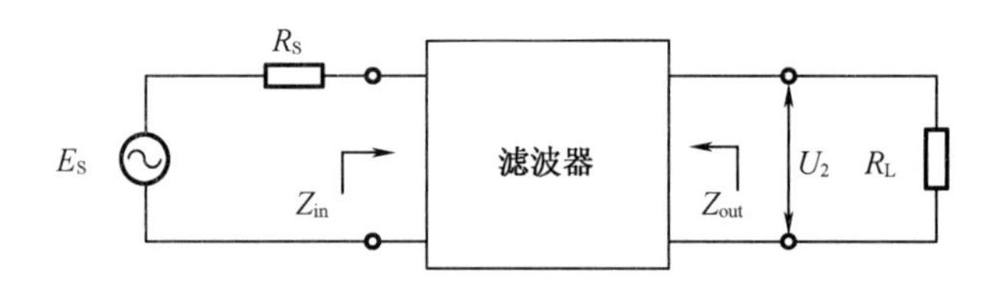

图 6-1 滤波器工作原理图

1. 插入损耗

描述滤波器最主要的性能指标是插入损耗(又称衰减),滤波器性能的优劣主要由插入损耗决定。在选择滤波器时,应根据干扰信号的频率特性和幅度特性选择。

滤波器插入损耗 L_{in}(dB)的定义为

$$L_{in}=20\lg\left(\frac{U_1}{U_2}\right) \tag{6-6}$$

式中,U_1为信号源(或者干扰源)与负载(或者干扰对象)不接入滤波器时,信号源在负载上产生的电压;U_2为信号源与负载间接入滤波器后在同一负载上产生的电压。

插入损耗用分贝(dB)表示,分贝值越大,说明抑制干扰的能力越强。从式(6-6)可以看出,插入损耗是同时由滤波器的内在特性和滤波器的外加阻抗(源和负载的阻抗)来决定的。因此,设计滤波器时要考虑信号频率、源阻抗、负载阻抗、工作电流、环境温度等因素。一般地,滤波器产品说明书中的插入损耗是在源阻抗等于负载阻抗都等于 50 Ω 时获得的。而在实际使用时,滤波器的输入和输出端可能并不等于 50 Ω,此时滤波器的实际滤波效果会与说明书内的结果相差甚远。

2. 频率特性

在滤波器的特性中,最重要的是频率特性。插入损耗的大小是随信号频率变化的,通常把插入损耗随频率变化的曲线称为滤波器的频率特性。滤波器的通带是指允许信号通过的频带,它是插入损耗小于 3 dB 时所对应的频率范围;滤波器的阻带是指不允许信号通过或对信号有很大衰减和抑制作用的频带,它是插入损耗大于 3 dB 时所对应的频率范围;滤波器的过渡带是指在通带和阻带之间的频带。同时,我们把插入损耗等于 3 dB 时所对应的频率点称为滤波器的截止频率 f_c。良好的滤波器应该在其通带内有很小的插入损耗值,而在阻带内有很大的插入损耗值。

按照滤波器的频率特性,滤波器可分为低通、高通、带通和带阻滤波器。图 6-2 给出了各种滤波器的频率特性曲线,实际滤波器的频率特性比较平缓。滤波器的频率特性又可用中心频率、截止频率、最低使用频率和最高使用频率等参数描述。

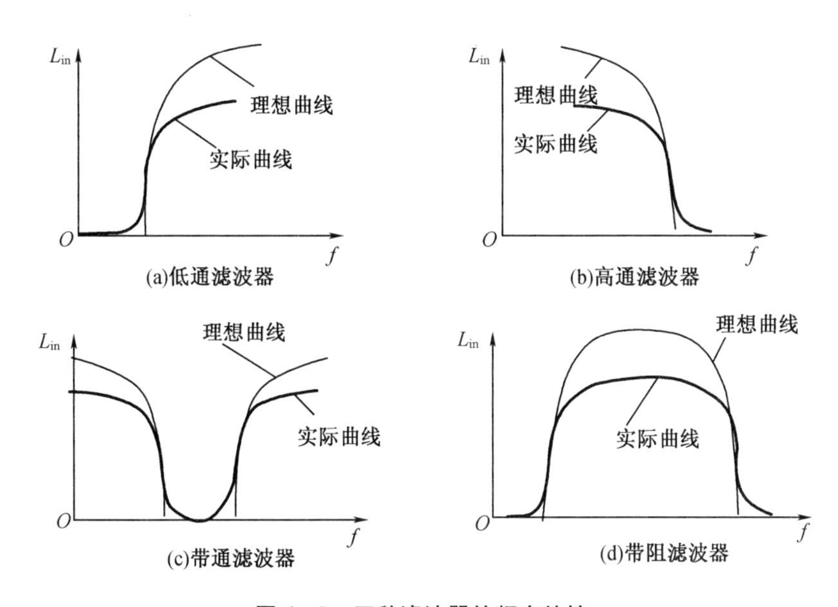

图 6-2　四种滤波器的频率特性

3. 阻抗特性

滤波器的输入阻抗、输出阻抗直接影响其插入损耗特性。在许多应用场合,由于阻抗特性不匹配,滤波器的实际滤波特性与生产厂家所给出的滤波特性不一致。因此,在设计、选用和测试滤波器时,阻抗特性是一个重要技术指标。在使用电磁干扰滤波器时,应保证在输入、输出最大限定失配的范围内,有合乎要求的最佳抑制效果。

4. 额定电压

额定电压是指滤波器工作时的最高允许电压。若输入的电压过高,则会使滤波器内部元件损坏。

5. 额定电流

额定电流是指滤波器工作时，不降低滤波器插入损耗性能的最大使用电流。一般情况下，额定电流越大，滤波器的体积和质量越大，成本会越高，此时就需要使用高饱和电流的电感元件。

6. 电磁兼容性

电磁干扰滤波器一般用于抑制电磁干扰，其本身大多不存在干扰问题，但其抗干扰性能的高低直接影响设备的整体抗干扰能力。抗干扰性能突出体现在滤波器对电快速脉冲群、浪涌、传导干扰的承受能力和抑制能力。

7. 安全性能

滤波器的安全性能，如漏电流、绝缘、耐压、温升等性能，需要满足相应的国家标准和要求。

8. 可靠性

可靠性是选择滤波器的重要指标。一般来说，滤波器的可靠性不会影响其电路性能，但会影响其电磁兼容性。因此，只有在电磁兼容性测试或实际使用过程中才会发现问题。可靠性一般是以工作小时来表示的，应与整个设备的可靠性一致。

9. 体积与质量

滤波器的体积与质量取决于滤波器的插入损耗、额定电压、额定电流以及可靠性等指标，但质量与体积往往和上述指标相矛盾。一般情况下，额定电流越大，其体积与质量越大；插入损耗越高，要求滤波器的级数越多，体积与质量越大。

6.1.2 滤波器的分类

滤波器的种类很多，从不同的角度，有不同的分类方法。

（1）按照滤波器的滤波原理，可分为反射式滤波器和吸收式滤波器。

（2）按照滤波器的工作条件，可分为无源滤波器和有源滤波器。

（3）按照滤波器的频率特性，可分为低通滤波器、高通滤波器、带通滤波器和带阻滤波器。

（4）按照滤波器的使用场合，可分为电源滤波器、信号滤波器、控制线滤波器、防电磁脉冲滤波器、防电磁信息泄漏专用滤波器、印制电路板专用微型滤波器等。

6.2　常用滤波器

滤波器的品种繁多，在这里讨论反射式滤波器、电磁干扰滤波器和电源线滤波器等常用滤波器的原理及设计。

6.2.1　反射式滤波器

反射式滤波器是把不希望出现的频率成分反射回信号源或者干扰源，而让需要的频率成分通过滤波器施加于负载，以达到选择频率、滤波的目的。反射式滤波器通常由电抗元件，如电容器、电感器构成无源网络。理想情况下，电容器和电感器是无损耗的。反射式滤波器在通带内呈现低的串联阻抗和高的并联阻抗，而在滤波器阻带内呈现高的串联阻抗和低的并联阻抗。常用的滤波器种类很多，有T型、Π型、L型和C型等，如表6－1所示。这些滤波器电路可以互相转换即完成同一功能，可以有几种形式的结构，且它们的数值是一一对应的。根据滤波器的频率特性又可分为低通、高通、带通、带阻滤波器。

表6－1　不同结构的滤波器所要求的源阻抗和负载阻抗

滤波器名称	T型滤波器	Π型滤波器	L型滤波器	C型滤波器
结构	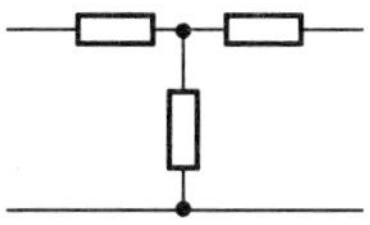	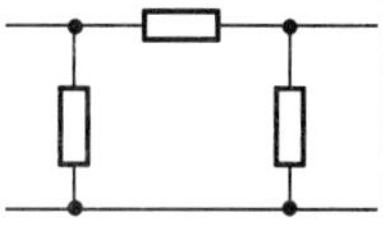	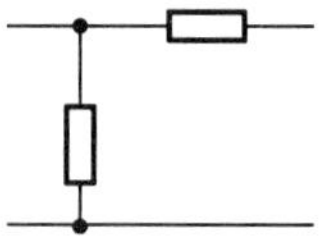	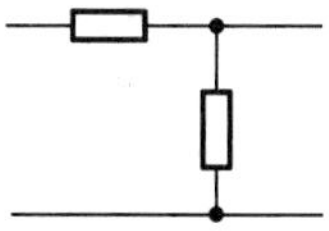
所要求的源阻抗 R_S	小	大	大	小
所要求的负载阻抗 R_L	小	大	小	大

选择不同的滤波器时应注意其所要求的源阻抗和负载阻抗，如表6－1所示。T型滤波器适用于信号内阻和负载电阻都比较小的情况，如低于50 Ω。当信号内阻和负载电阻都比较高时，应选用Π型滤波电路。当信号源内阻和负载电阻不相等且差别较大时，可选用图中的L型和C型滤波电路。应根据信号源内阻和负载电阻的具体情况选用不同形式的滤波器。

1. 低通滤波器

低通滤波器是电磁兼容中使用最多的一种滤波器，用于抑制高频电磁干扰。低通滤波器对低频信号几乎无衰减地通过，但阻止高频信号通过。例如，电源线滤波器就是一种低通滤波器，当直流或工频电流通过时，没有明显的功率损失(插入损耗小)，而对高于这些频率的信号进行衰减。放大器电路和发射机输出电路中的滤波器通常也是低通滤波器，具有衰减脉冲干扰、减少谐波和其他杂波信号等多种功能。在抗干扰技术中，低通滤波器也被广泛用于干扰信号频率高于信号频率的场合。

低通滤波器的种类很多，按其电路形式可分为并联电容滤波器，串联电感滤波器以及 L 型、Π 型和 T 型滤波器等。

(1)并联电容滤波器

并联电容滤波器是最简单的低通滤波器，通常连接于带有干扰的导线与回路之间，如图 6－3 所示。它用来旁路高频能量，流通期望的低频能量或者信号电流。

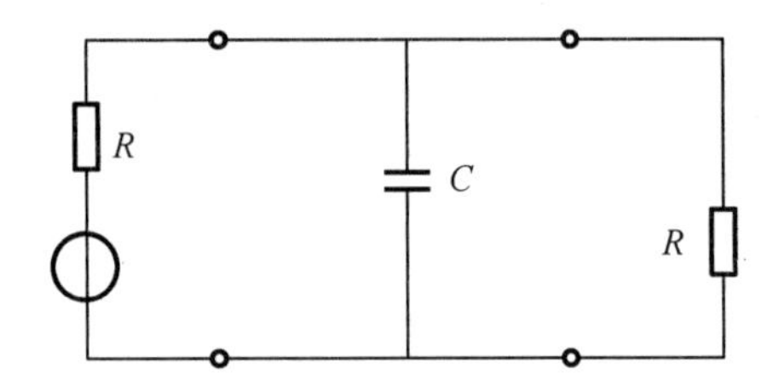

图 6－3　并联电容滤波器

根据图 6－3 所示，可求出 A 参数为

$$A_{11}=\left.\frac{U_1}{U_2}\right|_{I_2=0}=1,\quad A_{12}=\left.\frac{U_1}{I_2}\right|_{U_2=0}=0,\quad A_{21}=\left.\frac{I_1}{U_2}\right|_{I_2=0}=\mathrm{j}\omega C,\quad A_{11}=\left.\frac{I_1}{I_2}\right|_{U_2=0}=1$$

带入 A 参数，得到其插入损耗(dB)为

$$L_{\text{in}}=10\lg[1+(\pi fRC)^2] \tag{6-7}$$

式中，f 表示频率，R 表示源电阻或者负载电阻，C 表示滤波器电容。

(2)串联电感滤波器

串联电感滤波器是低通滤波器的另一简单形式，在其电路构成上与带有干扰的导线串联连接，如图 6－4 所示。

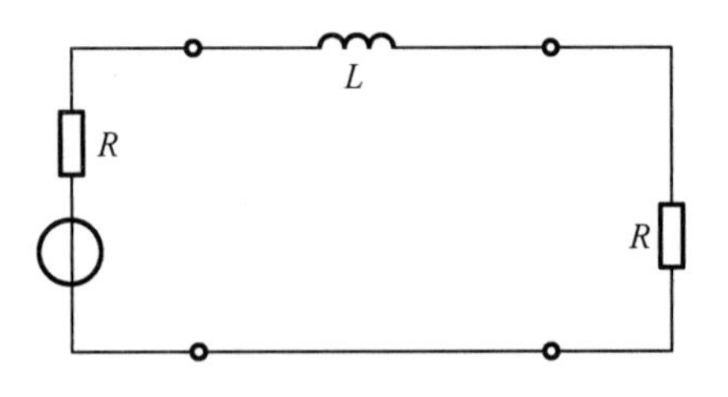

图 6－4　串联电感滤波器

其插入损耗为

$$L_{\text{in}}=10\lg\left[1+\left(\frac{\pi \mathrm{fL}}{R}\right)^2\right] \tag{6-8}$$

式中，f 表示频率，L 表示滤波器的电感量，R 表示激励源电阻或者负载电阻。

实际的电感具有寄生电阻和寄生电容，其中寄生电容的影响较大。因此，真空电感器存在谐振频率，低于谐振频率，电感器提供感抗；高于谐振频率，电感器提供容抗。所以，与电容器类似，普通的电感在高频时的滤波性能也并不是很好。

（3）Γ 型和反 Γ 型滤波器

Γ 型滤波器的电路结构如图 6－5(a)所示，如果源阻抗与负载阻抗相等，Γ 型滤波器的插入损耗与电容器插入线路的方向无关。通常，又将图 6－5(b)所示的滤波器称为反 Γ 型滤波器。

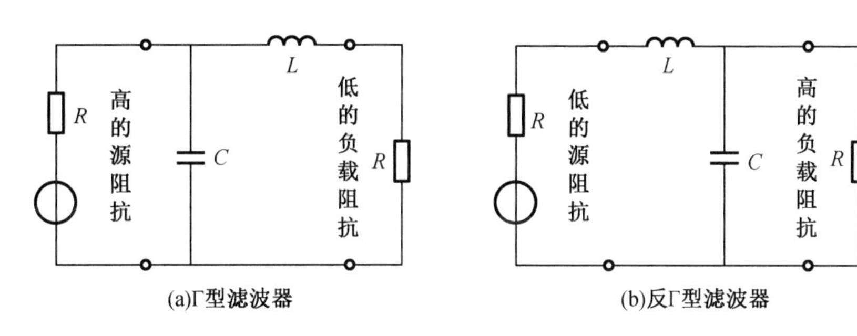

图 6－5　Γ 型滤波器

Γ 型滤波器和反 Γ 型滤波器具有相同的插入损耗，为

$$L_{in}=10\lg\left\{\frac{1}{4}\left[(2-\omega^2LC)^2+\left(\omega CR+\frac{\omega L}{R}\right)^2\right]\right\}\quad(\text{dB})\tag{6－9}$$

（4）Π 型滤波器

Π 型滤波器的电路结构如图 6－6 所示，是实际中使用最普遍的形式，常用于干扰源和负载都是高阻抗的电路。其优势包括容易制造和适中的空间需求。但是，Π 型滤波器抑制瞬态干扰不是十分有效。采用金属壳体对滤波器进行屏蔽，能够改善 Π 型滤波器的高频性能。

Π 型滤波器的插入损耗为

$$L_{in}=10\lg\left[(1-\omega^2LC)^2+\left(\frac{\omega L}{2R}-\frac{\omega^3LC^2R}{2}+\omega CR\right)^2\right]\tag{6－10}$$

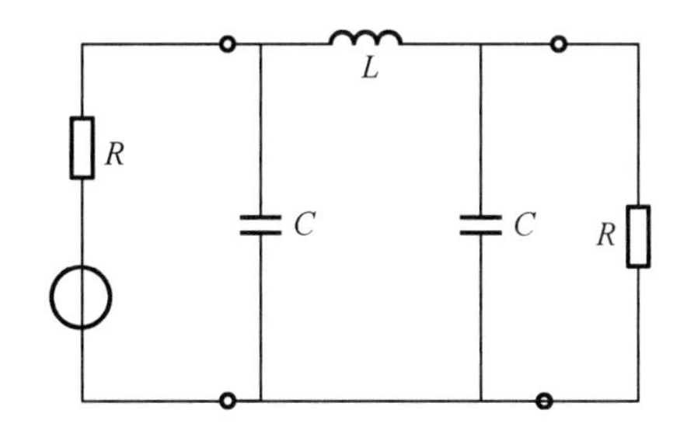

图 6－6　Π 型滤波器

(5)T 型滤波器

T 型滤波器的电路结构如图 6－7 所示，用于干扰源和负载都是低阻抗的电路。T 型滤波器能够有效地抑制瞬态干扰，主要缺点是需要两个电感器，使滤波器的总尺寸增大。

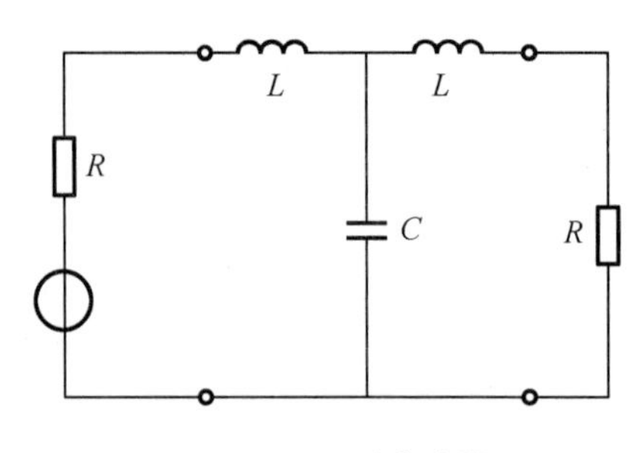

图 6－7　T 型滤波器

T 型滤波器的插入损耗为

$$L_{\text{in}}=10\lg\left[\left(1-\omega^2LC\right)^2+\left(\frac{\omega L}{R}-\frac{\omega^3L^2C}{2R}+\frac{\omega CR}{2}\right)^2\right] \tag{6-11}$$

不同结构的滤波电路适用于不同的源阻抗和负载阻抗。对于选择哪种电路结构，主要取决于两个因素：一是滤波器所连接的电路阻抗；另一个是需要抑制的干扰频率与工作频率之间的差别。首先来观察一下单个电容和单个电感在不同电路阻抗下的插入损耗，如图 6－8 所示。可以看到，对于单电容滤波器，如果需要滤波的电路，其源或负载阻抗越高，插入损耗越大；而对于单电感滤波器，则是源或负载的阻抗越低，插入损耗越大。

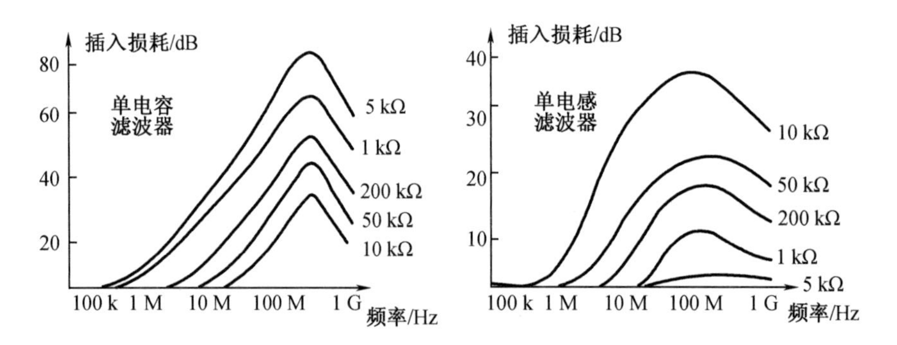

图 6－8　源和负载阻抗对滤波器插入损耗的影响

表 6－2 给出了适用于各种源和负载阻抗的干扰滤波器的形式。例如，当源和负载均为高阻抗时，可以采用并联电容型、Π 型或多级 Π 型；当源为高阻抗，负载为低阻抗时，可以采用Γ型或多级Γ型滤波器。根据这个表可以看到，滤波器中的电容总是对应高阻抗电路，电感总是对应低阻抗电路。

表6-2 滤波器的选用

源阻抗	负载阻抗(干扰对象)	滤波器类型
低阻抗	低阻抗	串联电感型、T型、多级T型
高阻抗	高阻抗	并联电容型、Π型、多级Π型
高阻抗	低阻抗	Γ型、多级Γ型
低阻抗	高阻抗	反Γ型、多级反Γ型

在确定了滤波电路的形式之后,就要确定滤波电路的阶数。滤波器的阶数是指滤波器中所含电容和电感的个数,个数越多,滤波器插入损耗的过渡带越短,也就是衰减得越快,越适合于干扰频率与信号频率靠得很近的场合。图6-9给出了滤波器的阶数与过渡带的关系。当严格按照滤波器设计方法构建电路时,每增加一个器件,过渡带的斜率增加20 dB/十倍频程,或6 dB/倍频程。所以,如果滤波器由N个器件构成,那么过渡带的斜率为$20N$ dB/十倍频程,或$6N$ dB/倍频程。

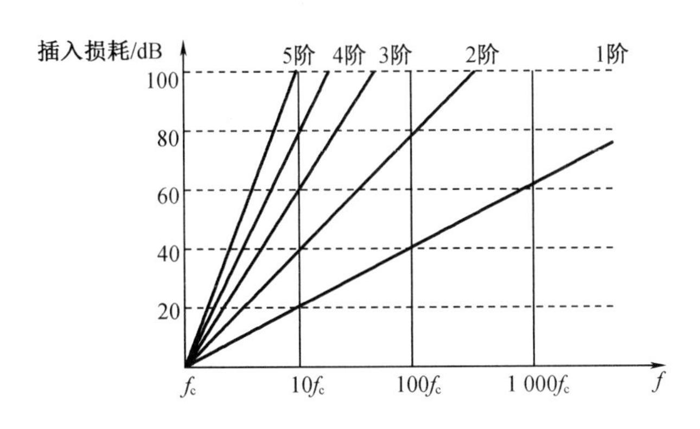

图6-9 滤波器阶数与过渡带的关系

两种情况下要求滤波器频率特性的过渡带较短。一是干扰信号频率与工作信号频率靠得比较近,如有用信号的频率为10~50 MHz,干扰的频率为100 MHz,需要将干扰抑制20 dB,如图6-10所示,则要求滤波器的阶数至少为4阶。二是干扰的强度较强,需要抑制量较大,如有用信号的频率为10 MHz以下,干扰的频率为100 MHz,需要将干扰抑制60 dB,则要求滤波器阶数至少为3阶。

增加滤波器的器件数仅增加了过渡带的斜率,而不能改变滤波器的截止频率,滤波器的截止频率与滤波器件的参数有关。例如,要增加滤波器对较低频率干扰的衰减,只能通过增加电感或电容来实现。

滤波器在截止频率f_c以外的阻带中的输出显然与频率成反比,即频率每升高一个量级,以dB为单位的阻带衰减为20 dB,为了改善频率响应,采用多级滤波器的阻带衰减与相对频率的关系则为$20n$ dB,n为级数。滤波器的阻带衰减与相对频率的关系如图6-10所示。

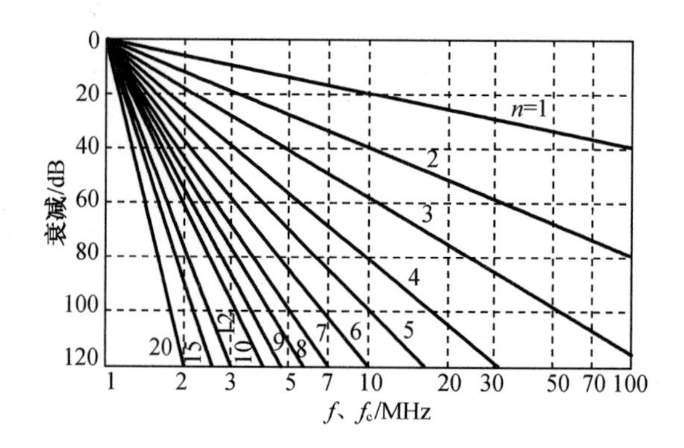

图 6－10　滤波器阻带衰减与频率的关系

2. 高通滤波器

高通滤波器用于抑制低频干扰，高通滤波器的网络结构与低通滤波器具有频率对称性，即高通滤波器可由低通滤波器转换而成。当把低通滤波器转换成具有相同终端和截止频率的高通滤波器时，转换方法为

（1）把低通滤波器相应位置上的电感器换成电容器，此电容器的电容值等于电感器的电感值的倒数；

（2）把低通滤波器相应位置上的电容器换成电感器，此电感器的电感值等于电容器的电容值的倒数。

即把每个电感 L(H) 转换成数值为 $1/L$(F) 的电容，把每个电容 C(F) 转换成数值为 $1/C$(H) 的电感。

$$C_{HP}=\frac{1}{L_{LP}},\quad L_{HP}=\frac{1}{C_{LP}} \tag{6-12}$$

图 6－11 给出了一个低通滤波器转换成具有对称网络结构的高通滤波器的例子。

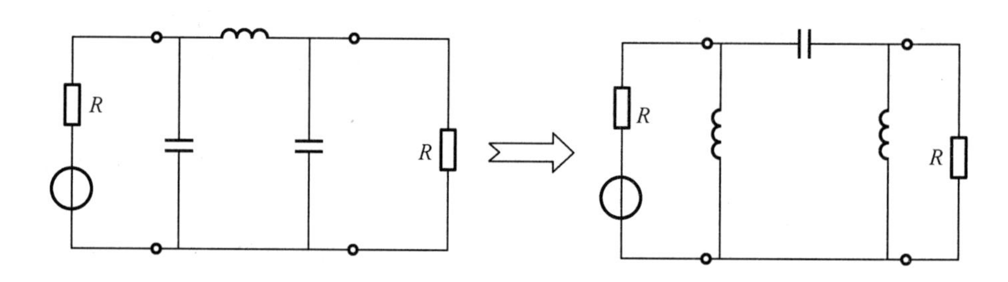

图 6－11　低通滤波器向高通滤器的转换

3. 带通滤波器

带通滤波器是只允许某一频段的信号通过，而通带之外的高频或者低频干扰能量进行衰减，如图 6－12(a)所示。中心频率为 f_0，3 dB 处上下截止频率分别为 f_{c1} 和 f_{c2}，通带允许的频率段为 $f_c=f_{c1}-f_{c2}$。图 6－12(b)所示为一带通滤波器的电路图，其基本构成方法是由

低通滤波器经过转换而成。

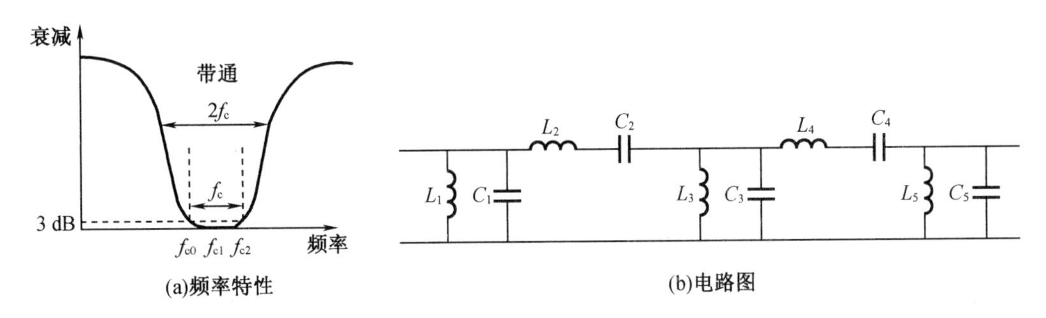

图6－12 带通滤波器的频率特性及电路图

4. 带阻滤波器

带阻滤波器的频率特性与带通滤波器的频率特性正好相反，只抑制特定的频率段，而其他频率段的信号可以通过。通常串联在干扰源与干扰对象之间，也可将一带通滤波器并联于干扰线与地线之间来达到带阻滤波器的作用，构成方法是由带通滤波器转换而来，如图6－13所示。

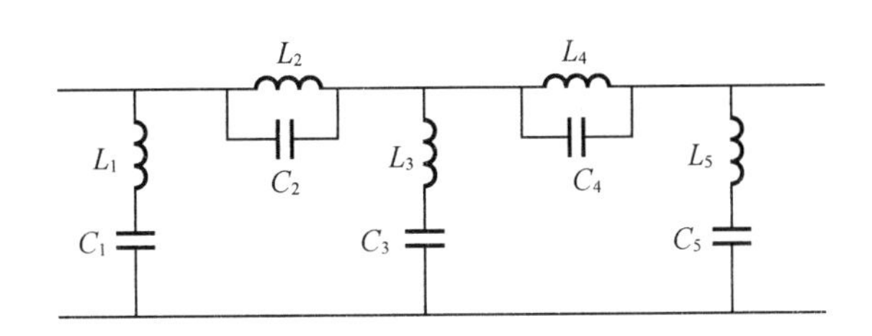

图6－13 带阻滤波器的电路图

6.2.2 吸收式滤波器

1. 吸收式滤波器的结构

上一节讨论的反射式滤波器，当它与信号不匹配时，一部分有用信号就会被反射回信号源，从而导致干扰电平增加。此时，可以采用吸收式滤波器来抑制不需要的能量，从而保证有用信号的顺利传输。吸收式滤波器又被称为损耗滤波器，这种滤波器一般做成介质传输线形式，所用的是铁氧体介质或其他损耗材料。铁氧体在交变电场作用下，会产生涡流、磁滞损耗等，这些损耗随着频率的增大而增加。正是利用这一点，吸收式滤波器可以将不需要的信号转化为热损耗。在电力系统中，电源滤波器采用同轴型结构，其内外表面为涂有导电材料的铁氧体材料。

将铁氧体材料直接填充在电缆里，就可以制成电缆滤波器，其典型结构如图 6－14(a)所示。电缆滤波器的特点是体积小，可获得理想的高频衰减特性，只需要较短的一段电缆就可达到预期的低通滤波效果。

将铁氧体直接装到电缆连接器的插头上可构成滤波连接器，其结构如图 6－14(b)所示，它在 100 MHz～10 GHz 的很宽频率范围内可获得 60 dB 以上的衰减。

将铁氧体做成的圆形磁环套在信号线上，可构成磁环扼流圈，如图 6－14(c)所示。由于导线穿过磁环后，在磁环附近的一段导线具有单匝扼流圈的特性，其阻抗将随着导线频率的升高而增大，所以对导线中的高频分量具有抑制衰减作用。这是一种简便而经济的损耗式滤波方法，通常它广泛用于电源线上滤波，在数字信号线中也时有采用。

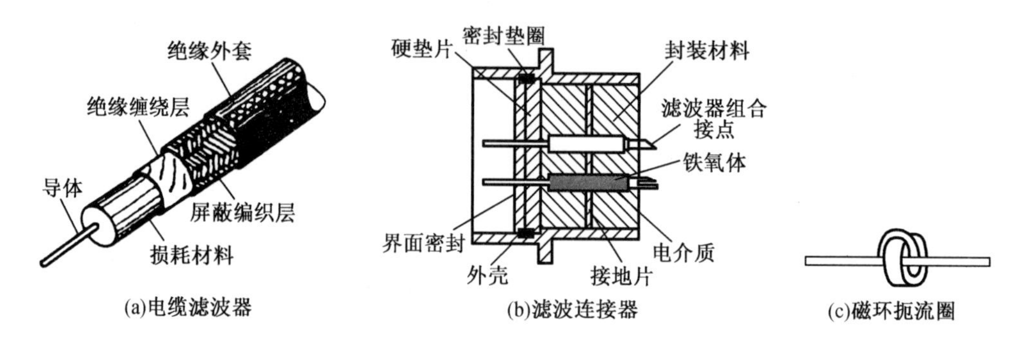

图 6－14　常用吸收式滤波器结构

吸收式滤波器的基本结构及等值电路图如图 6－15 所示，其中，C_P 为导线与外壳的分布电容，R_P 为散射电阻，L_i 及 R_i 为滤波器的电感及电阻。

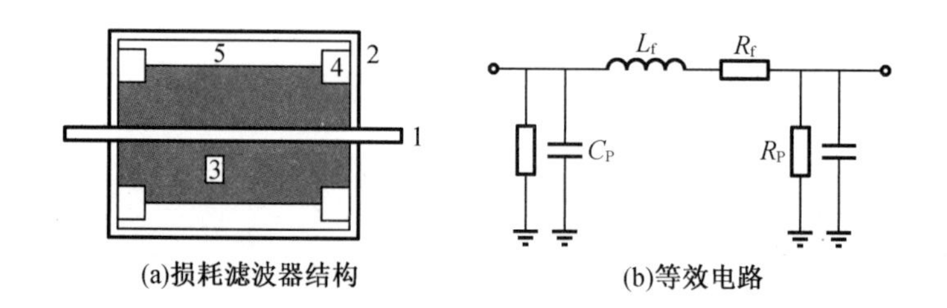

1—内导体；2—外屏蔽层；3—铁氧体填充材料；4—集中参数电容器；5—绝缘层。

图 6－15　损耗滤波器结构及等效电路

对于内外直径分别为 D_i 和 D_o、长度为 l 的圆筒状铁氧体构成的损耗滤波器，电流 I 穿过其截面产生的磁通为

$$\varphi = \frac{\mu_0\mu_r Il}{2\pi}\int_{D_i}^{D_o}\frac{dr}{r} = \frac{\mu_o\mu_r Il}{2\pi}\ln\frac{D_o}{D_i} \tag{6-13}$$

或电感为

$$L = \frac{\varphi}{I} = \frac{\mu_o\mu_r l}{2\pi}\ln\frac{D_o}{\mathrm{D_i}}$$

式中，μ_r 为相对磁导率，对于铁氧体，$\mu_r > 1\ 000$，但由于磁性材料的滞后现象，磁导率又可表示为

$$\mu_r = \mu_r' - j\mu_r'' \tag{6-14}$$

其中 μ_r'是实数部分，反映磁环的感性大小；而 μ_r''是虚数部分，反映磁环的阻尼作用，增加磁环后，感抗增量为

$$\Delta Z = j\omega(L - L_a) \tag{6-15}$$

式中，L_a 为无磁环时空气介质的电感值；L 为有磁环时的电感值。

$$\Delta Z = j\omega(\mu_r' - 1)\frac{\mu_o l}{2\pi}\ln\frac{D_o}{D_i} = j\Delta x + \Delta R = j\omega L_i + R_i \tag{6-16}$$

因此，在导线外面包一层高频损耗材料（如铁氧体）后相当于增加一个电感 L 及一个电阻：

$$R_i = \Delta R = \mu_o \mu_i f l \ln\frac{D_o}{D_i} \tag{6-17}$$

2. 吸收式滤波器的插入损耗

在空心同轴线内外导体间填充铁氧体材料以后，同轴传输线的电磁损耗比填充空气时增大若干倍，这就形成了损耗传输线。损耗传输线可以采用传输线的等效电路来表示，如图 6－16 所示。

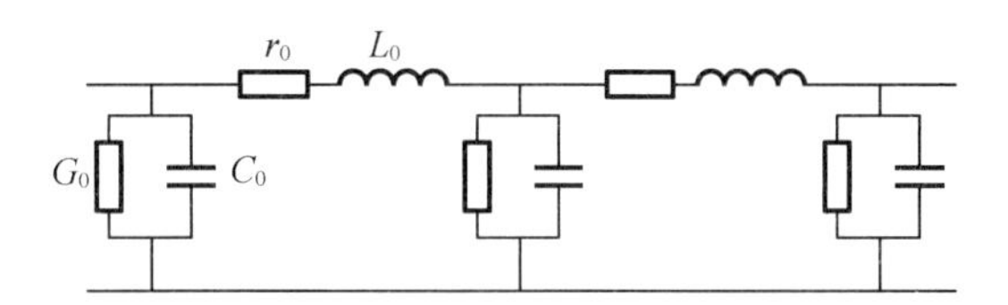

图 6－16 损耗传输线的等效电路

长度为 l 的损耗传输线的插入损耗为

$$IL = 8.68al - 20\lg|1 - \Gamma_1\Gamma_2| + 20\lg|1 - \Gamma_1\Gamma_2\exp(-2\gamma l)| \tag{6-18}$$

Γ_1 为信号端反射系数，Γ_2 为负载端反射系数：

$$\Gamma_1 = (Z_0 - Z_S)/(Z_0 + Z_S)$$

$$\Gamma_2 = (Z_0 - Z_L)/(Z_0 + Z_L)$$

Z_S 为信号源内阻，Z_L 为负载，Z_0为损耗传输线的特性阻抗：

$$Z_0 = \sqrt{(R_0 + j\omega L_0)/(G_0 + j\omega C_0)}$$

γ 为损耗线的传播常数：

$$\gamma = \alpha + j\beta = \sqrt{(R_0 + j\omega L_0)(G_0 + j\omega C_0)}$$

α 为衰减系数，β 为相移系数。

式(6－18)所示的插入损耗由两类损耗组成，第一项为本征损耗，第二项和第三项为失配损耗，即入射波产生的损耗和反射波产生的损耗。铁氧体管越长，插入损耗越大。现在

一些防电磁干扰的电缆插头就安装有损耗滤波器。

3. 共模扼流圈

当电感中流过较大电流时,电感会发生饱和,导致电感量下降。共模扼流圈可以避免这种情况的发生。共模扼流圈的结构如图 6－17 所示,将传输电流的两根导线(如直流供电的电源线和地线,交流供电的火线和零线)按照图示的方法绕制。这时,两根导线中的电流在磁芯中产生的磁力线方向相反,并且强度相同,刚好抵消,所以磁芯中总的磁感应强度为 0,因此磁芯不会饱和。而对于两根导线上方向相同的共模干扰电流,则没有抵消的效果,呈现较大的电感。由于这种扼流圈只对共模干扰电流有抑制作用,而对差模电流没有影响,因此叫共模扼流圈。

实际的共模扼流圈两组线圈产生的磁力线不会全集中在磁芯中,而会有一定的漏磁,这部分漏磁不会抵消掉,因此还是有一定的差模电感,导致共模扼流圈可以对差模干扰有一定的抑制作用。寄生差模电感会导致电感磁芯饱和,而且从磁芯中泄漏出来的差模磁场会形成新的辐射干扰源。寄生差模电感与线圈的绕制方法、线圈周围物体的磁导率等有关,将共模扼流圈放进钢制小盒中,会增加差模电感。

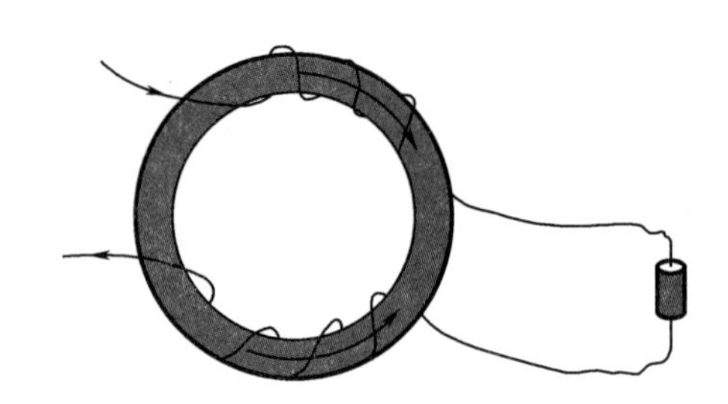

图 6－17　共模扼流圈的构造

4. 铁氧体磁珠

铁氧体磁珠是可以套在导线上的空心磁芯或磁环,起有耗电感的作用。铁磁材料由无数互相隔离的微小颗粒——磁畴组成,每一颗微粒均可看成一个微小的恒磁磁铁,整个磁性材料总的磁效应是所有微粒磁效应的总和。由于这些微粒的磁极方向各不相同,所以,其宏观磁性为零。当这样的一块铁磁材料置于一个交流磁场中时,材料内的磁畴受到交变力的作用,开始产生震动。在某一个频率下,这种电磁力引起的震动与磁畴的机械振动一致,造成高频磁损耗。这种类似的效应,也存在于一些介电材料中,偶极子转动效应会造成介质吸收。

抗电磁干扰的铁氧体是用高磁导率的有耗材料做成的,呈现十欧姆到几百欧姆的电阻。虽然铁氧体磁珠通常作为电感器来考虑,但它们在应用中却起变压器的作用,其中被过滤的导线是初级(1 个或几个环),而次级是由磁珠中的涡流形成的,由焦耳效应起损耗作用。因此,铁氧体的阻抗约为

$$Z = \sqrt{R^2 + L^2\omega^2} \tag{6-19}$$

铁氧体磁珠的电感 L 由铁氧体的相对磁导率 μ_r 确定，μ_r 通常为几百。如果 L_0 是铁氧体安装前导线部分的自感，则铁氧体磁珠的电感可由下式计算：

$$L = \mu_r L_0 \tag{6-20}$$

铁氧体磁珠的磁导率也受频率影响，一些铁氧体磁珠的工作频率低于 10 MHz，但其他一些铁氧体磁珠可从 10～100 MHz 甚至 1 000 MHz 都适用。

导线穿过铁氧体磁芯构成的阻抗虽然在形式上随着频率的升高而增加，但是在不同频率上，其机理是完全不同的。在低频段，阻抗由电感的感抗构成。低频时磁芯的磁导率较高，因此电感量较大。并且这时磁芯的损耗较小，整个器件是一个低损耗、高 Q 特性的电感。因此，电感与电路中的电容构成谐振电路，使某些频率上的干扰增强。在高频段，阻抗由电阻成分构成。随着频率升高，磁芯的磁导率降低，导致电感的电感量减小，感抗成分减小。但是，这时磁芯的损耗增加，电阻成分增加，导致总的阻抗增加。当高频信号通过铁氧体时，电磁能量以热的形式耗散掉。电阻消耗电磁能量，从实质上减小干扰。阻抗特性如图 6－18 所示。

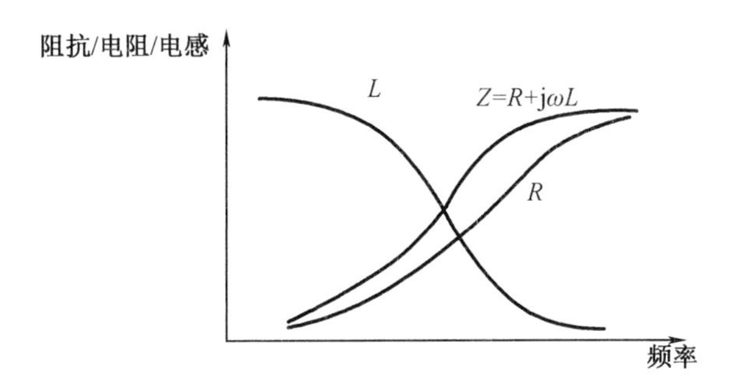

图 6－18　铁氧体磁珠的阻抗随频率变化的特性

当穿过铁氧体的导线中流过电流时，会在铁氧体磁芯中产生磁场，高磁场强度会导致磁芯发生饱和，磁导率急剧降低，电感量减小。因此，当滤波器中流过较大的电流时，滤波器的低频插入损耗会发生变化。高频时，磁芯的磁导率已经较低，铁氧体主要靠磁芯的损耗特性工作，因此，电流对滤波器的高频特性影响不大。

抑制电磁干扰的铁氧体与普通铁氧体的最大区别在于它具有很大的损耗，用这种铁氧体做磁芯制作的电感，其特性更接近电阻。它是一个电阻值随频率增加而增加的电阻，当高频信号通过铁氧体时，电磁能量以热的形式耗散掉。

铁氧体磁珠以串联插入损耗工作，其提供的衰减为

$$A_{dB} = 20\lg\frac{U_0}{U} = \frac{\dfrac{Z_L}{Z_S + Z_W + Z_L}}{\dfrac{Z_L}{Z_S + Z_W + Z_L + Z_B}} = \frac{Z_S + Z_W + Z_L + Z_B}{Z_S + Z_W + Z_L} \tag{6-21}$$

式中，A_{dB} 为衰减倍数（dB）；U_0 为无铁氧体的电压（V）；U 为有铁氧体时的电压（V）；Z_S 为电

路源阻抗(Ω);Z_L 为负载阻抗(Ω);Z_W 为导线阻抗(Ω);Z_B 为铁氧体珠阻抗(Ω)。

从式(6-21)可以得出如下结论。

(1)铁氧体磁珠在高阻抗电路中工作无效,目前最好的铁氧体磁珠在 500 MHz 上所达到的 Z_B 值为 300~600 Ω,忽略导线阻抗时,按 Z_S/Z_L 为 100 Ω/100 Ω 配置,它可提供的最高衰减为

$$A=20\lg\frac{100+100+600}{100+100}=12\ \mathrm{dB}$$

相反,在低阻抗电路,如功率分配、变压或射频电路中,它们的阻抗通常为 74 Ω 或 50 Ω,铁氧体磁珠将非常有效。

(2)铁氧体磁珠的导线自阻抗 Z_W 相对较大,这将导致铁氧体珠的作用进一步减小。铁氧体除了阻抗有限外,当铁氧体的长度接近 $\lambda/4$ 时,铁氧体磁珠变成无效。铁氧体的端-端寄生电容(典型值为 1~3 pF)在某些频率上对其电阻旁路,使衰减无效。磁感应强度超过 0.15~0.20 T 范围时,铁氧体磁珠出现饱和,效率降低。另外,当铁氧体磁珠套在多根电缆上时,可能增加相邻导线间的互感而导致相互干扰。

6.2.3 电磁干扰滤波器

在电气和电子设备中,用于抑制电磁干扰在电路中传播的滤波器统称为电磁干扰滤波器(EMI 滤波器)。标准的 EMI 滤波器通常是由串联电感和并联电容器组成的低通滤波器。

1. 电磁干扰滤波器的特点

电磁干扰滤波器在技术上要求具有以下特点。

(1)电磁干扰滤波器往往工作在阻抗不匹配的条件下,源阻抗与负载阻抗特性变化通常随频率变化而变化。由于很难设计出全频段匹配的 EMI 滤波器,所以当一种滤波器的衰减量无法满足需求时,可以采用级联的办法来获得比单级更高的衰减。

(2)干扰源的电平变化幅度往往很大,因而滤波器必须要有较高的额定电压,避免在输入电压变化范围较大时,电磁干扰滤波器内部器件发生饱和,出现击穿或损毁,影响正常工作。

(3)电磁干扰频带范围很宽,为 Hz 至 GHz 量级,并且其高频特性复杂,难以用集中参数等效电路来模拟滤波电路的高频特性。EMI 滤波器在阻带内应对干扰有足够的衰减量,而对有用信号的损耗要降低到最小限度,以保证有用电磁能量的最高传输效率,所以很难实现全频段滤波。因而在设计 EMI 滤波器时,要明确工作频率和抑制干扰频率,当二者频率接近且难以分开时,则要利用频率特性陡峭的滤波器才能实现。

2. 电磁干扰滤波器的基本电路结构

对于电磁干扰,地线上往往由于高频出现高阻抗,因此 EMI 滤波器必须对电路回路的两根导线同时进行滤波;要求它不但要抑制经两根导线流通的差模干扰信号,还要抑制经

任一导线与地回路流通的共模干扰信号，如图 6－19 所示。其中，U_{DM} 为差模电压，I_{DM} 为差模电流，U_{CM} 为共模电压，I_{CM} 为共模电流。

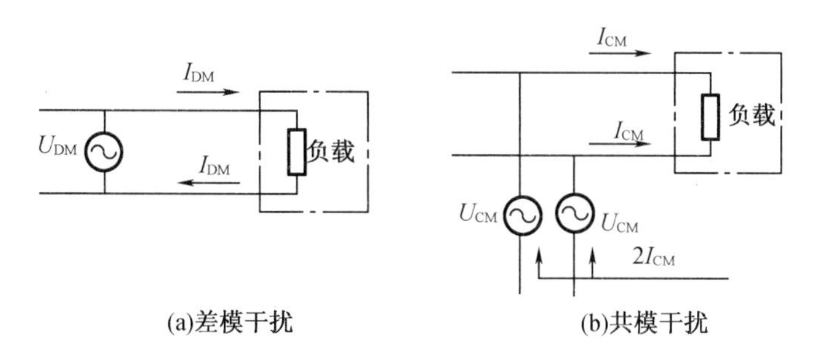

图 6－19 差模干扰和共模干扰

实际中，差模干扰和共模干扰是同时存在的。为此，常用的 EMI 滤波器是一个 6 端网络，其基本电路结构如图 6－20 所示，是可以对差模和共模 EMI 均能滤波的 EMI 滤波器。其中，差模滤波器是在相间或相地间加电容来抑制差模干扰，实现差模滤波；而串入导线中的电感则起到抑制和阻碍共模干扰的作用，实现共模滤波。

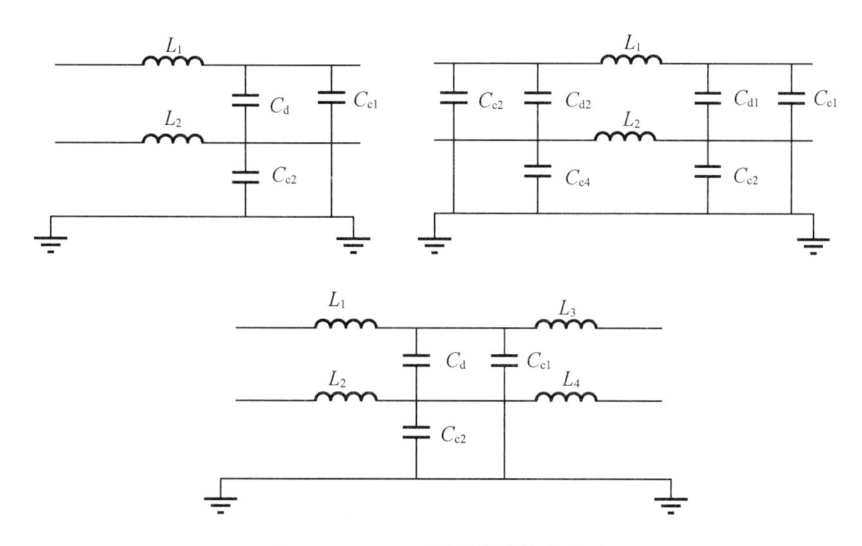

图 6－20 EMI 滤波器的基本电路

3. 电磁干扰滤波器的阻抗匹配问题

在设计或选择 EMI 滤波器时，滤波器的阻抗匹配是必须考虑的一个问题。滤波器由于安装场合或设备不同，往往在滤波器输入端的干扰源阻抗 Z_S 和输出端的负载阻抗 Z_L 均是未知的，且往往无法满足阻抗匹配条件，因而很难保证滤波器处于最佳工作状态，这就要求在设计时应确保 EMI 滤波器在不匹配的情况下也能满足性能要求。

（1）不考虑噪声源阻抗

在不考虑源阻抗时，此时插入损耗与电路中衰减的电压相同。

①纯电阻负载

电路如图 6－21(a)所示，图中 R_L 为负载电阻，设 LC 滤波器的固有谐振频率为 $\omega_0=1/\sqrt{LC}$，这时滤波器的插入损耗为

$$IL_R(\omega)=10\lg\frac{P_1}{P_2}=20\lg\frac{U_1}{U_2}=20\lg\left[\sqrt{\left(1-\frac{\omega^2}{\omega_0^2}\right)^2+\frac{(\omega L)^2}{R_L^2}}\right] \quad (6-22)$$

插入损耗与频率的关系如图 6－21(b)所示。图 6－21(b)中 IL_{min} 为要求 EMI 滤波器具有的插入损耗的下限，f_c 为相对应的频率。换句话说，要求 EMI 滤波器在高于 f_c 的频率范围内，插入损耗大于 IL_{min}。从图可见，虽然滤波器在 $f<f_c$ 时可以很好地工作，但是在 f_0 附近，当 $R_{L1}>R_{L2}$ 时，该滤波器不但不起衰减噪声的作用，反而会使噪声增大。

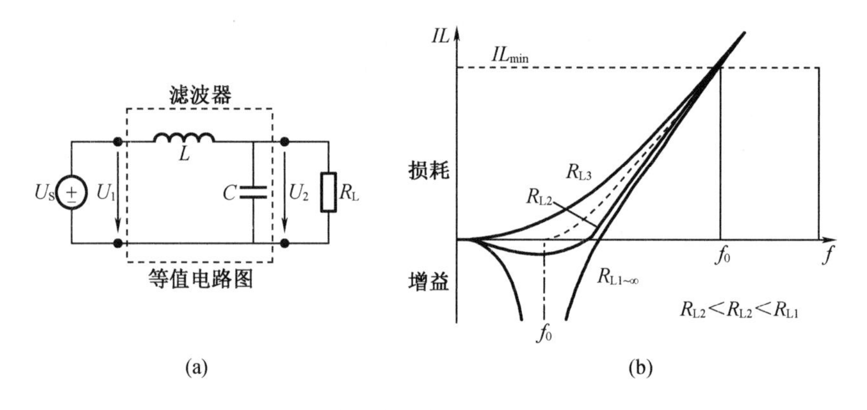

图 6－21　不同电阻负载条件下插入损耗的频率特性

②电感与电阻并联负载

电路如图 6－22(a)所示，电感 L_L 与可变电阻 R_L 并联的负载对应的谐振频率为

$$\omega_L^2=\omega_0^2(1+L/L_L) \quad (6-23)$$

电路的插入损耗为

$$IL_L(\omega)=20\lg\left[\left(\frac{\omega_L}{\omega_0}\right)^2\sqrt{\left(1-\frac{\omega^2}{\omega_L^2}\right)^2+\frac{(\omega L)^2}{R_L^2}\frac{\omega_0^2}{\omega_L^2}}\right] \quad (6-24)$$

如图 6－22(b)所示，电路的谐振频率 ω_L 比 LC 滤波电路的固有谐振频率 ω_0 提高了，另外截止频率 f_L 的位置也随 L_L 改变。在严重的情况下，在滤波器设计的截止频率范围内可能会出现不允许的噪声放大的情况。

③电容与电阻并联负载

如图 6－23(a)所示的电容与电阻并联负载的对应谐振频率为

$$\omega_C^2=\frac{\omega_C^2}{1+C_LC} \quad (6-25)$$

插入损耗为

$$IL_C(\omega)=20\lg\sqrt{\left(1-\frac{\omega^2}{\omega_C^2}\right)^2+\frac{(\omega L)^2}{R_C^2}} \quad (6-26)$$

$IL_C(\omega)$在不同电阻值下与f的关系如图6－23(b)所示,电路的谐振频率ω_C比LC电路的固有谐振频率ω_0降低了,因此在滤波器截止频率f_L以内的插入损耗增加了。

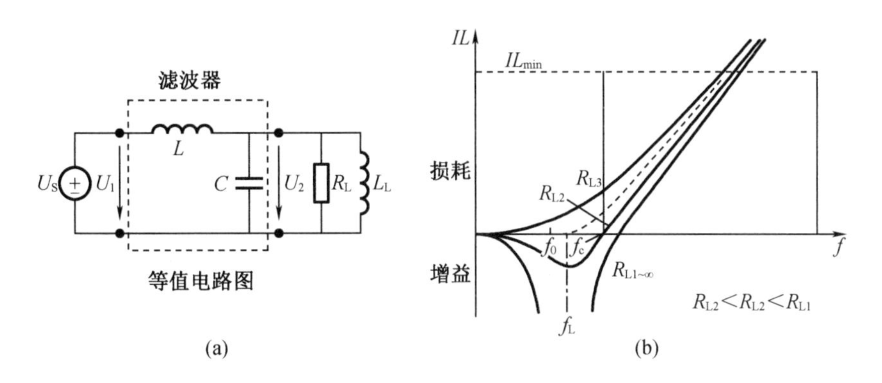

图6－22 电感性负载时插入损耗的频率特性

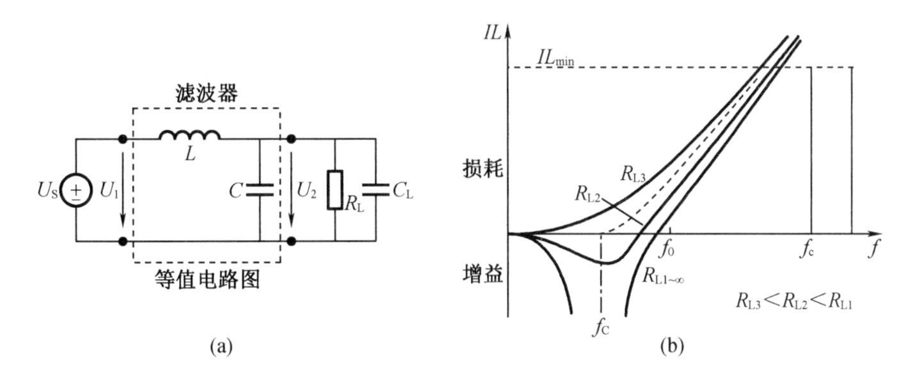

图6－23 电容性负载时插入损耗的频率特性

(2)考虑噪声源阻抗时

在上节所讨论的三种情况中,再同时考虑到噪声源阻抗对插入损耗的影响,情况将变得更为复杂。如果考虑到噪声源阻抗Z_S的影响,设在正常工作状态时插入损耗为40 dB,在极端条件下,如果$Z_S \gg \omega L$,$Z_L \ll 1/(\omega C)$、L和C均可忽略不计,这时的插入损耗则变为$IL \approx Z_L/(Z_S+Z_L)$,若$Z_S \ll Z_L$,则$IL=0$ dB。可见,知道源和负载阻抗及它们的大小,对选择最合适的EMI滤波器结构至关重要。

阻抗不匹配严重地影响滤波器插入损耗的频率特性。最严重的不匹配情况,发生在单级LC滤波器处于高的源阻抗和低的负载阻抗的情况下。在这种严重失配的条件下,多级LC滤波器插入损耗的频率响应,同样很差,但随着滤波级数n的增加,情况得到明显改善。

在设计EMI滤波器时,应保证滤波器通带内和截止频率附近的插入损耗在源阻抗与负载阻抗不匹配时仍能满足正常工作要求。图6－24列出了几种源阻抗和负载阻抗严重失配情况下,建议采用的几种EMI滤波器的电路结构。在图中所示的阻抗严重不匹配情况下,仍能提供60 dB/10倍频的插入损耗。

为改善阻抗不匹配情况下的滤波效果,应根据不同情况采用不同结构的滤波器。一般原则是源、负载的低阻抗与串联电感相配合，高阻抗与并联电容相配合。其机理是当源、负载阻抗低时通过串联电感可阻断干扰信号的传输；当源、负载阻抗高时，采用并联电容可给干扰信号提供一个低阻抗的分流电路，从而抑制干扰信号的传播。当源阻抗和负载阻抗都不能确定时，在高频情况下，通常把它们看作高阻抗，因为这时即使不考虑源阻抗和负载阻抗，串联导线电感的阻抗值也较大，建议用并联电容进行滤波。

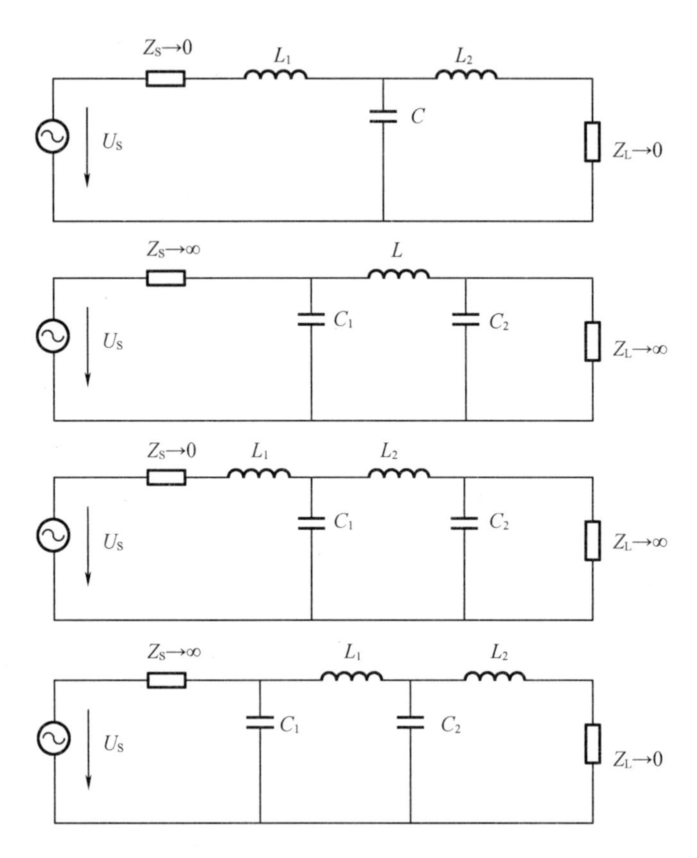

图 6－24　源、负载阻抗严重失配情况下的 EMI 滤波器结构

6.2.4　电源线滤波器

电源线滤波器又叫电源噪声滤波器。从频率特性看，电源线滤波器是一种低通滤波器，使得低频电源或直流电源的功率无衰减地通过且输送到设备端。同时，抑制经电源线的高频干扰信号，以保护设备的安全运行。此外，电源线滤波器也能抑制设备自身产生的干扰信号，防止干扰信号串入电源，对电网造成污染，危害其他用电设备。

1. 共模干扰和差模干扰

电源线的电磁干扰也分为两类，共模干扰和差模干扰，如图 6－25 所示。其中，把相线(P)与地(G)的干扰电压 U_{PG}、中线(N)与地间的干扰电压 U_{NG} 称为共模干扰。对相线和中

线而言，共模干扰信号可视为在相线和中线上传输的电位相等、相位相同的噪声信号。把相线和中线之间存在的干扰信号称为差模信号，即 U_{PN}。任何电源线上传输的传导干扰信号，都可用共模和差模干扰来表示，并且把共模干扰信号和差模干扰信号看作独立的干扰源，把 P－G、N－G 和 P－N 看作独立网络端口，以便分析和处理。

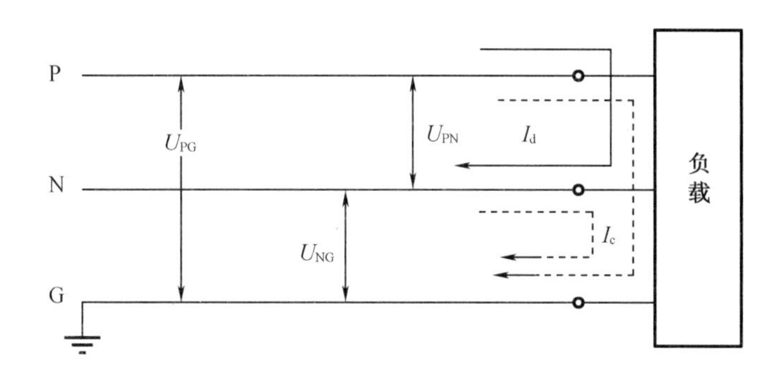

图 6－25　电源线上的共模和差模干扰

2. 电源线滤波器的网络结构

通常，电源线滤波器由 LC 低通网络构成。负载端的相线和中线分别对地线接电容器 C_y（将共模电流旁路入地），电源端的相线和中线分别接电感器 L_1、L_2，可以设计低源阻抗且高负载阻抗的共模滤波器，其结构如图 6－26(a) 所示。为了增大衰减并同时实现理想的频率特性，可以串联多个 LC 级。如图 6－26(b) 所示，差模滤波器由电源的相线和中线间跨接电容 C_X（将相线－中线上的共模电流旁路），并分别串接电感器 L_1、L_2 构成。实际的电源线上同时存在差模干扰和共模干扰，所以由差模滤波网络和共模滤波网络综合构成电源线滤波器更为实用，如图 6－26(c) 所示。由于高负载阻抗，相对地的小电容以及相线对中线的大电容可有效地滤除共模干扰。然而大电容会导致地线中出现高漏电流，从而引起电位冲击危害。因此，电气安全机构强行规定了相线－地线的电容最大限值，以及取决于不同电源线电压所能容许的最大漏电流。电容器 C_X 和 C_Y 的数值应根据电气机构规定的最大容许漏电电流来确定。断开地线并将滤波器次级短路即可测出漏电电流。施加 110% 的标称电压，可用电流表测出相线－地线之间的漏电电流及中线－地线之间的漏电电流。为了避免由放电电流引起的电击危害，相线－中线的电容 C_X 必须小于 0.5 μF。另外，可增加一个泄漏电阻，在冲击危害出现后，可使交流插头两端的电压小于 34 V。

图 6－27 所示为共模差模组成滤波器的典型电路结构。首先，选用 Γ 型滤波器滤除差模干扰，电感器 L_1 和 L_2 有效地抑制差模干扰，而回波电流则通过电容器 C_X 流通。然后用带平衡－不平衡转换电压的 Π 型滤波器滤除共模干扰，共模干扰分量则由电容器 C_Y 及电感 L_a 和 L_b 旁路而得到衰减。当安装在供电电源与电子设备之间后，它既能有效地抑制电源线上存在的干扰信号传入设备，又能大大衰减电子设备工作时本身产生的传导干扰传向电源。实际应用中，要达到有效地抑制干扰信号的目的，必须对滤波器两端将要连接的源阻抗和负载阻抗进行合理选择。

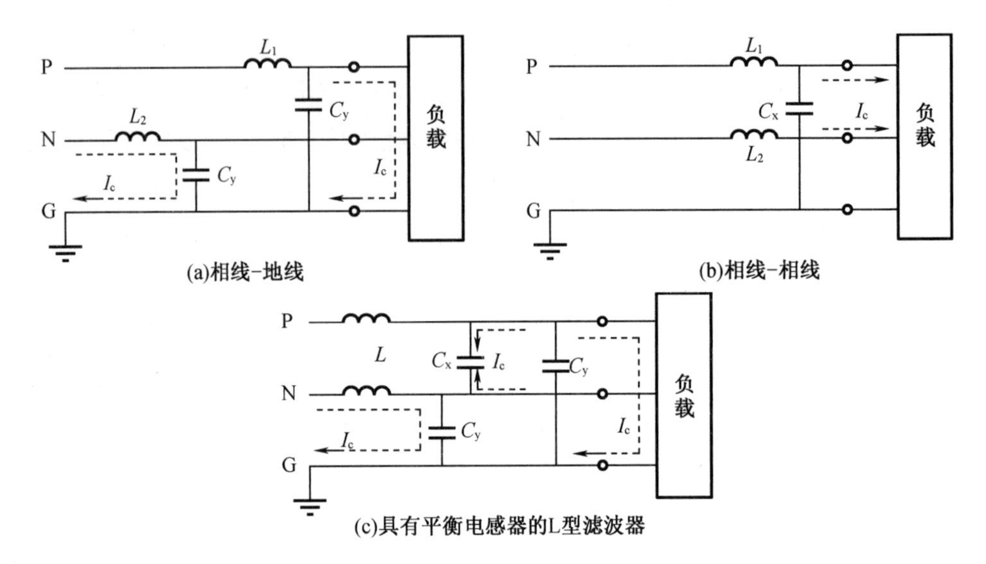

图6-26　基本电源滤波器结构

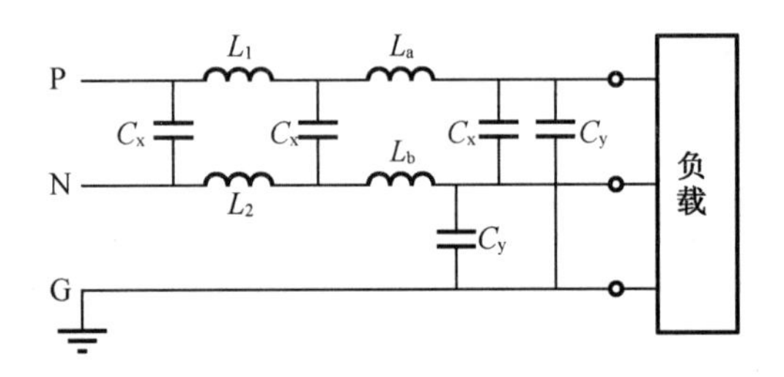

图6-27　组合共模差模滤波器

6.3　滤波器件的实现

在设计电磁干扰滤波器时应考虑以下几个方面。

(1)应明确工作频率和所要抑制的干扰频率,如两者非常接近,则需要应用频率特性非常陡峭的滤波器,才能把两种频率分离开。

(2)由于电磁干扰形式和大小的多样性,滤波器的耐压必须足够高,以保证在高压情况下可靠地工作。

(3)滤波器连续通过最大电流时,其温升要低,以保证该额定电流连续工作时,不破坏滤波器中器件的工作性能。

(4)为使工作时的滤波器频率特性与设计值吻合,要求与它连接的信号源阻抗和负载阻抗的数值等于设计时的规定值。

(5)滤波器必须具有屏蔽结构,屏蔽箱盖和本体要有良好的电接触。

作为电磁干扰防护用的滤波器,其故障往往较其他单元和器件的故障更难寻找,因此滤波器应具有较高的工作可靠性。但在实际工程应用中,按照电路图制作的滤波器并不一定总能取得满意的效果。这是因为在设计滤波器时,所使用的电容器和电感器均是理想的。但真实情况下的电容器除了具有电容量以外,还存在寄生电感和电阻;电感器除了具有电感量外,还存在寄生电容和电阻。上述这些寄生参数与理想情况有一定差异,尤其是在高频情况下,极大地降低了滤波器对干扰信号的抑制效果。

6.3.1　电容器的实现

对于真实情况下的电容器,其等效电路如图 6 – 28 所示,除了电容以外,还有电阻分量和电感分量。电阻分量则是介质材料所固有的。电感分量是由电容引线的长度和电容结构决定的,引线越长,电感越大,不同结构的电容具有不同的电感分量,是影响电容频率特性的主要指标。

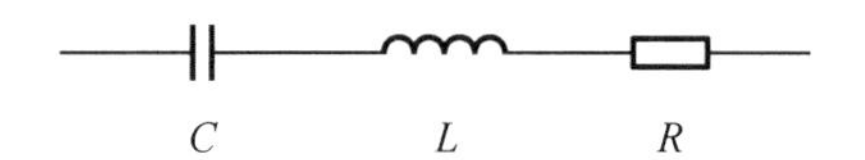

图 6 – 28　实际电容器的等效电路

对于这样的等效电路,实际电容的阻抗特性则如图 6 – 29 所示。显然,由于电容和电感构成了串联谐振电路,当频率达到转折频率时,会发生串联谐振,谐振频率即为 $1/2\pi\sqrt{LC}$。在谐振点处,旁路效果最好,电容的阻抗最小,等于电阻分量;在谐振点以下,它呈现电容的阻抗特性,而在谐振点以上,实际电容则呈现感性阻抗特性,随频率升高,阻抗增大,旁路效果变差。

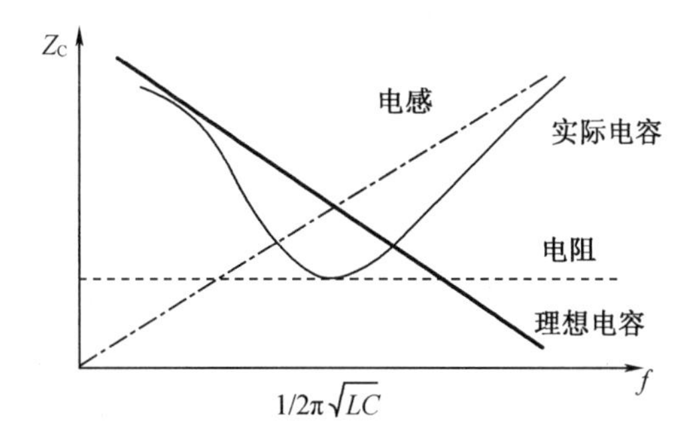

图 6 – 29　实际电容的阻抗特性

在电磁兼容设计中,是想利用电容的阻抗随频率升高而减小的特性来旁路高频信号,尽量选择谐振频率高的电容器以保证在较宽的频段范围内起到有效滤波效果。而实际电容只有在串联谐振点处阻抗最小,旁路效果最好。超过谐振点后,实际电容的阻抗反而随频率升高而增大了，旁路效果变差，滤波器性能降低。此外，实际工程中常在电路输入端或电源线上并联电容来滤除干扰。为了试验方便，往往将电容引线留得很长，结果导致电容在很低的频率就失去滤波效能。当滤波电容不起作用时，往往又会加大电容的容量，预期能提供更大的衰减，但是电容量越大，谐振频率越低，结果对高频干扰的滤波效果更差。因此，提高滤波器的高频性能至关重要，在用电容作为滤波器时需要注意以下问题。

(1)电容的谐振频率与电容的引线、种类有关。引线越短，谐振频率越高，高频滤波效果越好。在谐振点以下，实际电容的阻抗比理想电容低，因此当干扰频率较窄时，可以通过调整电容量和引线长度调节谐振频率，提高滤波效果。

(2)电容的谐振频率与电容种类有关。陶瓷电容是一种电感较小的电容，电容量随着工作电压、电流、时间等变化。电容器介质的介电常数越高，更容易发生击穿，特征参数越不稳定，在浪涌试验中要格外注意。

(3)电容的谐振频率与电容的容量有关，容量越大，谐振频率越低，高频滤波效果越差，但低频滤波效果增加。

对于宽带干扰信号来说，普通电容器很难解决这一问题。针对电容器谐振导致滤波频率范围过窄的问题，可以采用以下方法。

(1)大电容和小电容并联使用的方法，大电容抑制低频干扰，小电容抑制高频干扰。但是，将大电容和小电容并联后，在大电容和小电容谐振频率之间，大电容呈现电感特性，小电容呈现电容特性，形成了 *LC* 并联网络，会在某一特殊频率下产生并联谐振。如图 6－30 所示，并联网络的插入损耗随频率变化的曲线，在某一个频率上出现了旁路效果很差的现象。而如果将大、中、小三种电容值的电容并联，则会产生更多的谐振点，滤波器失效的频率会更多。

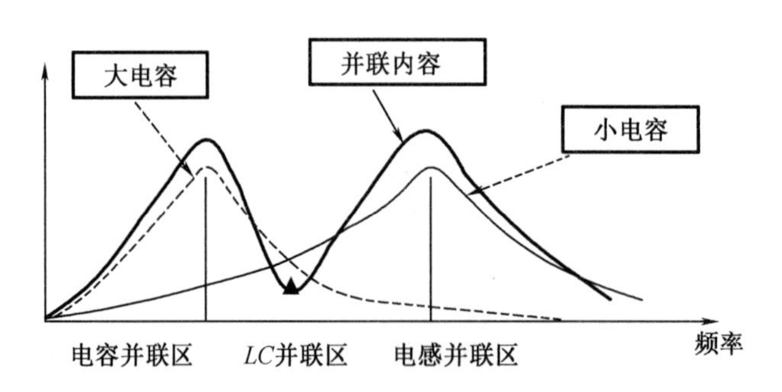

图 6－30　大、小电容并联网络的插入损耗

如图 6－30 所示，并联网络的衰减特性随频率变化可以分为三个区段，大电容谐振频率以下，是两个电容并联的网络；大电容和小电容的谐振频率之间，大电容呈现电感特性、小电容呈现电容特性，等效为一个 *LC* 并联网络；小电容的谐振频率以上，等效为两个电感并联。问题发生在第二个区段，当大电容的感抗等于小电容的容抗时，这个 *LC* 并联网络就在这一频率上发生谐振，导致阻抗为无限大，所以滤波电路就失去了旁路作用，如果正好在这个频率上有较强的干扰，滤波器是根本不起作用的。

（2）更好的解决办法是采用三端电容，即片状滤波器。与普通电容不同的是，三端电容的一个电极上有两根引线。使用时，将这两根引线串联在需要滤波的导线中。将标有S的两个端子接入信号电路，标有G的端子接信号地，这样不仅可以消除一个电极上的串联电感，而且导线电感与电容刚好构成了一个T形滤波器。所以三端电容具有更高的谐振频率，滤波效果也更好，如图6－31所示。

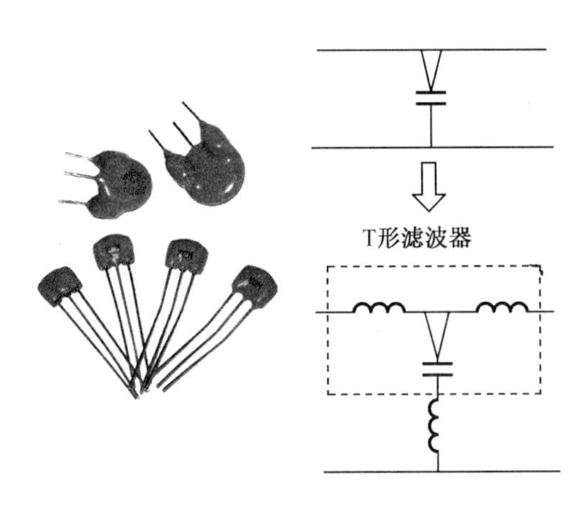

图6－31　三端电容的结构及使用方法

然而，三端电容虽然比普通电容在滤波效果上有所改善，但在较高的频率范围内距离理想电容还有很大差距，这是因为有两个因素制约了它的高频滤波效果。一个是三端电容的两根引线之间存在寄生电容，这个电容导致高频时滤波器的输入、输出端容易发生耦合；另一个是电容接地引线上的电感对高频信号呈现较大的阻抗，旁路效果不好，如图6－32所示。

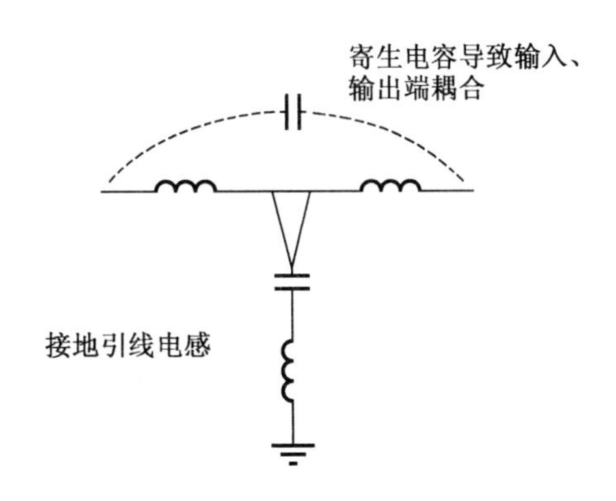

图6－32　三端电容存在的问题

（3）理想的解决宽频电磁干扰滤波问题的方法是使用穿芯电容。穿芯电容实质上也是一种三端电容，如图6－33所示，它的内电极连接两根引线，外电极作为接地线。使用时，一个电极通过焊接或螺装的方式安装在金属板上，需要滤波的信号线连接在芯线两端，如图6－34所示。

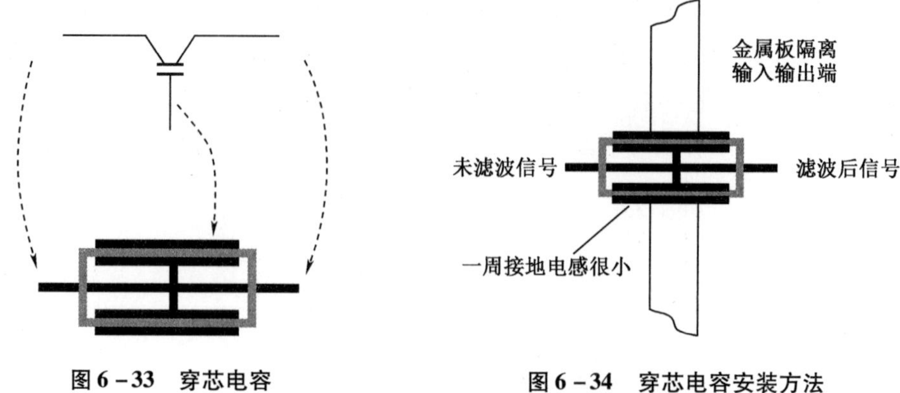

图6－33　穿芯电容　　　　图6－34　穿芯电容安装方法

当穿芯电容外壳与面板之间360°范围内连接时，穿芯电容之所以具有比较理想的滤波特性，主要是由于安装穿芯电容的金属板对滤波器的输入端和输出端起到了有效隔离作用，避免了高频时发生耦合。另一点是穿芯电容的外壳与金属面板之间一周接地的电感很小，高频时能够起到很好的旁路作用。

6.3.2　电感器的实现

一根导线就构成一个电感。要想获得更大的电感量，需要将导线绕成线圈。与电容器类似，实际电感器在使用时也并不是理想的。实际电感的等效电路如图6－35所示，除电感量以外，还存在着电容分量和电阻分量。对电感影响较大的是电容分量，其大小取决于磁芯材料和电感绕制的方法；电阻分量则取决于导线电阻的磁芯的损耗。

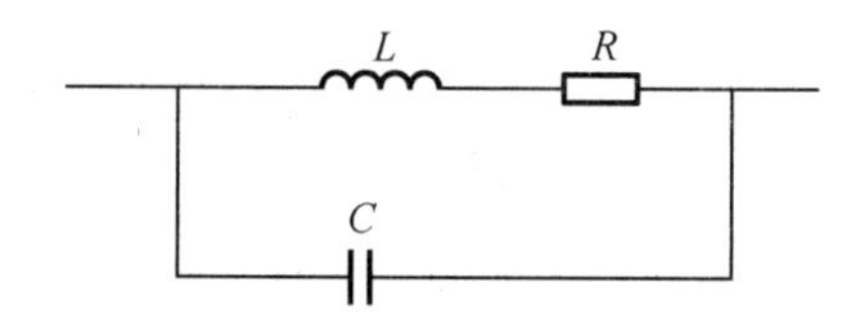

图6－35　实际电感器的等效电路

如图6－36所示，理想电感的感抗随频率增加呈现比例增长，对高频干扰信号的衰减更好。但是，实际电感由于电容分量的存在，构成了一个 LC 并联谐振电路，谐振角频率为 $1/\sqrt{LC}$。在谐振点处，实际电感的阻抗最大，滤波效果最好；小于谐振频率时，呈现电感的阻抗特性，而大于谐振频率时，实际电感则呈现的是电容的阻抗特性，随频率增加阻抗减小。实际电感的阻抗比理想电感的感抗更高，在谐振点达到最大，因此可以通过调整电感量、电感的绕制方法使电感在特定频率谐振，从而起到抑制干扰的作用。电感量越大，寄生电容越大，谐振频率就越低。绕在铁芯上的电感分别是3.4 μF、8.8 μF、68 μF、125 μF、500 μF时，对应的谐振频率分别为45 MHz、28 MHz、5.7 MHz、2.6 MHz和1.2 MHz。

电感的寄生电容来自两方面，如图6－37所示，一是每匝线圈之间的电容，记为 C_{TT}，它

与线圈的绕法和匝数有关,绕的越密、匝数越多,电容越大;另外就是线圈绕组与磁芯之间的电容,记为 C_{TC},这个电容与磁芯的导电性及线圈绕组与磁芯的距离有关,距离越近,电容越大。

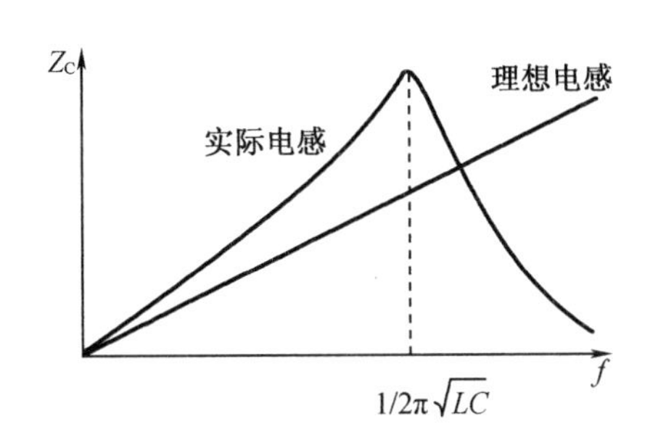

图 6-36 实际电感的阻抗特性

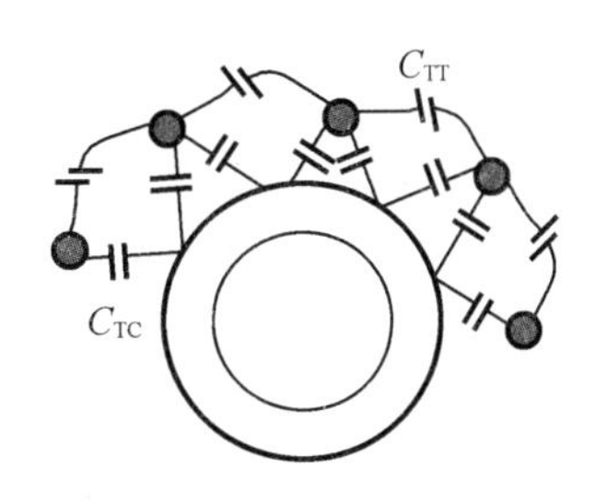

图 6-37 电感上的寄生电容

当磁芯是导体时,电容并联,容值比较大,所以 C_{TC}起主要作用。当磁芯不是导体时,起主要作用的就是线圈之间的电容 C_{TT}了。

因此,减小电感的杂散电容应从两方面入手。如果磁芯是导体,应减小绕组与磁芯之间的电容,可以在绕阻和磁芯之间加一层介电常数较低的绝缘材料。减小匝间电容则可以通过以下几个方法。

(1)尽量单层绕制。空间允许时,用较大的磁芯,尽量使线圈为单层,且增加每匝间的距离,有效减小匝间电容。

(2)输入输出远离。无论什么形式的电感,输入输出之间必须远离,否则在高频时输入输出间感应电容较小,易造成短路。

(3)多层绕制方法。线圈匝数较多必须多层绕制时,向一外方向绕,边绕边重叠,不要绕完一层后,再往回绕。

(4)分段绕制。在一个磁芯上将线圈分段绕制,这样每段的电容较小,总的寄生电容是两段寄生电容的串联,总容量比每段寄生电容的容量更小。

(5)多个电感串联使用。可将一个大电感分解成若干小电感串联使用,将其串联起来,这样电感的带宽也得到扩展。

6.4 滤波器的选择与安装

有时设计的滤波器符合原理上的要求,但实际应用时效果并不理想。现在市场上有很多成品滤波器,这些滤波器都封闭在金属壳内,可以避免空间干扰直接耦合的问题,且成品滤波器都是经过精心设计的,但滤波的效果也不能达到预期目标。这是因为滤波器选择与安装也非常重要,需要注意相关的问题与安装方法。

6.4.1 滤波器的选择

实际上,如何选择滤波器已经贯穿于滤波器设计及滤波器件的实现当中了,如考虑电路的额定电压、额定电流,滤波器的插入损耗,频率特性等。除此之外,应特别注意以下几个问题。

(1)并非滤波器的阶数越多,干扰滤除得越干净。

滤波器的阶数只决定滤波器的过渡带,阶数越多,过渡带越短,高频的插入损耗越大。对于低通滤波器,如果干扰频率低于滤波器的截止频率,阶数再多也不管用。

(2)并非滤波器中的电感和电容值越大,干扰滤除得越干净。

电容或电感的值越大,滤波器的截止频率越低,对低频干扰更有效,但往往高频滤波效果较差。

(3)并非滤波器的体积越小越好。

滤波器的体积小意味着滤波器中电容和电感的体积都比较小,且安装比较紧凑。电容和电感的体积小一般是以减小电容和电感的量值为代价的,量值小,截止频率高,牺牲的是低频滤波效果;但在高频时,由于体积小,器件安装过于紧密,高频时空间耦合严重,滤波性能也比较差,所以一般体积小的滤波器往往性能欠佳。

6.4.2 滤波器的安装

1. 面板上安装滤波器

当干扰的频率较高或对干扰抑制的要求很严格时,要在屏蔽体的面板上安装滤波器。在使用面板安装方式的滤波器时,需要注意以下几个问题。

(1)面板上安装滤波器要安装在金属面板上,这种安装方式中滤波器的输入、输出端分别在金属面板两侧,所以金属面板就起到了隔离作用,避免了高频耦合。

(2)采用焊接或螺装的方式,要保证滤波器一周与面板可靠焊接或搭接,即保证滤波器与金属面板间接触面大,搭接阻抗低,如图 6-38 所示。

(3)要使用穿心电容及电磁密封衬垫,因为滤波器中的滤波电容是一个非常重要的器件,它是将高频干扰信号旁路到机箱上,如果搭接阻抗很大,会产生很强的噪声电压,进而产生严重的电磁辐射,如图 6-39 所示。

在防止电磁信息泄漏的设备上,毫无例外都采用这种面板上安装滤波器的方式。当注意了上述电路板及面板上安装及使用滤波器的方式时,滤波效果就绝大部分取决于滤波器本身的性能了,此时的杂散参数已经非常小。使用这种方式时,滤波效果就取决于滤波器本身的性能了,因为杂散参数已经非常小。

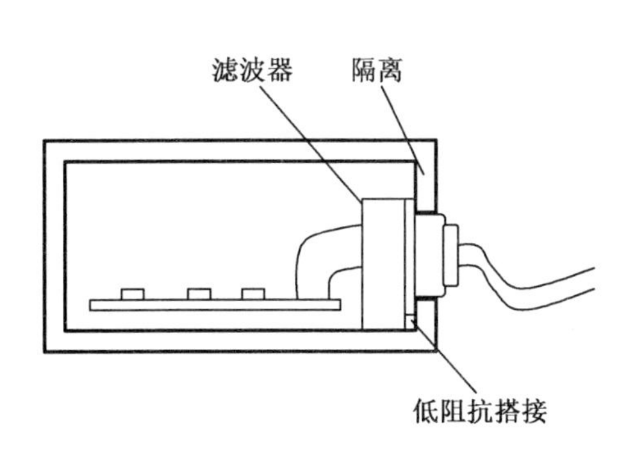

图6-38 滤波器低阻抗安装在屏蔽界面上

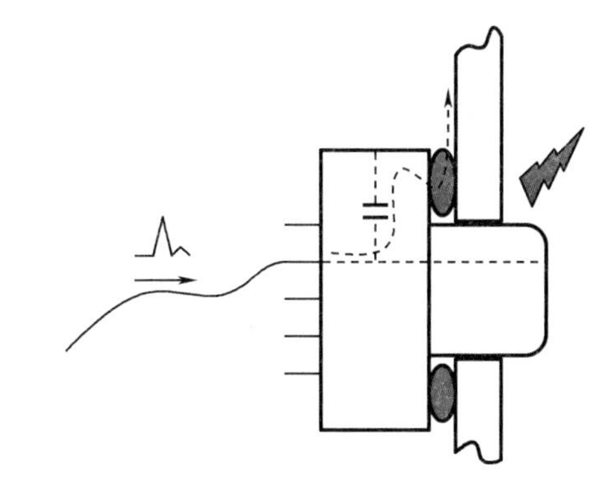

图6-39 面板上安装滤波器使用穿芯电容及电磁密封衬垫

2. 电路板上安装滤波器

为了降低安装成本,许多人将滤波器安装在电路板上,或者将滤波电路直接设计到电路板上,但这并不适合在电磁兼容问题中抑制高频干扰。首先,滤波器的输入输出端没有隔离,高频时由于杂散电容的存在,会使得输入输出端直接耦合。其次,这种滤波器的使用方法通常只通过一根地线接地,所以接地阻抗比较大,削弱了高频旁路效果。此外,机箱内充满了电磁波,特别是有一些高频数字电路、时钟电路等,这些电磁波会直接耦合到滤波电路本身及它的输出端,影响滤波效果,如图6-40所示。

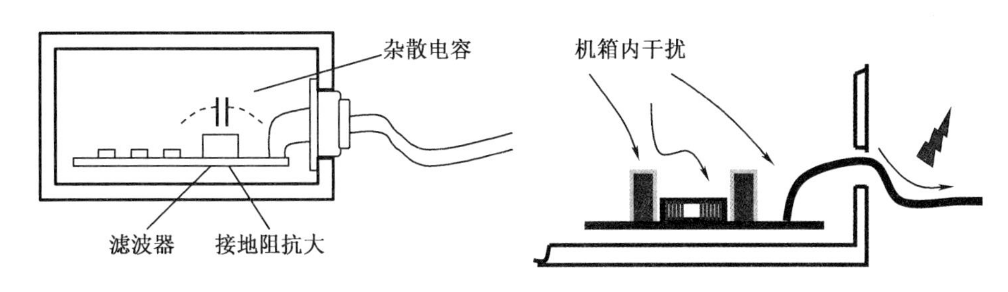

图6-40 电路板上安装滤波器性能低的原理图

实际上,在电路板上安装滤波器也是能够改进滤波效果的,但需要注意以下几个问题。

(1)设置一块干净地,所谓干净地就是指在上面没有杂散电流。前面讲到信号地上的电流就是信号电流,所以如果滤波器同样使用信号地的话,必然受到干扰,还可能把地线上的干扰耦合到线缆上。

(2)不同线缆上所使用的滤波器要并排设置,也就是保证线缆组内所有线缆没有滤波的部分在一起,已经滤波的部分在一起。不然的话,一根线缆上没有滤波的部分会重新对另一根线缆已经滤波的部分污染,使线缆整体滤波失效,如图6-41所示。

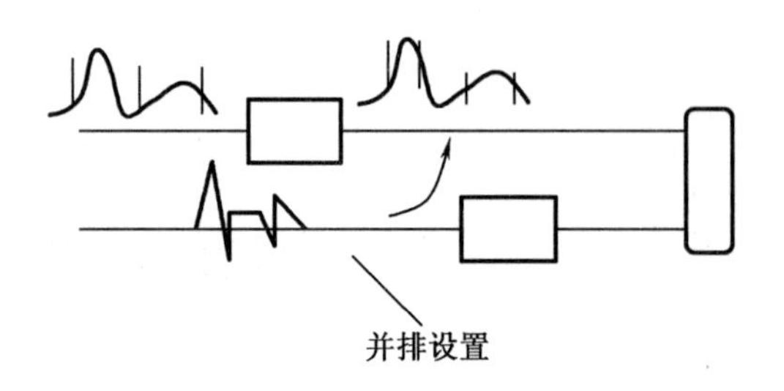

图 6－41　滤波器非并排设置导致线缆重新污染

(3)让滤波器尽量靠近线缆的端口,否则如果引线过长,引线上辐射和感应的电磁波都会很强。必要时可用金属板遮挡一下,近场隔离的效果会更好,如图 6－42 所示。

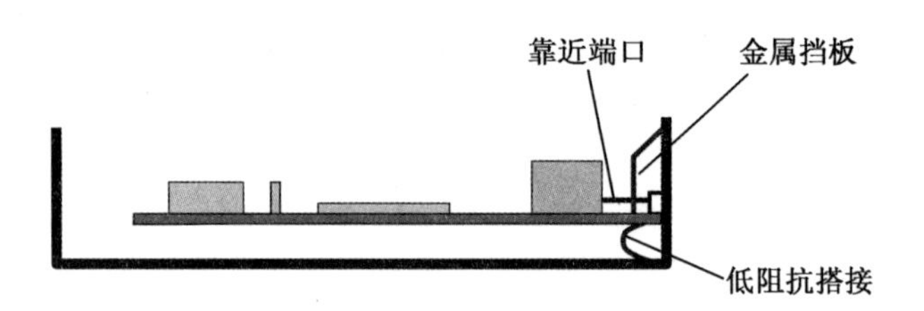

图 6－42　滤波器尽量靠近线缆端口

(4)保证安装滤波器的干净地与金属机箱之间低阻抗搭接,阻抗越低,高频的旁路效果越好。如果机箱是非金属的,可以在下面加装一块大的金属板作为滤波地。

第7章

电磁兼容性设计与预测

目前,用于各类电子设备和系统的电子器材仍然以印制电路板为主要装配方式。在实际应用中,如果印制电路板设计不当,即使电路原理图设计正确,也会使载有小功率、高精确度、快速逻辑的导线受到寄生阻抗的影响,导致印制电路板发生电磁兼容性问题。而系统级电磁兼容是在给定的系统中,其子系统、设备及部件间的兼容,以及系统对所处电磁环境的响应。如果缺失系统级电磁兼容的设计,可能会"单一功能越来越强,而整体功能越来越弱"。因此板级或系统级电磁兼容性的设计至关重要。同时,为了分析不兼容的薄弱环节,评价系统或设备兼容的程度,为方案修改、防护设计提供依据,进行电磁兼容性预测,使大部分电磁兼容问题解决在设计定型阶段,从而降低成本、提高设备的整体效能。

7.1 板级电磁兼容性设计

电子产品正在向着高密集度和小型化发展,布线密度越来越大,信号频率越来越高。印制电路板(PCB)通过印制迹线实现电路元件和器件的电气连接,同时起到机械支撑作用,也就导致信号在互连线上的传输出现干扰和畸变,其上的各种元器件也会产生射频辐射,因此板级电磁兼容性成为电子设备及系统的关键问题。

7.1.1 印制电路板 EMC 设计原则

1. 元器件与 EMC 特性

印制电路板上的元器件种类繁多,其特性在高频和低频下差异很大,如表 7-1 所示。从端口电压/电流特性上,可以将它们分为以下五种基本类型:(1)导线,是指 PCB 上的导线或 PCB 迹线;(2)电阻,是指 PCB 上的电阻元件或等效为电阻的元器件;(3)电容,是指 PCB 上的电容元件或等效为电容的元器件;(4)电感,是指 PCB 上的电感元件或等效为电感的元器件;(5)变压器,是指 PCB 上的变压器或具有电磁耦合关系的元器件。

印制电路板上基本的无源器件包含许多引起 EMC 问题的变量,任何金属结构(例如元件两端的引线、元件与金属结构机架)、PCB 和金属壳体之间,或者某电气结构与另一电气结构之间都存在着分布电容。导线和 PCB 迹线的区别在于导线是圆形截面,而 PCB 迹线则是矩形截面。在高频情况下,导线和迹线呈现出电感的性质。实际应用中,通常要求 PCB 上的导线长度要小于信号波长的 1/20,避免出现导线的天线效应;电阻的阻抗等效为电阻与引脚电感串联、再与跨接在引脚间的电容并联构成电路的阻抗;电容在其谐振频率以下呈现容性,超过谐振频率后呈现感性;电感可看作理想电感与杂散电容的并联,在其谐振频率以下呈现感性,超过谐振频率后呈现容性;变压器不仅用于供电,还可以作为信号或 I/O 接口电磁骚扰的隔离元件。当 PCB 上采用无源器件时,从频域来看,器件的特性会发生改变。

表 7-1 单个无源器件的低频和高频特性

元件	低频特性	高频特性	阻抗特性
导线	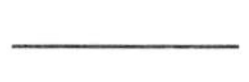		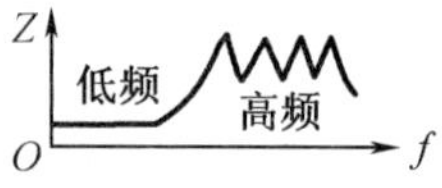 Z 低频 高频 O f
电阻		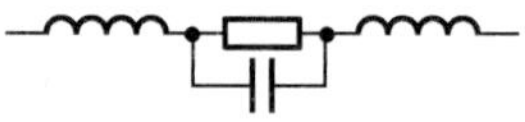	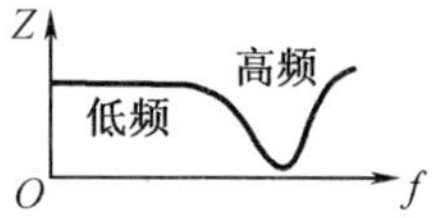 Z 高频 低频 O f
电容	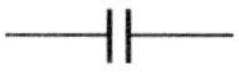	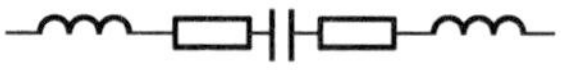	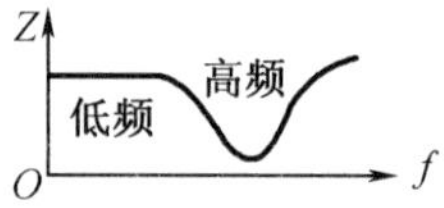 Z 高频 低频 O f
电感		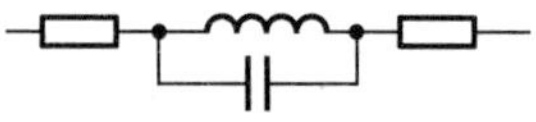	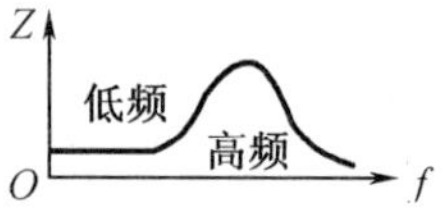 Z 低频 高频 O f
变压器	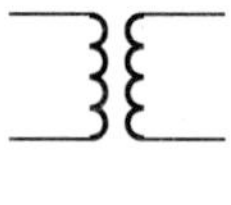	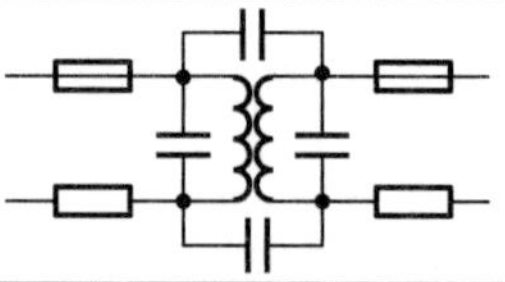	 Z 高频 低频 O f

在 PCB 设计时,必须清楚无源器件的工作限值,除了按市场标准设计产品之外,采用一定的 EMC 设计技术处理这些隐蔽的特性是另一项重点工作。如上所述,PCB 实际使用的元器件都可以看成理想电阻、电容、电感和变压器等元件的混合电路,且需要根据不同的频率或开关速度选择不同的电路模型。此外,PCB 上的过孔大约有 0.6 pF 的电容;一个电路板上的接插件存在 520 nH 的分布电感等,这些小的分布参数也需要引起重视。因此,在 PCB 设计时要提前预想到这些混合电路的影响,便于从根源上避免 EMC 问题的出现。

2. EMC 布局原则

(1) PCB 元器件布局原则

首先对 PCB 进行功能分割。按照不同功能进行分割，即减小射频环路面积，同时防止不同频域间的信号相互耦合。空间分割的实施方法就是对元器件进行分组，高压、大功率器件应与低压、小功率器件分开布线。当高、低电源电压器件紧挨在一起时，以不同直流电源电压分组；同种电压的元器件再以数字和模拟元件来进行分组；按电源电压、数字及模拟电路分组后可进一步按照速度快慢、电流大小进行分组。

对于某些敏感器件，例如对噪声干扰特别敏感的锁相环，需要进行更为严格的隔离措施，具体方法是在敏感器件周围的电源铜箔上蚀刻出马蹄形绝缘沟槽，信号进出都通过狭窄的马蹄形根部的开口，噪声电流必然在开口周围经过而不会接近敏感部分。使用这种方法时，应确保所有其他信号都远离被隔离的部分。

对于连接器及其引脚，应根据元器件在板上的位置确定。所有连接器最好都放在印制板的一侧，避免从两侧引出电缆，以便减小共模电流辐射。当高速器件与连接器相连时，要保证高速器件(频率大于 10 MHz)在印制电路板上的走线尽可能短，所以应把高速器件放在连接器处，然后在稍远处安放中速器件，最远处安放低速器件。ROM、RAM、功率输出器件和电源等发热元件应置于边缘或偏上部位，以利于散热。

(2) PCB 板层设计原则

多层印制电路板设计时，首先要确定其选择的层数。一般情况下，印制电路板 EMC 设计应根据 PCB 的电源和地的种类、信号线的密集程度、信号频率、特殊布线要求的信号数量、周边要素、成本价格等因素来确定板的层数及布局，如表 7－2 所示。

表 7－2　PCB 板层分配图

层次	1	2	3	4	5	6	7	8	9	10	说明
2 层板	S1 G	S2 P									低速设计
4 层板 2 层信号	S1	G	P	S2							不易保持高信号阻抗及低电源阻抗
6 层板 4 层信号	S1	G	S2	S3	P	S4					低速设计，电源较差，高信号阻抗
6 层板 4 层信号	S1	S2	G	P	S3	S4					重要信号放在 S2
6 层板 3 层信号	S1	G	S2	P	G	S3					低速信号放在 S2、S3
8 层板 6 层信号	S1	S2	G	S3	S4	P	S5	S6			高速信号放在 S2、S3，电源阻抗较差

表 7－2(续)

层次	1	2	3	4	5	6	7	8	9	10	说明
8 层板 4 层信号	S1	G	S2	G	P	S3	G	S4			最佳的 EMC
10 层板 6 层信号	S1	G	S2	S3	G	P	S4	S5	G	S6	最佳的 EMC,S4 对电源杂波容忍度较高

注:S 为信号布线层,P 为电源层,G 为地平面。

对高速高性能系统在目标成本允许的情况下采用叠层设计,遵循的基本原则包括以下几点。

①参考面的选择。从屏蔽角度考虑,地平面一般均作接地处理,可以作为基准电平参考点。

②关键电源平面与其对应的地平面相邻。电源平面应靠近并安排在地平面之下,电源、地平面存在自身的特性阻抗,电源平面的阻抗比地平面阻抗高,将电源平面与地平面相邻,可形成耦合电容,并与 PCB 板上的去耦电容一起降低电源平面的阻抗,对电源平面上的辐射起到屏蔽作用。

③避免电源层平面向自由空间辐射能量。使电源平面小于地平面,一般要求电源平面向内缩进 $20H$(即 $20-H$ 原则,H 指相邻电源平面与地平面的介质厚度),可以降低电源层平面向自由空间的辐射。

④相邻层的关键信号不跨分割区。相邻层的关键信号不能跨分割区,从而避免形成较大的信号环路,降低产生较强辐射和敏感度等问题的概率。

⑤合理布局各种信号线。信号线的形状不要有分支,避免 90°拐角布线,否则会破坏导线特性阻抗的一致性,产生谐波与反射现象。

⑥时钟电路和高频电路是主要的骚扰源和辐射源,需要单独布置、远离敏感电路。

(3)地线、电源线和信号线布置原则

①地线的布置

印制电路板接地设计要建立分布参数的概念。PCB 设计中,通常可以采用多种接地方式。在电路设计中,地有多种含义,比如“信号地”“噪声地”“数字地”“模拟地”“电源地”等。处理接地问题应注意以下几个方面。

数字地与模拟地分开。电路板上既有高速逻辑电路又有线性电路,应使它们尽量分开,而两者的地线不要相混,分别与电源端地线相连。接地线应尽量加粗,若接地线采用很细的线条,则接地电位会随电流的变化而变化,致使信号电平不稳,抗噪声性能降低。

当小信号与大电流电路集成在一起时,通常使用两根引线的 GND,使大电流不在布线电阻上流动,从而不产生干扰。

正确选择单点接地与多点接地。当信号频率小于 1 MHz 时,其布线和器件间的电感干扰影响小,因而应采用单点接地方式;当信号频率大于 10 MHz 时,采用多点接地;当频率在 1～10 MHz 之间时,如果采用单点接地,其地线长度不应超过波长的 1/20,否则应采用多点接地。

接地线构成闭环路。印制电路板上有许多集成电路元件，对耗电多的元件，因受接地线粗细的限制，会在地线上产生较大的电位差，若将接地线构成环路，就会减小电位差值，进而提高电子设备的抗噪声性能。

②电源线的布置

不同电源的供电环路不要重叠，环路面积应减小到最低程度。印制电路板上的供电线路应加上滤波器和去耦电容。在板的电源输入端，先使用大容量的电解电容作低频滤波，再并联一只容量较小的瓷片电容作高频滤波。去耦电容应贴近集成块安装或在其背面安装，即位于集成块的正下方，使去耦电容的回路面积尽可能小，从而达到良好的滤波效果。

③信号线的布置

在 PCB 元件布局中要求，将不相容的元件放在印制板的不同位置，而在布置信号线时也应注意将高频与低频、大电流与小电流、数字与模拟信号线隔离，这样可以避免相互之间产生耦合干扰。一般可采取以下措施：不相容信号线不应平行布置，比如输入线与输出线通常是不相容的，最好根据信号的流向安排，一个电路的输出信号线不要再折回信号输入线区域；分布在不同层上的信号线走向应互相垂直，降低走线间的电磁场耦合干扰；高速信号线要尽可能地短，可通过在高速信号线两边加隔离地线，再与接地层相连；为了减小差模电流辐射，应尽量减小信号环路的面积。

在电流强度确定的情况下，环路辐射与环路面积成正比，为了减小环路辐射，只有减小环路面积。信号环路不应重叠，尤其是对于高速度、大电流的信号环路而言，减小面积比缩短信号线长度更为有效。

当高速数字信号的传输延迟时间大于脉冲上升时间的 1/4 时，应考虑阻抗匹配问题。当负载阻抗等于传输线的特征阻抗时，信号反射可以消除；当信号传输线的阻抗不匹配时，将引起传输信号的反射，造成逻辑混乱。

信号的输入线和输出线在连接器端口处应加高频去耦电容。高频去耦电容应确保 I/O 信号的正常传输，同时可以滤除高频时钟频率及其谐波。为了抑制信号线上的差模干扰，包括沿 I/O 线进入印制板和从印制板出去的干扰，该电容应接在 I/O 线的信号线与地线之间。

7.1.2 印制电路板的设计技术

印制电路板是所有精密电路设计中最容易忽略的一种部件。在设计时，应使印制电路板上各部分电路不发生干扰，都能正常工作，使对外辐射和干扰尽可能低。印制电路板的制造涉及许多材料和工艺过程，以及各种规范和标准。设计、处理准则应符合《印制电路板设计和使用》(GB4588.3—88)，该标准规定了印制电路板设计和使用的原则、要求和数据等，是设计师应当遵守的设计准则。

在设计印制电路板时，首先需要确定布线层和电源(地)平面的层数，即叠层设计。这取决于 PCB 的功能要求、噪声和 EMC 指标以及价格限制等。EMC 设计的基本原则是尽可能地在 PCB 级就完成射频辐射抑制，而非将压力转移到其他屏蔽设计中。为了达到这一目的，最好的方法就是在 PCB 中嵌入适当的金属参考平面，通过减小射频源分布阻抗，达到降低射频辐射的目的。

1. 单面 PCB 设计

单面印制电路板制造简单、装配方便，适用于一般电路的要求，不适用于控制系统等较为复杂的电路场合。在单面 PCB 上，走线带的布局会受到空间的很大限制，如果精心设计和布局 PCB 的走线方式，就可以实现电磁兼容性。单面 PCB 的工作频率一般不超过 MHz 量级，典型的情形包括：单面 PCB 对外界电磁环境干扰比较敏感，如静电放电、快脉冲、辐射和传导射频干扰；单面 PCB 的完整闭合回路通常不能满足射频电流回流路径的要求；单面 PCB 的回路控制难度大，很难避免产生磁场和环路天线效应等。

设计单面 PCB，最快的方法是先人工布好地线，然后再设计高风险信号线（比如振荡信号），且尽可能地靠近地线进行布置；这两步设计完成以后，再进行其他电路的布线设计，包括以下几点。

（1）确定关键电路走线的电源和接地点；

（2）确定敏感器件及 I/O 接口的位置；

（3）确定关键电路走线的所有元件邻近放置；

（4）如果需要在多个点位接地，则要确定这些接地点是否需要连接在一起；

（5）在设计其他走线带时，必须对射频信号线采取通量对消措施，同时还要注意确保信号回流路径始终是有效和完整的。

2. 双面 PCB 设计

双面 PCB 并非双层 PCB，事实上并不存在所谓的双层 PCB，这对于 EMC 标准化设计特别重要。双面 PCB 一般用于要求中等组装密度的场合，电源和地线走线一般分别置于顶层和底层，尽量减小回路面积。在顶层地线布线时，可以用接地线填充剩余空间，使之成为回流路径，减小回路面积，降低射频回流阻抗。分析双面 PCB 的 EMC 设计时，如图 7－1 所示，若 PCB 整板的标准厚度为 0.062 in，虽然存在顶层和底层，但仍然认为射频回流路径处在顶层，其原因主要有两个方面：一是双面 PCB 顶层到参考平面层的距离与 8 倍走线带宽度相当，在这个距离上能量对消的作用就不大了；二是顶层上的信号线靠近地线，两走线带间的距离远小于其到底层参考平面的距离。也就是说，当任意一条射频信号走线带的回流路径与信号线的距离超过 1 倍走线带宽度时，回流通量对消失效，因此会产生比较明显的 RF 电磁辐射。

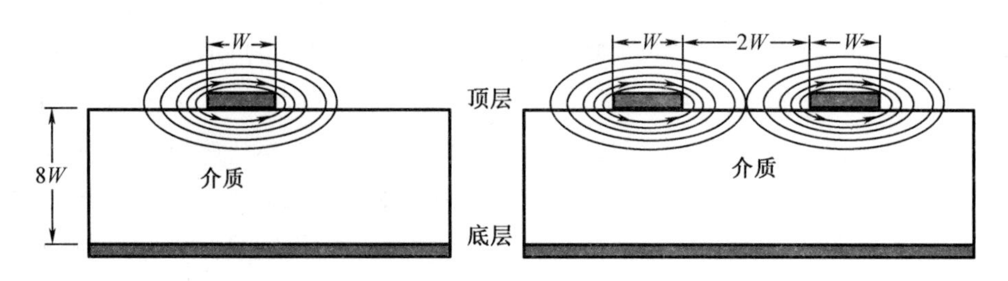

图 7－1　双面 PCB 走线带射频信号回流路径位置

双面 PCB 设计最好的方法是将其看成两个单面 PCB 来进行设计，即顶层和底层都采用单面板的设计规则和设计技术进行。任何情况下都要保证接地环路的要求，同时要为射频回流提供可实现的走线通路。

3. 四层 PCB 设计

四层 PCB 的结构包含多种方式，如图 7－2 所示，可以分为层间距相等与层间距不等两种形式。使用接地参考平面可以增强射频电流的通量对消能力，信号层到参考平面的物理尺寸比双面 PCB 小得多，故 RF 电磁辐射可被减弱。但是，对电路和走线带产生的射频电流仍然缺乏有效的通量对消设计，其原因与双面 PCB 的情形类似，即射频源的走线与回流路径间的距离仍然比较大。

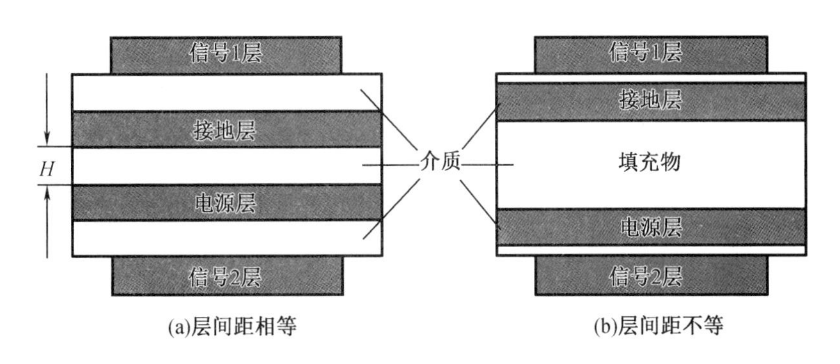

图 7－2　四层 PCB 外层为信号层的叠层结构

图 7－2(a)所示为层间距相等的结构，层间距 H 要尽可能小以确保获得较低的电源阻抗。两个信号层的走线带阻抗比较高(105～130 Ω)，除非在信号层布设靠近电源层的接地走线，否则射频回流很难连接发射源头。对于层间距不等的结构，如图 7－2(b)所示，通过将回流路径与信号层的间距减小使该结构具有很强的通量对消特性，两个信号层的阻抗可以根据需要进行不等间隔设计。由于电源层与接地层相距较大，需要安装分立退耦电容；与图 7－2(a)的结构一样，信号层射频回流难以连接返回源头，同样需要在信号层布设一条靠近电源层的接地走线带。此外，加厚的介质填充层增加了四层 PCB 制作加工的难度。

四层 PCB 还有另一种层间距相等的结构形式，如图 7－3 所示，其外层分别为接地层和电源层，信号层位于两者之间。制作时，也可以通过介质填充材料制成层间距不等的结构形式。这种叠层结构的主要特点在以下几方面。

(1)有效防止走线带的射频辐射；

(2)信号 1 层与接地平面更近，具有更好的通量对消特性；

(3)电源层与地层间距较大，须外接比较多的分立退耦电容；

(4)外层金属板相当于一个大散热片，在元器件装配中可能会引起冷焊连接；

(5)由于叠层结构特征：外部为电源层和接地层，内部为信号层，因此很难进行测量与调试，并且很难对其进行修复装配损伤。

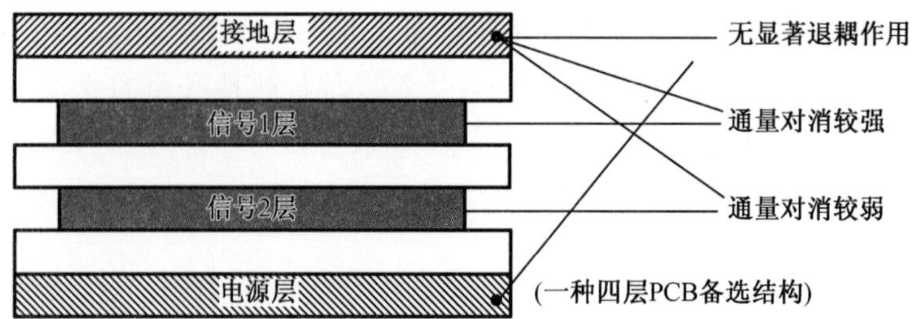

图 7-3　四层 PCB 内层为信号层的叠层结构

4. 六层 PCB 设计

六层 PCB 有很多种组合结构,但常用的结构有以下几种。

(1)4 个布线层,2 个参考平面分别位于第 2,5 层。

第 1 层:可布线层;第 2 层:接地层;第 3 层:最佳布线层;第 4 层:可布线层;第 5 层:电源层(距离地层较远,退耦作用不明显);第 6 层:可布线层。

这种布线的主要优点在于:接地参考面在第二层,距离电源层较远,退耦作用不明显;但是电源层和接地参考平面中对内部布线层有较好的屏蔽作用;布线层阻抗低,有利于提高信号完整性。

(2)3 个布线层,3 个参考平面。

第 1 层:微带线层(元件层);第 2 层:电源层;第 3 层:地平面;第 4 层:带状线平面;第 5 层:地平面;第 6 层:微带线层。

这种结构主要是具有理论上的价值,一般不用于实践。即使在实际应用中,往往将第 4 层设为接地层来加强电源退耦能力并获得较低的传输线阻抗。

(3)4 个布线层,2 个参考平面位于中间层。

第 1 层:微带线层;第 2 层:埋入式微带线层;第 3 层:接地层;第 4 层:电源参考平面层;第 5 层:埋入式微带线层;第 6 层:微带线层。

在这种结构中,因为第 1 层和第 6 层直接面对外部电磁环境,所以不能布设对射频环境敏感的走线带;而第 2 层由于靠近第 3 层接地参考平面,所以可布置射频走线带;第 4 层电源参考面与接地层阻抗比较低,改变了全部元件的退耦特性。此外,在确保射频回流路径存在且连续的前提下,第 5 层也可布设射频走线。

5. 8 层和 10 层 PCB 设计

此外,还有 8 层 PCB 和 10 层 PCB 的多种结构。但是,随着层数的增多,结构的阻抗控制和通量对消特性也随之改变。特别是在多层布线时,中间两层信号线(如第 5,6 层)可以被两个接地平面(如第 4,7 层)包围,形成一种类似同轴线的结构,其退耦功能对两个独立的电源层(如第 3,8 层)均起作用。如果参考平面固定在地电位,其电位将无法改变,就会产生接地“反冲”和板间“感应噪声电压”现象。在叠层设计中,当包含有三层以上参考平面时,靠近零电位参考平面的布线层比靠近电源平面布线层具有更高速度信号的走线特性。

集成芯片在PCB中的大电流与PCB叠层参考平面的位置有关。集成芯片通常由管壳电容耦合到散热片或屏蔽箱体等金属结构上，并引起显著的辐射干扰，这种耦合会由于不同的叠层安排而加剧或减弱。在多层板的接地平面被合并为一层时，因其减小了到机壳上的寄生电容，所以有助于增强抑制射频能量的作用。

7.2 系统级电磁兼容性设计

系统级电磁兼容是指给定的系统中，其安装的子系统、设备及部件之间的兼容，以及系统对所处电磁环境的响应。“系统”泛指可以完成某一使命或任务的设备、分系统的集合体，例如一辆汽车、一架飞机、一艘舰艇等都可以看作一个系统，而飞机上、舰船上的通信、导航设备也可以看作一个系统。

7.2.1 系统电磁兼容设计流程

由于电磁兼容设计直接影响系统的安全性、可靠性、界面参数和环境控制等性能指标，因而需要与功能性设计同步进行。对装备系统的电磁兼容设计如果缺失，则系统可能会发生“单一功能越来越强，而整体功能越来越弱”的现象。电磁兼容是抗电磁干扰的扩展与延伸，其内容应该包括系统的非预期效果和非工作性能、非预期发射和非预期响应。与研究系统或设备的工作性能相比，分析干扰的叠加和出现概率要复杂得多，应当严格按照“最不利原则”进行分析。

例如，对于一个武器装备工程来说，系统的电磁兼容设计应从以下几个方面来考虑。

(1)系统级电磁兼容设计应确保在寿命周期内的整体兼容性，结合系统运行中可能遇到的各种电磁环境，综合考虑整个寿命周期的兼容性选择材料、元器件、设备、结构，从而确定布局和布线等。

(2)系统电磁兼容性设计与系统功能性设计同时进行。一般从方案论证阶段开始，贯穿到工程研制、定型、生产等阶段，各个阶段的电磁兼容设计内容应作为功能性设计评审内容的一部分。

(3)系统级电磁兼容指标也要与功能性设计统一进行考虑，以系统整体性能和兼容性能为设计目标，将系统电磁兼容性的具体要求分解到各个子系统中，不片面追求“单一功能越来越强”的单台设备性能最优，防止过设计和欠设计。

(4)系统电磁兼容设计还要考虑效费比，同时把安全性、可靠性作为设计的基本出发点，综合系统的功能性、兼容性、研制周期和使用状况来选择合理的兼容性安全裕度。

由于大多数武器装备的平台壳体是一个金属屏蔽体，因此以壳体为界，自然地将系统划分为壳外和壳内两种电磁环境。对于飞机，壳就是蒙皮；对于航天器，壳就是最外层舱体。为方便叙述,将壳体内、外统一称为“舱内”和“舱外”。根据武器装备的系统组成、战术要求和兼容性要求,舱内和舱外的电磁兼容设计应该分别对应两种不同的设计分析思路:舱内的干扰形式是以传导和辐射两种干扰为主要类型,而舱外设备之间的干扰形式是以电磁波传播为主。

以舰船为例,壳就是船甲板和外板组成的容器体。

对其舱内电磁兼容的设计,一般采取“以规范化为主,预测仿真为辅”的设计原则。其原因是舱内的耦合途径复杂,考虑起来难度较大。舱内系统设备和线缆多,容易发生较强的电磁干扰,不具备完全准确的频率对应关系,电磁干扰的规律性不太明显。因此,要首先按照国军标等相关规定进行舱内设备和线缆的布局,尽量降低干扰的可能性。比如舱内的发电机、电动机等强电设备要确保不会干扰到弱电设备的正常工作。在后续的测试过程中,对暴露的干扰问题再进行下一步的分析和解决。因此,舱内的电磁兼容设计规范主要包括以下几点。

(1)对线缆布线时,首先将线缆进行分类,明确同类线缆和不同类型线缆之间布线间距、交叉方式等内容,规定允许的电磁能量泄漏和线缆接头结构。

(2)对设备布局时,可根据其工作频率、功率大小进行区分,规定不同类型的仪器和设备的放置位置。

(3)接地时,明确系统内部设备接地的方式和要求,规定线缆、屏蔽体的接地方式和要求。

(4)其他规范,如屏蔽和滤波的相关规范,都需要规定所用材料或器件、措施方法以及屏蔽或滤波效果的要求等。

对其舱外电磁兼容的设计,首先要根据各子系统电磁敏感性和电磁发射的要求进行合理布局,确保其功能正常,可以顺利完成战斗任务。在布局时,要考虑各子系统之间的界面设计,确保子系统之间的兼容性。对军械、燃油等进行布置时,要避免周围环境出现强电磁辐射,以防发生危险。舰船舱外的上层建筑较多,要注意电磁波的反射、散射和绕射等成为二次干扰源,因而要对舰船上层建筑进行优化布局和设计。总体布局过程中,要对舰船的天线系统和子系统的电磁特性进行分析。

(1)对于干扰源,往往是由舱内的发射机产生,并通过舱外天线进行电磁辐射,造成天线之间的干扰,所以要对干扰源的特性参数进行分析。

(2)对于敏感设备,着重考虑其工作方式、频率、灵敏度、杂散等特性参数。

(3)对系统的电磁兼容详细预测与分析,并对子系统的电磁兼容指标进行针对性调整。确有不兼容问题时,可采用时域、空域、能量域等技术手段进行避让。

(4)在系统进行电磁兼容试验时,对出现的问题进行修正,多次迭代后实现系统的电磁兼容。

上述原则和要求都是贯彻了电磁兼容三要素,即消除干扰源、弱化或切断耦合途径以及增强敏感设备的抗干扰能力。在实际工程应用中,还要利用仿真软件对重点区域、重要设备的电磁环境进行预测、分析和评估,确保系统在预定电磁环境下完成一定的功能而不受电磁干扰的影响。

类似于计算机学科中“自顶向下、逐步求精”的程序设计思想,系统级电磁兼容设计可从顶层开始,由上到下地进行功能分块设计。按照国军标或相关行业标准等,把整个系统的电磁兼容性指标分配到系统、子系统、设备和元器件等,随后由设计人员按照系统功能和电磁兼容性指标进行设计。

对于较复杂的系统,可按下列步骤进行设计。

(1)分析并确定系统运行的电磁环境,同时预计系统完成所有功能可能遇到的各种自然干扰、人为干扰和系统内部自身干扰等电磁环境,包括自然环境产生的干扰信号(雷电、静电等)、系统受干扰的最高场强以及可能遇到的各种射频信号。因此,电磁环境数据是电磁兼容设计的依据之一,并基于此编制系统电磁环境要求,如图7-4所示。

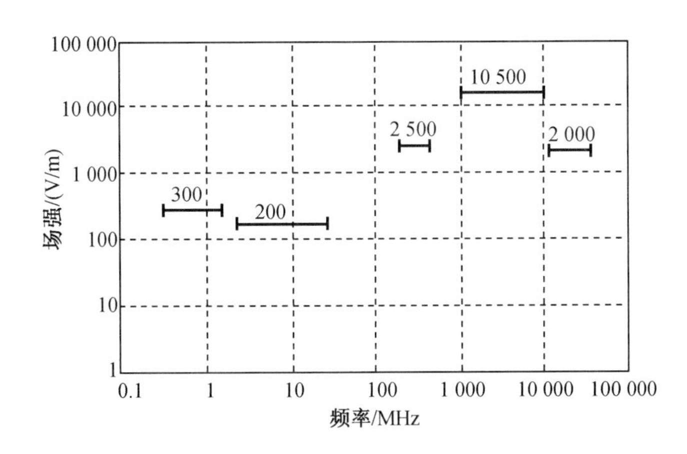

图7-4 航空母舰甲板环境复合场要求

(2)选用现行有效的标准或经剪裁的标准。

(3)编制电磁兼容实施大纲。

(4)对系统内的子系统和设备进行分析,确认符合电磁兼容标准的要求。

(5)对子系统、系统和设备的工作频率、频谱特性进行电磁兼容分析,预测设备的干扰和敏感特性,选择并调整频率和频谱,尽可能不产生预期的电磁干扰和敏感。

(6)保证系统在完成一定功能的前提下,确定子系统和设备的性能降级准则。

(7)确定子系统或关键设备的电磁干扰安全裕度。

(8)制定通用设计要求,包括电路设计、结构设计、工艺设计、搭接、屏蔽、接地、滤波、布线和设备子系统的总体布局设计,以及系统的电气接口和总线接口设计。

(9)统计系统内所有相关设备的电磁参数和安装特性,特别是干扰源和敏感设备。分析和计算耦合(传输)函数,做出系统间电磁干扰矩阵表。

(10)调整系统。做出分析或实测后,及时进行更改,对牺牲性的战术技术指标要求、效能等进行权衡,达到系统电磁兼容的要求。

7.2.2 系统电磁兼容设计内容

为实现系统电磁兼容性的设计目标，制定了八个设计项目，组成系统的各子系统和设备须按照相应的设计项目对有关内容和要求进行电磁兼容设计。

1. 设备和子系统的电磁发射和敏感度设计

要求系统满足电磁兼容性大纲，对设备和子系统的电磁发射和敏感度进行控制，是后续系统兼容工作的基础。

(1) 辐射发射控制

辐射发射控制主要是控制系统设备或子系统产生的非预期电场、磁场辐射发射以及天线谐波等。其措施是根据系统的电磁环境特征，从频域和能域上对辐射频率和辐射功率电平进行规范。

(2) 辐射敏感度控制

辐射敏感度控制是对系统设备或子系统运行时对外部环境的电场或磁场辐射以及瞬变电磁场辐射产生非预期敏感响应。采取的措施是根据系统的电磁环境特征，在时域、频域和能域下向系统施加的预期电磁能量，提前确定设备或子系统的辐射敏感度。

(3) 传导发射控制

传导发射控制主要是控制系统设备或子系统线缆产生的非预期传导发射信号，采取的措施是控制 25 Hz ~ 10 MHz 电源线传导发射、10 kHz ~ 40 GHz 天线端子传导发射以及时域控制电源线尖峰信号传导发射。

(4) 传导敏感度控制

传导敏感度主要是控制设备和子系统通过电源线、设备连接线等线缆产生的非预期敏感响应。

2. 天线间干扰控制设计

天线间干扰是引起系统电磁干扰问题的重要途径，一般可以通过控制干扰途径来减少干扰，要求满足天线间同频干扰、谐波干扰、杂波干扰和镜频干扰等。

(1) 提高天线的方向性

天线间耦合与天线增益呈正比，改变天线指向，提高发射天线对辐射方向上的增益，可以减少对邻近接收天线的影响。

(2) 阻挡和吸收隔离

在收发天线间设置障碍，如设置一条扼流槽来切断表面感应电流通道，使之与原有耦合抵消；加装金属挡板以阻断收发天线间的直接传播；敷设微波吸收材料来防止辐射信号形成的强烈反射，有效增加天线间的隔离度。

(3) 增大距离和利用平台遮挡

增大天线间距，将同频段或相邻频段的收、发天线分区，减小耦合，可有效地降低各种辐射干扰。当受制于长度限制间距不能增大时，可利用舱体遮挡来减少干扰，例如，在 VHF 频段，分别位于大中型飞机的机背和机腹的两幅天线的隔离度约为 50dB 以上；或在垂直方

向上令两幅天线在放置时留出高度差，也可以增加隔离度，例如，雷达、卫通、电子战的天线在高度上尽量错开，以减少相互间干扰。

(4) 正交极化隔离

当工作频率较低时，利用平台遮挡的传输损耗非常有限。理论上讲，正交极化的隔离度是无穷大的，因而可以提高天线间隔离度，但实际效果视不同频段从十几至几十分贝不等。例如，将发射天线极化旋向定为左旋圆极化，星上的接收天线的极化旋向定为右旋圆极化，最后利用空间距离尽量增大衰减。

(5) 天线多路耦合技术

通过采用天线多路耦合技术可以减少系统的天线数量，以及降低天线布局对空间的高需求。

(6) 天线射频综合

天线与射频综合技术包括多天线共用孔径、宽带射频技术、多路耦合技术、软件无线电技术等，不仅可以节省安装空间，还可有效地防止多部天线间的相互干扰。

(7) 天线辐射空域管控

通过绘制空域覆盖分布图，对系统内各天线的覆盖区域在空域内进行合理分配，并提出空域使用细则。

(8) 天线副瓣匿影

副瓣匿影也可用于消除同平台上其他天线的主瓣或副瓣的强干扰。该技术利用一个低增益各向同性的辅助天线与主天线同时配合工作，达到抑制副瓣进入干扰，实现天线辐射干扰控制的目的。

3. 雷电防护设计

雷电防护是保障武器装备及系统安全的必要手段，设计要求系统雷电防护满足相关标准和规范。对于飞机而言，通常可以将其表面分为三个区域，如图7－5所示，各区域具有不同的雷电附着特性和传递特性，对各区域的飞机设备和部件提出了不同的雷电防护要求。

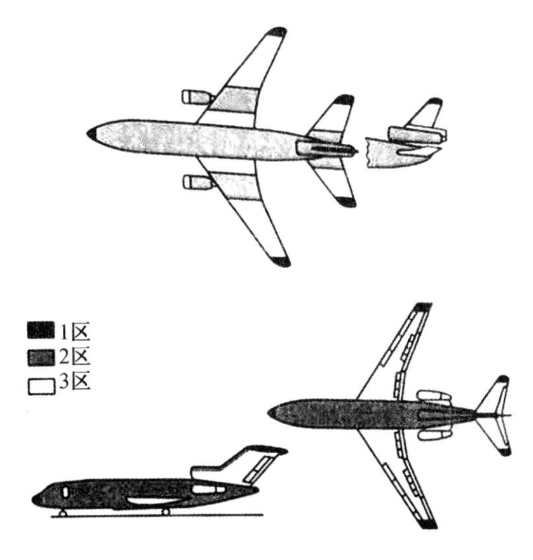

图7－5 飞机雷电附着区域示意图

可见，飞机的雷击区域主要集中在机头雷达罩、机身前侧、发动机吊舱、机翼翼尖等部位。图 7-6 所示为直升机的雷电附着分区示意图。

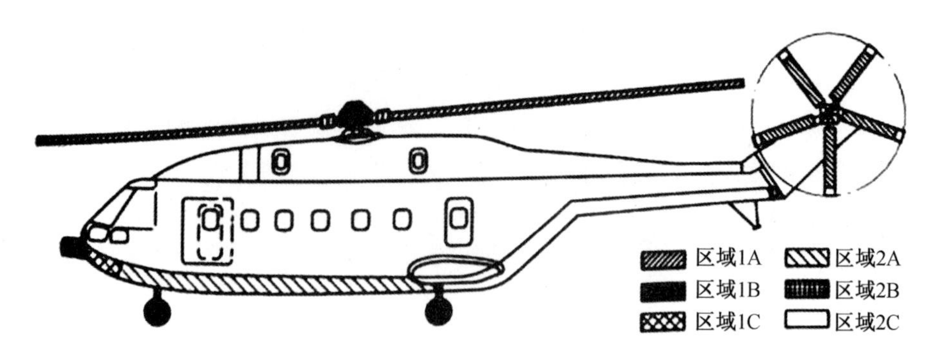

图 7-6　直升机雷电附着分区示意图

（1）天线罩设计

典型天线罩应当使用雷电导流条进行保护，防止雷电损坏天线罩，如图 7-7 所示。雷电分流条的形式、尺寸及安装位置的选择应尽量减少对天线工作的影响。天线罩内的电源线和控制线等应具有雷电防护措施，确保天线罩受到雷击时，感应电流不会损坏控制线，且电源线和控制线上感应电压小于 500 V。天线罩采取保护措施后，需要进行雷电附着点试验和结构的直接效应试验来验证。

表 7-3 所示为飞机系统的雷电感应电压严重程度汇总表。根据此表内容，可以对子系统和部件进行分类，重要性越高、对雷击越敏感的部分，越要远离雷电易附着区域，或采取预防雷击的相关保护措施。

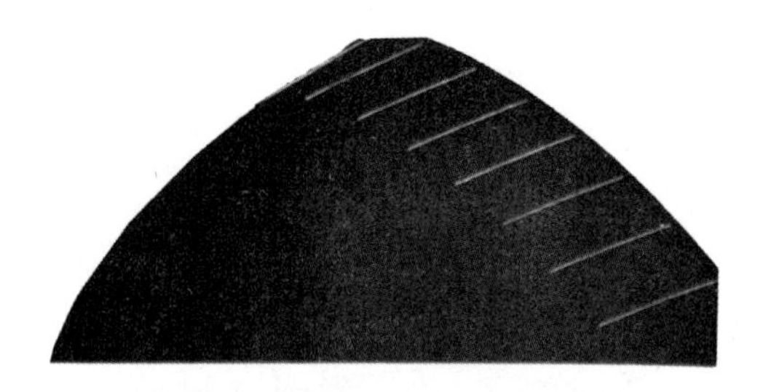

图 7-7　典型天线罩防雷条设计

表 7-3　飞机系统的雷电感应电压严重程度汇总表

飞机结构系统	金属飞机无机头罩无吊架	一般小型航空飞机	大型运输机	复合材料超声速飞机	碳纤维飞机	旋翼机	有警戒雷达的飞机
皮托管加热系统	—①	—	△	△△△	△△△	—	△
天线	△②	△	△	△	△△	△	△

表 7－3(续)

飞机结构系统	金属飞机无机头罩无吊架	一般小型航空飞机	大型运输机	复合材料超声速飞机	碳纤维飞机	旋翼机	有警戒雷达的飞机
座舱盖	△	△	问题一般较小	△△[3]	△△	△△	△
复合材料蒙皮板后布线	—	如是玻璃钢△△△	△△	△△	△△△	△△	△
导航灯电线	—	△△△[4]	△	△	△△	—	—
设备安装位置	—	△	△	△△	△△	△	△
燃料箱内导线和管路	—	如是玻璃钢△△△	△	△	△△△	—	△
玻璃纤维机翼缘和燃料箱	—	△△	△	△	△	—	△
天线罩连线（与雷达相连导线）	—	△	△	△	△	△	△△
机翼或防冻马达叶片或可拆马达叶片	—	—	—	—	△	△△△	—
玻璃纤维叶片	—	—	—	—	—	△△△	—
吊、拖、牵的金属物体包括拖索中导线	—	—	—	—	—	△△△	△△△

注:①不适用或无问题;②有潜在危险性;③有严重潜在危险性;④有十分严重潜在危险性。

(2)天线设计

使用齐平式天线安放在雷击可能性小的区域,可最大程度上减少雷电对天线的损坏。对于如刀型、拉索等突出在机体外面的天线要加装避雷器,限制雷电流和电压进入电子设备。天线的固定螺栓或其他紧固方法应允许雷电流通过而不会造成机械损坏,同时应该对天线罩施加防雷保护措施,图 7－8 所示为客机机头天线罩上的防雷条。

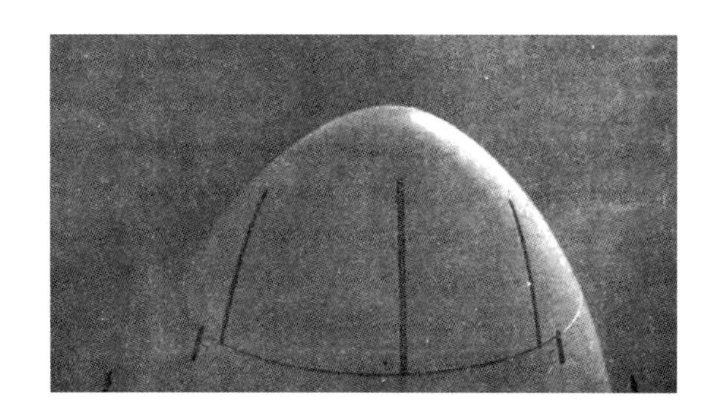

图 7－8　客机机头天线罩上的防雷条

4. 线缆间干扰控制设计

现代系统设备发射功率高、频谱复杂、电缆间耦合较为严重，容易造成系统不兼容。线缆间干扰控制设计，要求满足线缆的 EMC 分类方法和要求，加强对电缆的选用原则及屏蔽层接地方式的控制。在这个阶段，线缆布线设计工程师将有关电子、电气系统的线缆和线束的信息加以分类，标识每一根线缆的代码，对线缆类别和线束走向等信息进行整理，决定线缆的长度、位置以及连接器与紧固装置的位置。

(1)线缆和线束的设计

根据线缆和线束的设计原则，明确线缆和线束的各种参数，同时配合电磁兼容试验，逐步修改、完善设备的线束图。

(2)线缆的空间布局设计

根据线缆空间布局的设计原则，按照提高布线可靠性、减小线缆间干扰和耦合、便于维修与维护的原则，生成线缆空间布局图，同时，配合电磁兼容试验逐步进行修改和完善，建立线缆空间布局图模板。

5. 电磁防护设计

对于系统电磁环境可能产生的影响，要求控制天线 - 机箱、天线 - 电缆、机箱 - 机箱以及机箱 - 电缆的干扰，防止天线辐射对人员的危害。考虑系统设备的电磁兼容性，对易受干扰和产生干扰的部分进行对应的屏蔽技术和滤波技术措施，达到设备系统的电磁兼容要求。

6. 接地技术与搭接设计

为了保护人身及设备安全，保障设备的正常工作，接地和搭接设计需要为系统提供一个等位点或面。同时配合屏蔽、滤波技术的接地，更好地实现电磁干扰的抑制效果。

表 7 - 4 描述了不同搭接目的下的搭接阻值应满足的要求。飞机自身以及与各系统、各部件之间要进行良好搭接，形成低阻抗的导电通路，以保证雷电流通过，不产生火花，不对飞机内部电子系统和部件产生损坏。

表 7 - 4　搭接阻值要求

序号	搭接目的	允许的最大搭接电阻
1	防漏电电击	0.01 Ω
2	防射频干扰	100 ~ 2 000 μΩ
3	静电防护	300 μΩ ~ 0.1 Ω
4	电流回流	0.014 8 ~ 3.6 mΩ
5	雷电防护	1 ~ 50 mΩ

在易燃易爆的危险区，电气负载与接地网络之间应有良好的金属面搭接，其搭接电阻要小于图 7－9 所示的最大搭接电阻值。

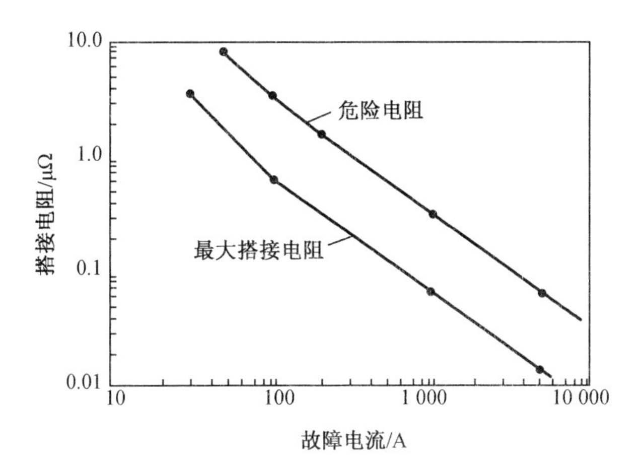

图 7－9　最大允许搭接电阻与故障电流的关系曲线

飞机雷电防护所要求的搭接称为主搭接。传递雷电流用的主搭接线，在雷电弧不附着且有足够数量的搭接线来传递雷电流的情况下，单根铜线的截面面积不得小于 4 mm^2。雷电弧有可能附着主搭接线，铜线的截面面积不得小于 20 mm^2。

外部可活动的金属面或部件，如升降舵、减速板、起落架等应使用主搭接线与飞机基本结构进行搭接，搭接电阻小于 5 mΩ。图 7－10 所示为活动翼面搭接到机翼结构。

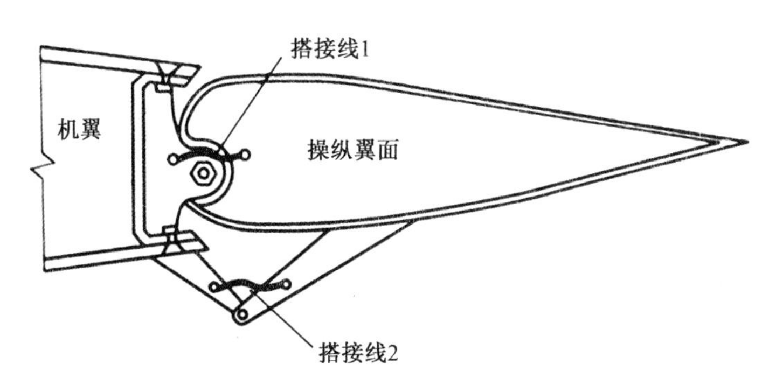

图 7－10　活动翼面搭接到机翼结构

7. 静电防护设计

系统设计需要考虑静电对设备功能的影响，避免由系统及使用环境产生的静电对设备安全运行造成危害，要求系统满足相关标准和规范。对系统内金属导体、仪器设备、防静电装置等设置接地体；对绝缘体、工具和各种操作产生的静电，可以使用离子静电消除器等电离系统作为静电防护设计。

空客 A320 飞机上共有约 40 根放电刷，如图 7－11 所示为 A320 的静电放电器布置图。

对于一个区域安装多个静电放电器,首个放电器应布置于最尖端,第二个要与首个保持0.5 m或更小的距离,其余的放电器间隔0.5~1.0 m放置即可。

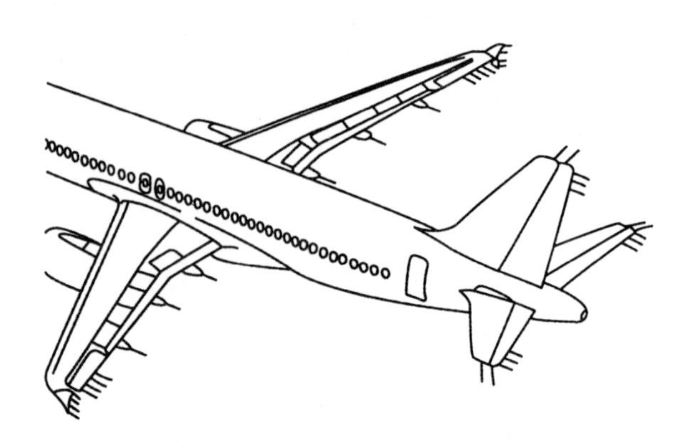

图7-11 空客A320静电放电器布置示意图

8.电源设计

电源设计的要求是系统平稳运行的基础。为保障供电系统的品质和稳定,要求系统满足相关标准和规范。通常可以采取以下几种抑制措施:抑制电源自身的干扰源产生、使用屏蔽技术降低电源中敏感设备的敏感度、使用滤波技术切断干扰传输途径。

(1)抑制电源自身的干扰源产生

电源自身产生的电磁干扰是电源电磁干扰的重要隐患之一。为了解决输入电流的波形畸变,可在线性稳压电源中的整流二极管两端并联RC缓冲器来抑制畸变。为了降低电流谐波含量,可使用功率因数校正PFC技术使电流波形跟随电压波形,将电流波形校正成近似的正弦波,从而降低电流谐波含量。当开关器件开通和关断时,会产生浪涌电流和尖峰电压,使用软开关技术使开关管在零电压、零电流时进行开关转换,可以有效抑制电磁干扰。

(2)使用屏蔽、接地技术降低电源中敏感设备的敏感度

屏蔽和接地是降低电源敏感度的实用措施。交流电网中存在着大量的谐波、浪涌、高频干扰等噪声。在电源变压器初、次级线圈之间安装屏蔽装置并将其接地,可以将高频干扰旁路入地。对变压器绕组的抽头进行接地也是降低电源敏感度的一个重要手段。当抽头良好接地时,可以为变压器中的干扰提供一个回路通道。除了变压器之外,电源的连接线也要使用具有屏蔽层的导线并将屏蔽层可靠接地,尽量防止外部干扰耦合到电路中。为了防止变压器的磁场泄漏,可以利用闭合磁环形成磁屏蔽,如使用罐型磁芯,还可以将变压器完全装在铁制屏蔽盒内。

(3)使用滤波技术切断电磁干扰传输途径

克服电磁干扰传导的有效方法是采用滤波技术。它既可以抑制干扰源的发射,又可以抑制干扰信号对敏感设备的影响。对于交流电源的滤波,要根据设备所用的交流电源的频率、电压及负载电流等技术要求,选用合适规格的滤波器。例如,当负载电流较大时,为保

证滤波器性能,需要注意电路中的电感不能发生饱和。对于直流电源的滤波,可以通过减小馈线回路面积,弱化干扰电压;或选择使用短、粗、直的电源线应用在印制电路板上。开关电源由于其开关频率、负载的变化,因此是一个强电磁干扰源。在使用中要采用有双向滤波功能的滤波器,不仅要对外界传导发射进行抑制,也要滤除外界电源的传导干扰。

7.3 电磁兼容性预测

电磁兼容性预测是一种通过理论计算对设备或系统的电磁兼容程度进行分析评估的方法,其实质是对电磁干扰的预测与分析。

电磁兼容性预测可分为两大类。一类是实验预测;另一类是对研究对象建立数学模型,利用计算机开展仿真计算以实现预测。前一类具有投资大、操作时间长和设备实验模型的局限性等缺点。而通过仿真进行电磁兼容预测时间大幅缩短,使得第二类预测法备受青睐,逐渐占据了电磁兼容性预测的主导地位。

电磁兼容预测采用计算机数字仿真技术,将各种电磁干扰源特性、传输函数和敏感度特性全都用数学模型描述,并编制成计算机程序,然后根据预测对象的具体状态,运行预测程序来获得设备或系统潜在的电磁干扰计算结果。电磁兼容预测通常应用在设备或系统的方案设计和工程研制两个阶段,它的主要作用有以下几个方面。

(1)分析给定设备组合体的电磁兼容性情况,预测分设备、系统可能出现的干扰问题,以便在设计早期采取合适的干扰抑制措施。

(2)当修改某个设备的特性参数时,分析电磁干扰的变化。

(3)在研制过程中,以实际参数代替模拟参数,可对系统进行电磁兼容控制,并且能对系统所采用的抑制电磁干扰的技术措施及其实际效果做出相应的评定。

(4)制定干扰极限和敏感度规范。

(5)给出满足系统总体技术指标和电磁兼容性要求的最佳参数选择及最佳配置方式,以便对系统进行优化设计。

(6)全面评价系统的电磁兼容性性能,确定系统的电磁干扰安全裕度。

7.3.1 电磁兼容性预测原理

1. 电磁兼容性预测方程

实际上,无论是复杂还是简单的系统,电磁干扰与兼容都可归结为三个要素:电磁干扰源、耦合通道(耦合途径)和敏感设备。对于收发系统来说,干扰源对应于发射系统(发射机和发射天线),接收设备对应于接收系统(接收机和接收天线),耦合通道(耦合途径)对应于传播损耗。与此相对应,进行频率选择就必须对有效辐射功率、传播损耗、有效接收功率这三者进行预测。

发射机由于非线性作用,除了输出一个基波外,还要输出谐波、非谐波和宽带噪声。耦合通道(耦合途径)也包括各种途径。接收机也不会只响应一个频率,还会存在杂波响应。

通过“发射机发射的有效功率在接收机处产生的有效功率”与“接收机敏感度函数”相比较来确定是否存在干扰。潜在干扰问题的严重程度可由有效功率与敏感度门限之差 IM(电磁干扰余量)来表示,如下所示:

$$\mathrm{IM}(f,t,d,p) = P_1(f_1) + G_1(f_1,t,d,p) - L(f_1,t,d,p) + G_2(f_1,t,d,p) - P_2(f_2) + \mathrm{CF}(B_1,B_2,\Delta f) \tag{7-1}$$

式中,$P_1(f_1)$为发射频率为f_1的发射功率(dBm);$G_1(f_1,t,d,p)$为发射天线在发射频率f_1、在接收天线方向的增益(dB);$L(f_1,t,d,p)$为收发天线间在频率f_1的传播损失(dB);$G_2(f_1,t,d,p)$为在发射天线方向、在频率f_1时接收天线的增益(dB);$P_2(f_2)$为在响应频率f_2时接收机敏感度门限(dBm);$\mathrm{CF}(B_1,B_2,\Delta f)$为计入发射机和接收机带宽$B_1$、$B_2$及发射机发射与接收机响应之间的频率间隔$\Delta f$的系数(dB)。

若电磁干扰余量为正,说明干扰信号超过接收机灵敏度,表明存在干扰;若电磁干扰余量为负,说明干扰信号低于接收机门限,表明不存在干扰。如果干扰余量在 0 ~ 10 dB 之间,则认为该干扰处于临界状态,若此量级的干扰出现在谐波频率上则认为兼容。

2. 发射机模型

从电磁兼容角度来看,所有的发射机都是潜在干扰源。发射机的辐射可以在频谱中予以区别,分为基波发射、谐波辐射发射、非谐波辐射发射、噪声。干扰源模型描述了发射机的输出特点,包括基波发射、谐波发射、非谐波发射及噪声,同时还要考虑发射机的频带宽度、调制方式等因素。

(1)基波发射模型

实际上,发射机基波输出功率并不限定在单一频率上,而是分布在基波,即载波附近的频段内。发射机的功率频谱特性主要由发射机的基带调制特性决定,可用基带调制包络函数$M(\Delta f)$表示。

调制包络模型为

$$M(\Delta f) = M(\Delta f_i) + M_i \lg\left(\frac{\Delta f}{\Delta f_i}\right) \quad \Delta f_i \leqslant \Delta f \leqslant \Delta f_{i+1} \tag{7-2}$$

式中,$\Delta f = |f - f_{\mathrm{OT}}|$为该频点对载波$f_{\mathrm{OT}}$的间隔;$\Delta f_i$为该频点所在频段的带宽;$M_i$为所在频段的调制包络斜率;$M(\Delta f)$为该频点的发射功率$P_i(\Delta f)$相对于额定基波功率的数值(dB)。其表达式为

$$M(\Delta f) = 20\lg[P_i(\Delta f)/P_{\mathrm{T}}(f_{\mathrm{OT}})] \tag{7-3}$$

式中,$P_T(f_{\mathrm{OT}})$为基波平均功率。

如果发射机没有已知的调制包络函数的上述参数,就无法获得其频率特性,可参考典型发射机的调制包络曲线确定,包括调幅通信和连续波雷达的频谱调制包络模型、幅度话

音调制包络模型、频率调制包络模型、脉冲调制包络模型，分别见图7－12～图7－15。在图7－12中，B_A为相对功率下降40 dB时，该频点与载频f_{OT}的间隔；在图7－14中，B_T为相对功率下降100 dB时，该频点与载频f_{OT}的间隔。调制包络的具体数值见表7－5。

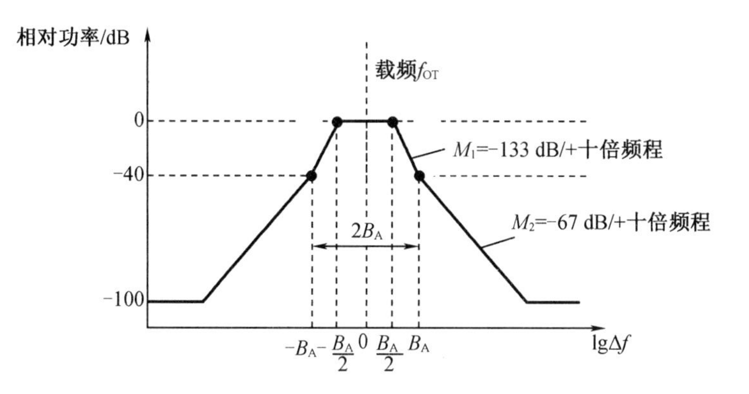

图7－12　调幅通信和连续波雷达的频谱调制包络模型

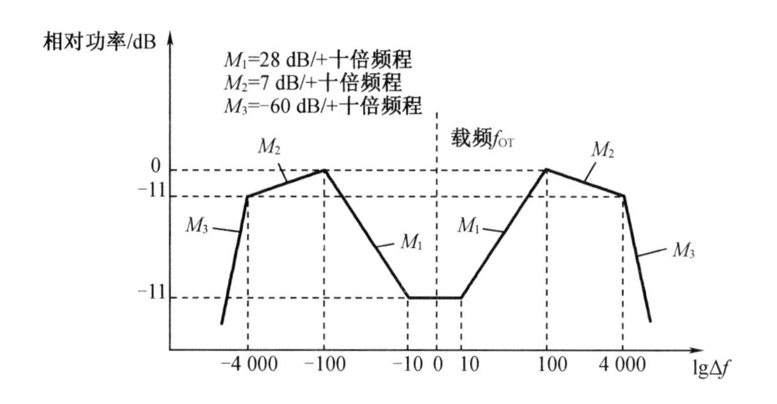

图7－13　幅度话音调制包络模型

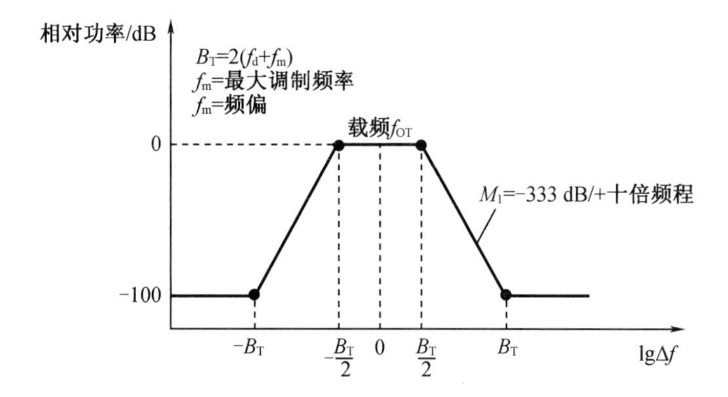

图7－14　频率调制包络模型

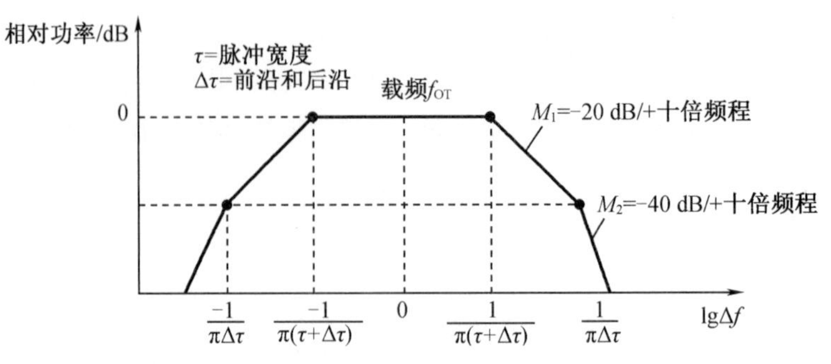

图 7－15　脉冲调制包络模型

表 7－5　调制包络模型的常数

调制类型	i	Δf_i	$M(\Delta f_i)$/dB（高于基波的分贝数）	M_i/（dB/十倍频程）
调幅通信和连续波雷达	0	$0.1B_A$	0	0
	1	$0.5B_A$	0	－133
	2	B_A	－40	－67
调幅话音	0	1 Hz	－28	0
	1	10 Hz	－28	28
	2	100 Hz	0	－7
	3	1 000 Hz	－11	－60
调频	0	$0.1B_F$	0	0
	1	$0.5B_F$	0	－333
	2	B_F	－100	0
脉冲	0	$\frac{1}{10\tau}$	0	0
	1	$\frac{1}{\pi(\pi+\Delta\tau)}$	0	20
	2	$\frac{1}{\pi\Delta\tau}$	$-20\lg\left(1+\frac{\tau}{\Delta\tau}\right)$	－40

（2）谐波发射模型

根据以下两个假设：①发射机的谐波平均发射电平随谐波次数的增加而减少；②每个发射机的谐波发射功率服从正态分布，标准差与谐波次数无关。谐波发射平均功率由下式表示

$$P_T(f_{NT})=P_T(f_{OT})+A\lg N+B \quad N\geqslant 2 \tag{7-4}$$

式中，N 为谐波次数；$P_T(f_{NT})$ 为第 N 次谐波的平均功率（dBm）；$P_T(f_{OT})$ 为基波平均功率（dBm）；A、B 为特定发射机常数，可由测量数据得到。

当没有测量数据时，谐波发射功率采用统计数据，由标准差 $\sigma_T(f_{NT})$ 决定。由已有频谱

特性数据导出发射机谐波模型常数 A、B、$\sigma_T(f_{NT})$，如表7-6所示。

表7-6 发射机谐波发射模型统计常数

按基波频率划分的发射机类别	在谐波幅度模型中常数的综合值		
	A(dB/十倍频程)	B/dB(高于基波频率的分贝数)	$\sigma_T(f_{NT})$/dB
所有发射机	-70	-30	20
小于30 MHz	-70	-20	10
30~300 MHz	-80	-30	15
大于300 MHz	-60	-40	20

表7-7中先给出所有发射机数据导出的 A、B、$\sigma_T(f_{NT})$ 值，然后给出按基波频率分类的各组发射机的 A、B、$\sigma_T(f_{NT})$ 统计值。在所给出的每一频段内发射机的平均谐波输出电平如表7-7所示。

表7-7 谐波平均发射电平的统计数值

谐波次数	谐波平均发射电平/dB(高于基波的分贝数)			
	所有发射机(σ=20 dB)	按频率划分的发射机类别		
		小于30 MHz(σ=10 dB)	30~300 MHz(σ=15 dB)	大于300 MHz(σ=20 dB)
2	-51	-41	-54	-55
3	-64	-53	-68	-64
4	-72	-62	-78	-70
5	-79	-69	-86	-75
6	-85	-74	-92	-79
7	-90	-79	-97	-82
8	-94	-83	-102	-85
9	-97	-87	-106	-88
10	-100	-90	-110	-90

(3)非谐波发射模型

发射机除输出基波和谐波外，还产生非谐波发射信号和热噪声等。通常情况下，非谐波信号的幅度比基波和谐波幅度小，但有时也会产生比较严重的干扰，在电磁兼容预测中，需要加以考虑。非谐波发射不可能在频率上进行准确的预测，只能应用统计学来描述在任一给定频率时发射输出的概率。

在距发射机基波频率 f_{OT} 有一定频率间隔(Δf)的带宽 B 内，出现非谐波发射的概率为

$$p = H\frac{B}{f_{\mathrm{OT}}} \tag{7-5}$$

式中，H 为发射机的常数，取决于发射机的种类；B 为可能出现非谐波发射的频带宽度。

发射机噪声电平与给定电磁环境中的其他干扰信号相比通常较小，若发射机的发射功率在 1 000 W 以下，则在电磁兼容预测中通常不予考虑。当需要考虑发射机噪声时，可将噪声的平均功率加到基波调制包络功率上。

3. 接收机模型

理想的接收机应该在特定的频带范围内，通过天线输入端接收有用信号。然而，实际的接收机都不存在理想的通带，都具有接收带外信号的能力。接收机模型用以表征接收机的基频响应、乱真响应、互调、交调等特征。

(1)同频道敏感度门限模型

同频道干扰来自接收机工作频率或其附近的发射。同频道敏感度门限通常用接收机噪声电平来表示，即需要考虑的最小干扰信号电平。对电磁兼容预测来说，接收机同频道敏感度是统计参数，等同于接收机标称噪声电平的平均值 $P_{\mathrm{R}}(f_{\mathrm{OR}})$。

假设接收机同频道敏感度是正态分布的随机变量，标准差由测量数据得出，当没有现成测量数据时，就采用统计综合值 2 dB 的标准差。

如果没有现成的接收机同频道敏感度门限 $P_{\mathrm{R}}(f_{\mathrm{OR}})$ 的数据，可由下式计算得出：

$$P_{\mathrm{R}}(f_{\mathrm{OR}}) = FkTB \tag{7-6}$$

式中：$k = 1.38 \times 10^{-23}$ J/K，为玻耳兹曼常数；T 为热力学温度(K)；B 为接收机带宽(Hz)。

(2)中频选择性模型

对于超外差接收机，中频选择特性很重要。接收机中频选择性模型可用频率间隔 Δf 的分段线性函数来表示：

$$S(\Delta f) = S(\Delta f_i) + S_i \lg(\Delta f/\Delta f_i) \quad f_i < \Delta f < \Delta f_{i+1} \tag{7-7}$$

式中，$S(\Delta f)$ 为接收机的中频选择性(dB)；S_i 为该频率区间内的选择性曲线斜率；Δf_i 为该频率区间带宽(Hz)；$\Delta f = |f - f_{\mathrm{OR}}|$ 为偏离调谐频率的频率间隔(Hz)。当有现成的频谱特性数据或其他测量数据时，可以选择特性相差 3 dB、20 dB 和 60 dB 来决定相应的频率偏移 Δf，代入式(7-7)。

(3)乱真响应敏感度门限模型

随机偏差是通过大量的随机变量导出的，且服从正态分布。标准差与响应频率无关。对于规定的干扰信号谐波数 q，平均乱真响应敏感度门限模型表示如下：

$$P(f_{\mathrm{SR}}) = P_{\mathrm{R}}(f_{\mathrm{OR}}) + I\lg p + J \tag{7-8}$$

式中：$P(f_{\mathrm{SR}})$ 为对应 p 值的平均乱真响应敏感度门限(dBm)；$P_{\mathrm{R}}(f_{\mathrm{OR}})$ 为接收机同频道敏感度门限电平(dBm)；p 为本振谐波数；I 和 J 为对应每一个接收机型号确定的常数。

在具体应用中，需要确定参数 I、J 和标准差 $\sigma_{\mathrm{R}}(f_{\mathrm{SR}})$。可由现成数据的统计综合来确定这些参数。根据所有接收机频谱特性数据所得出的参数 I、J 和 $\sigma_{\mathrm{R}}(f_{\mathrm{SR}})$ 的统计值如表 7-8所示。在给定频段内接收机的平均乱真响应敏感度门限如表 7-9 所示。

表 7－8　乱真响应敏感度门限模型参数的统计综合值

按基波频率划分的发射机类别	在乱真响应幅度模型中各常数的综合值		
	I/(dB/十倍频程)	J/dB(高于基波的分贝数)	$\sigma_R(f_{SR})$/dB
所有发射机	35	75	20
小于 30 MHz	25	85	15
30～300 MHz	35	85	15
大于 300 MHz	40	60	15

表 7－9　平均乱真响应敏感度门限的统计综合值

本振谐波数	平均乱真响应敏感度门限电平/dBm(高于基波灵敏度的分贝数,$q=1$)			
	所有接收机 ($\sigma_R(f_{SR})=20$ dB)	按频率分类的发射机类别		
		小于 30 MHz ($\sigma_R(f_{SR})=15$ dB)	30～300 MHz ($\sigma_R(f_{SR})=15$ dB)	大于 300 MHz ($\sigma_R(f_{SR})=15$ dB)
1(镜像)	75	85	85	60
2	85	93	95	72
3	92	97	102	79
4	96	100	106	84
5	99	102	109	88
6	102	104	112	91
7	105	106	115	94
8	107	107	117	96
9	108	109	118	98
10	110	110	120	100

(4)乱真响应频率模型

接收机会接收到许多不希望的带外信号,通常情况下,超外差接收机对带外信号最敏感,这些带外信号能被混频并变换为中频通带内的频率,进而产生响应。任何特定乱真响应频率产生干扰所需的功率大小取决于接收机对该响应的敏感度。为了在超外差接收机内产生乱真响应,须干扰信号或其谐波与本振或其谐波混频产生中频通带内的频率。对单次变频超外差接收机能产生乱真响应的频率 f_{SP} 为

$$f_{SP}=\left|\frac{pf_{LO}+f_{IF}}{q}\right| \tag{7-9}$$

或

$$f_{IF}=|pf_{LO}\pm qf_{SP}| \tag{7-10}$$

式中,p 为本振谐波效;q 为干扰信号谐波数;f_{LO} 为接收机本振频率(Hz);f_{IF} 为接收机中频(Hz)。

大部分的超外差接收机乱真响应是由式(7－9)形成的。测试表明在多级变频接收机中可能出现二次或多次变频中产生的乱真响应,但并不严重。

p 的整数值是本振的谐波数,对于固定的 q,如果中频比本振频率低,由式(7－10)带正号和负号产生的响应可能合为一组。

4. 天线模型

(1)远场天线模型

天线方向图有两个区域:有意辐射区和非有意辐射区。

有意辐射区是天线设计所希望辐射的空间区域,即主波束所占据的区域。在天线的设计频率范围内,有意辐射区的范围可由方位角和俯仰角波束宽度表示。有意辐射区定义为方位角和俯仰角的 10 dB 波束宽度 α_H、α_V。

在有意辐射区内,对于设计的频率和极化,平均功率增益与方向无关,低于最大功率增益 3 dB,即

$$G(\theta,\varphi)=G_{max}-3\quad|\theta|\leqslant\frac{\alpha_H}{2}\quad|\varphi|\leqslant\frac{\alpha_V}{2}\tag{7-11}$$

式中,α_H、α_V 分别为有意辐射区水平面和垂直面的宽度。

天线功率增益与波束宽度有关,最大功率增益与半功率波瓣宽度有如下表达式,即

$$G_{max}\approx\frac{30\ 000}{\alpha_{3H}\alpha_{3V}}\tag{7-12}$$

或

$$G_{max}\approx47.7-10\lg(\alpha_{3H}\alpha_{3V})\quad(\mathrm{dB})\tag{7-13}$$

式中:α_{3H}、α_{3V}分别为有意辐射区水平面和垂直面的半功率波瓣宽度(°)。

电磁兼容预测中,对于设计频率和极化下的主瓣增益,服从正态分布,其标准差 $\sigma(\theta,\varphi)$ 由试验确定,也可取参考值 2 dB。

电磁兼容预测中,对设计频率以外的天线模型,其频率和增益的关系可由下面的函数表示为

$$\overline{G(f)}=\overline{G(f_0)}+C\lg(f/f_0)+D\tag{7-14}$$

$$\sigma_G(f)=\sigma_i\quad f_i\leqslant f\leqslant f_{i+1}\tag{7-15}$$

式中,$\overline{G(f_0)}$ 为在设计频率 f_0 的平均功率增益;$\overline{G(f)}$ 为在频率 f 的平均功率增益;$\sigma_G(f)$ 为增益均方差;σ_i 为在频带 $f_i\sim f_{i+1}$ 内均方差;C 和 D 为具体天线型号的系数,一般可由试验确定,缺乏数据情况下也可从统计数据表 7－10 中查出。

对于正交极化天线,其数学模型为

$$\overline{G(f_0,p)}=\overline{G(f_0,p_0)}+\Delta G(p)\tag{7-16}$$

式中,$\overline{G(f_0,p)}$ 为设计频率 f_0 和设计极化 p 下的平均功率增益;$\overline{G(f_0,p_0)}$ 为极化失配下的平均功率增益;$\Delta G(p)$ 为由于极化失配引起功率变化的校正值,一般可由试验确定,缺乏数据情况下也可从统计数据表 7－10 中查出。

表7-10　有意辐射区的通用天线模型

天线类型	工作频率	极化状态	$\alpha/(°)$	$\beta/(°)$	G/dB	σ/dB	C(dB/十倍频程)	D/dB	$\Delta G(p)$/dB
高增益（$G>$ 25 dB）	设计	设计	α_0	β_0	G_0	2	0	0	0
	设计	正交	$10\alpha_0$	$10\beta_0$	$G_0\sim20$	3	0	0	-20
	非设计	任意	$4\alpha_0$	$4\beta_0$	$G_0\sim13$	3	0	-13	0
中增益（10 dB≤ G≤25 dB）谐振非谐振	设计	设计	α_0	β_0	G_0	2	0	0	0
	设计	正交	$10\alpha_0$	$10\beta_0$	$G_0\sim20$	3	0	0	-20
	非设计	任意	$3\alpha_0$	$3\beta_0$	G_0	3	0	-10	0
	非设计	任意	α_0	β_0	G_0	3	0	0	0
低增益（$G<$ 10 dB）	设计	设计	α_0	β_0	G_0	1	0	0	0
	设计	正交	$6\alpha_0$	$6\beta_0$	$G_0\sim16$	2	0	0	-16
	非设计	任意	360	180	0	2	0	-G	0

电磁兼容预测还需要考虑非有意辐射区的天线特性。仅有天线方向图，对于电磁兼容预测是不够的，因为即使同一型号的天线，不同的样品，在不同的场地上测试，其天线方向图都有很大的变化。因此，在电磁兼容预测中，假定非有意辐射区是各向同性的。

考虑天线的整个辐射方向图，对于无损耗各向同性天线辐射效率为1，而辐射功率主要集中在有意辐射区。如果整个功率的90%以上是指向有意辐射区（这适用于设计良好的高增益天线），则在非有意辐射区的平均增益为-10 dB以下。

对于非有意辐射区的天线模式参数，可参见表7-11。

表7-11　非有意辐射区的天线模式参数

天线类型	工作频率	极化状态	平均增益/dB	标准偏差/dB
高增益（$G>25$ dB）	设计	设计	-10	14
	设计	正交	-10	14
	非设计	任意	-10	14
中增益（10 dB≤G≤25 dB）	设计	设计	-10	11
	设计	正交	-10	13
	非设计	任意	-10	10
低增益（$G<10$ dB）	设计	设计	0	6
	设计	正交	-13	8
	非设计	任意	-3	6

（2）近场天线模型

对电磁兼容预测来说，时常需要规定天线近场的辐射特性，这在高增益天线情况下特别必要，因为这些天线的近场可能延伸几千米，加上天线的增益高，它们可能构成严重的辐射危害。在很多情况下，这些天线可能相互处在对方的近场区内。

近场区特性的表示远比远场区要复杂。在理想情况下，近场区特性不能由单一方向图表示，这是因为辐射特性是角位置和天线距离两者的函数。在近场区电场与磁场之间存在复杂的关系。

①过渡距离

过渡距离是指远场近似不再有效而必须做近场考虑的这一距离。由近场到远场状态的过渡是渐变的，在规定接近天线时远场方向图误差的前提下，可获得具体的过渡距离关系式。

用于决定过渡距离的一个判据是限定路径误差在 1/8 波长以内，相当于在任意远场所获增益的 1 dB 左右。假定天线尺寸 l 与波长 λ 相比很大（即 $l \gg \lambda$），为将误差限制在 $\lambda/8$ 以内，则由天线到场点 p 的距离 R 应满足：

$$\left(R+\frac{\lambda}{8}\right)^2=R^2+\frac{l^2}{4} \tag{7-17}$$

$$R\lambda/4+\lambda^2/64=l^2/4 \tag{7-18}$$

因为 $\lambda^2/64$ 很小，所以 $R > l^2/\lambda$（当 $l \gg \lambda$）。

式(7－16)用于高增益和中增益天线。当此要求不满足时（即对低增益天线 l 不是远大于 λ）该方程不再有效，需要采用判据 $R>3\lambda$ 以保证远场条件。

②近场增益的瞄准波瓣近似

对于需要考虑轴上近场情况的场合，可以假设所有的发射功率包含在围绕天线轴线的一圆柱内，其截面积等于天线口径，这是瞄准波瓣效应，当采用这种保守近似时，合成的天线近场增益（与天线的距离为 R）为

$$G=\frac{4\pi R^2}{A}\quad G<G_{EF} \tag{7-19}$$

或

$$G_{\mathrm{dB}}=11+20\lg R-10\lg A \tag{7-20}$$

式中，G_{EF}为天线远场增益；A 为天线口径面积；R 为离天线的距离。

(3)天线有用区的确定

电磁兼容预测，直接受发射机—接收机对配置的影响。敏感设备受干扰源的影响程度主要取决于天线方向图宽度、旁瓣电平、主波束相互取向、扫描方式和扫描范围等。因此需要确定天线的有用区域：在此区内考虑干扰源和敏感设备的组合。图 7－16 为潜在干扰发射机—接收机的天线配置示意图。

①发射天线区

发射天线区是发射机天线的有意辐射区，接收机处在发射机天线有意辐射区内，须满足下面条件。

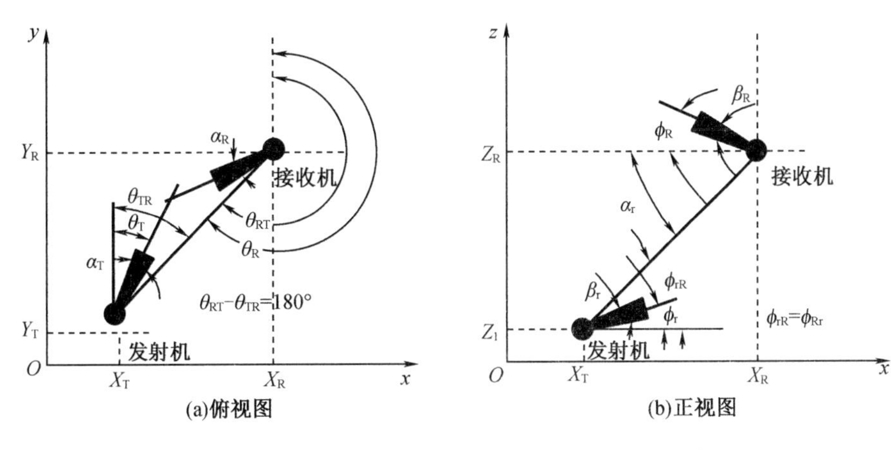

图7-16　潜在干扰发射机—接收机的天线配置示意图

方位角

$$|\theta_T-\theta_{TR}|\leqslant\alpha_T/2 \tag{7-21}$$

俯仰角

$$|\varphi_T-\varphi_{TR}|\leqslant\beta_T/2 \tag{7-22}$$

式中，θ_T 和 φ_T 分别为所希望发射的方位角和俯仰角的方向；θ_{TR} 和 φ_{TR} 为干扰发射机到接收机的方向；α_R 和 β_R 分别为发射天线的方位角和俯仰角波束宽度。

②接收天线区

发射机处在接收机天线有意接收区内，须满足如下条件。

方位角

$$|\theta_R-\theta_{RT}|\leqslant\alpha_R/2 \tag{7-23}$$

俯仰角

$$|\varphi_R-\varphi_{RT}|\leqslant\beta_R/2 \tag{7-24}$$

或方位角

$$|\theta_R-\theta_{RT}-180°|\leqslant\alpha_R/2 \tag{7-25}$$

俯仰角

$$|\varphi_R+\varphi_{RT}|\leqslant\beta_R/2 \tag{7-26}$$

式中，θ_R 和 φ_R 分别为所希望接收的方位角和俯仰角；θ_{RT}和 φ_{RT}为由接收机到干扰发射机的方向；α_R 和 β_R 分别为接收天线的方位角和俯仰角波束宽度。

③角度确定

如果发射机和接收机的位置是以笛卡尔坐标规定的，则方位角和俯仰角分别由下式给出。

方位角

$$\theta_{TR}=\arctan\left[\frac{X_R-X_T}{Y_R-Y_T}\right] \tag{7-27}$$

俯仰角

$$\varphi_{TR} = \arctan\left[\frac{Z_R - Z_T}{\sqrt{(X_R - X_T)^2 + (Y_R - Y_T)^2}}\right] \tag{7-28}$$

(4)传播模型

在电磁兼容预测中需要考察在发射源和敏感设备之间可能存在的各种传播方式,以便确定设备间距形成的隔离度或衰减量。有许多参数影响给定两点间的传播方式和传输损耗,比较重要的因素包括频率、距离、极化、天线高度、地形、时间、季节、气候和辐射功率。在给定环境中必须考虑的特定因素以及这些因素对传播损耗的影响均依赖于频率、距离和天线高度。

传播模型的基本要求是提供一种计算电磁波传播损耗的方法,以便剔除非干扰情况,保留潜在干扰情况。

在工程设计中考虑电磁波的传播方式主要有直射波、反射波和地表面波等几种方式。由于地表面波的传播损耗随频率的增大而增大,传播距离有限,所以在分析时主要考虑直射波和反射波的影响。

在自由空间中,电波沿直线传播而不被吸收,也不发生反射、折射和散射等现象而直接到达接收点的传播方式称为直射波传播。直射波传播损耗可看成自由空间的电波传播损耗,表示为

$$L_{bs} = 32.45 + 20\lg d + 20\lg f \tag{7-29}$$

式中,d 为距离(km);f 为频率(MHz)。

由于地球表面是曲面,所以凸起的地面会阻挡直射波的传播。地球半径为6 370 km,已知收发天线高度分别为 h_R、h_T,可得直射波传播最远距离为

$$d_0 = 3.57\left(\sqrt{h_R(m)} + \sqrt{h_T(m)}\right) \quad (\text{km}) \tag{7-30}$$

考虑到大气层对电波的折射作用,极限距离公式修正为

$$d_0 = 4.12\left(\sqrt{h_R(m)} + \sqrt{h_T(m)}\right) \quad (\text{km}) \tag{7-31}$$

在传播途径中遇到大障碍物时,电波会绕过障碍物向前传播,这种现象叫作电波的绕射。超短波、微波的频率较高,波长短,绕射能力弱,在高大建筑物后面信号强度小,形成所谓的“阴影区”。信号质量受到影响的程度,不仅和建筑物的高度有关,还和接收天线与建筑物之间的距离以及频率有关。也就是频率越高、建筑物越高、接收天线与建筑物越近,信号强度与通信质量受影响程度越大;相反,频率越低、建筑物越矮、接收天线与建筑物越远,影响越小。

在超短波、微波波段,电波在传播过程中还会遇到障碍物(例如楼房、高大建筑物或山丘等)对电波产生反射。因此,到达接收天线的还有多种反射波(广义地说,地面反射波也应包括在内),这种现象称为多径传播。

多径传输使得信号场强的空间分布变得相当复杂,波动很大,有的地方信号场强增强,有的地方信号场强减弱;多径传输的影响还会使电波的极化方向发生变化。另外,不同的障碍物对电波的反射能力也不同。

7.3.2　电磁兼容预测方法

1. 电磁兼容预测基本步骤

电磁兼容性预测分析包括系统内部、系统之间以及设备级的电磁兼容性预测分析。

在考虑系统内或系统间电磁干扰时，干扰源可能有多个，敏感设备也可能有多个，因此，在电磁干扰预测时常采用逐对考虑的方式，每次选择一个发射源和一个敏感设备预测一种耦合方式，这称为一对发射 - 响应对。由于实际中发射 - 响应对很多，通常采用分级预测方法，即幅度筛选、频率筛选、详细分析和性能分析四级筛选。在每级预测开始时，可利用输入函数的最简单表达式对整个问题做快速“扫描”，将明显不可能呈现电磁干扰的发射 - 响应对剔除，每级预测可以将无干扰情况的 90% 筛选，经过四级筛选后所保留的便是问题的预测结果，如图 7 - 17 所示。

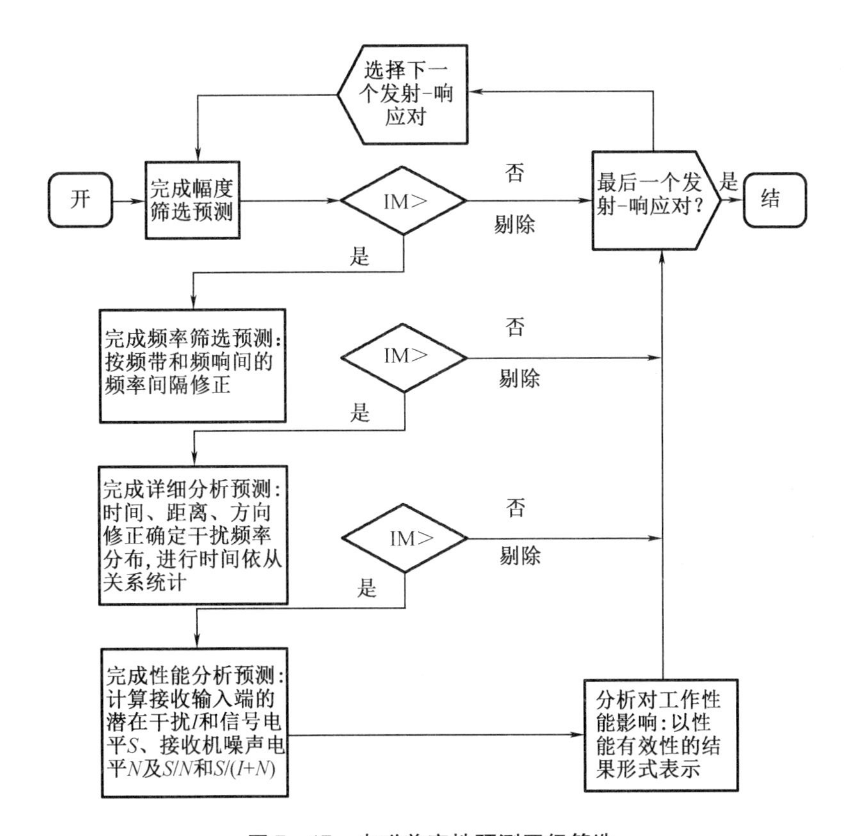

图 7 - 17　电磁兼容性预测四级筛选

（1）幅度筛选的基本方法是计算潜在的干扰余量。如果干扰余量超过预选的剔除电平，则该发射 - 响应对保留到下一步更精细的预测级别，否则，再作进一步预测考虑。

（2）频率筛选的基本概念是分析在特定发射 - 响应对之间可能存在干扰的各种概率。在此阶段，通过考虑发射机的带宽和调制特性、接收机的响应带宽和选择性、发射机发射和接收机响应之间的频率间隔等因素,对幅度筛选阶段所得的干扰安全裕度进行修正。

(3)在详细分析预测中,要考虑那些依赖于时间、距离、方向等因素,包括特性传播方式、极化匹配、近场天线增益修正、多个干扰信号的综合效应、时间相关统计特性、干扰安全裕度的概率分布等。其中,最重要的是确定最终干扰安全裕度的概率分布。干扰安全裕度的概率分布与发射机功率、天线增益、传输损耗和接收机敏感度门限有关。如果所有分布均为正态的,则干扰安全裕度的最终概率分布也呈对数正态分布。

(4)性能分析的主要问题是将干扰预测的干扰电平与性能量度联系起来,即把预测结果转换为描述系统性能恶化的定量表达式。为此,需要建立系统性能的数学模型并决定性能分析应采取的工作性能指标,通常采用的基本性能度量包括清晰度计数、比特误差率、分辨率、检验概率、虚警概率和方位角、距离、经纬度、高度等误差。评价特定系统的性能有3种基本方法,分别依据工作性能门限的概念、系统的基本性能、完成特定任务的能力。

2. 系统间电磁干扰预测

系统间电磁干扰预测分析从最简单的“发射—接收”对入手,主要步骤如下。

(1)对系统间的发射、接收系统和耦合通道(耦合途径)建立干扰分析的数学模型。

(2)选择一个接收系统。

(3)选择一个发射系统。

(4)计算该发射系统的发射机通过所有可能的传播途径传输到该接收系统的接收机的干扰功率。

(5)对每个发射系统重复步骤(4)。

(6)对每个接收系统重复步骤(3)~(5)。

两设备之间的干扰预测分析步骤如下。

(1)分析两设备所在空间的电磁环境,有无外来电磁辐射干扰。

(2)分析两设备的相互联系:有无互相连接的电缆、有无公共电源、有无公共接地平面、是否通过机壳接地构成接地环路。

(3)分析设备内部电路辐射源、传导干扰源和敏感电路,并以“端口”形式表示两设备所有的干扰源和敏感设备。

(4)确定两设备间所有电磁干扰耦合通道(耦合途径)。

(5)逐项一对一分析,考虑多“端口”综合效应,抓住严重干扰源端口,判断兼容与否。

以局部区域内的无线电系统间的电磁兼容性预测为例进行说明。空间布局情况对系统间的电磁兼容性构成了严重的影响。对处于同一局部区域的无线电系统间的电磁兼容性进行预测分析,首先要给各个无线电系统进行定位,然后计算发射天线发射的电磁波经电波传播空间到达接收天线时的功率,然后根据接收系统参数计算接收系统的响应。无线电系统的体系结构有三种形式,且具体的接收机实现方案是多种多样的。同时,对不同的无线电系统的性能度量方式是不同的。例如话音通信系统的性能度量是清晰度计数,方位角、距离、经纬度和高度等误差是导航系统性能的度量,而字符误差率是数据通信系统的性能度量。因此,为了建立通用的接收机敏感度模型,假设在接收机带宽内的敏感度门限对

应于接收系统的性能门限。当接收机的输入功率小于敏感度门限,则此时的无线电系统的性能度量值低于其性能门限,无线电系统间电磁兼容。反之,则不兼容。可以通过实验或者理论分析获得性能度量与敏感度之间的关系。这样,对于无线电系统间的电磁兼容性预测分析,我们只关心敏感度门限,而不在意接收系统具体的组成结构。基于以下假设:无线电系统之间的位置关系能够用经纬度和高程系表征;发射天线发射的电磁波经电波传播空间时,限于陆地传播情况,不考虑海洋传播及机载、舰载的无线电系统间的情况。

在进行系统间电磁兼容性预测分析时,认为系统是静态的,即不考虑时间因素的影响。采用逐对考虑的方式,每次选一个发射机和一个接收机。通常采用分级预测原理,预测通常分4个等级,即快速剔除、幅度剔除、带宽修正与频率间隔修正、详细分析。第一级预测是快速剔除,这种4级筛选方法在开始时可以利用输入函数的最简表达式对整个问题做一快速扫描即快速剔除预测。第二级预测是幅度剔除预测,只考虑发射响应的幅度,此时仅在相当粗略的程度上考虑频率、距离和方向的影响。快速剔除与幅度剔除是采用每个输入函数的简单、合理、保守的近似式,这将大量的微不足道的干扰与相当少的强干扰分离开来,对前者不再做后面各级的预测,这使问题的范围大大缩小。第三级预测是带宽修正与频率间隔修正,它是以快速剔除预测和幅度剔除预测为基础做两次修正。由干扰源的带宽和敏感响应的带宽之差做一次修正,接着按干扰源和敏感响应之间的频率间隔做第二次修正。详细分析主要是考虑电磁波实际的传播情况。

3. 系统内预测分析步骤

系统内预测时,由于内部设备联系紧密,空间布局密集,既需按层次分解,划分分系统—设备—组件级,又要考虑分系统和设备间的交链频繁,存在难以分解的局部情况,如线缆间的耦合,既有同一层次的横向连接,又有上下层的纵向连接,这就需要把它划分成一个专门的子系统来分析计算。

为便于系统的分析工作,现做如下假定。

(1)系统内所有设备或整机,每一个单独工作时自身兼容、运转正常,而且均达到相应的EMC国军标要求。

(2)一般情况下,系统内诸设备或整机之间的相互干扰或信息传输是通过天线间耦合实现的。仅在少数情况下,几个设备或整机之间存在传导耦合(如在同一小范围内的阵地上几部通信台与雷达共用电源)。

(3)任何一个设备或整机,从EMC角度均可等效为若干个干扰源、敏感设备及其与外界相关联的传输函数。

以雷达通信系统为例进行说明,对系统电磁兼容性分析主要有两方面。

(1)系统内雷达、通信、导航与电子战诸设备或整机的电磁兼容性功率谱分布,以及频谱分析。

(2)研究系统内无线电信息与干扰的传输途径。其中传导耦合和辐射耦合含近场与远场区的耦合,但这里仅讨论辐射耦合。

具体的耦合途径有:雷达天线之间的干扰耦合;通信天线之间的信息与干扰耦合;雷

达、通信、导航与电子对抗设备诸天线间的干扰耦合;大功率源、发射机、切换开关、信息设备等通过引线,机壳缝隙辐射的电磁能对邻近灵敏接收机的干扰(通过天线或直接进入部分)。

为了减少计算工作量,缩短计算时间,采用“一点对多点”方法,通过干扰幅度筛选和干扰频率筛选,快速剔除90%以上的非干扰情况。然后对余下的具有潜在干扰可能的发射—接收对进行详细分析计算。具体的分析步骤如下。

(1)充分收集并分析系统中配置的每一种电子装备的工作体制、战术技术性能。只有充分掌握系统内每一台电子装备的电磁特性,才能进行EMI的具体计算。为了适应现代电子战环境,雷达、通信等电子装备的信号型式越来越复杂,天线的体制也在不断更新。作为系统总体,从EMC角度往往获取的资料很不全面,要自己补充齐全,有的资料还必须进一步计算得出,如:近场的方向图、天线各级谐波的方向图以及他们相应的天线增益。

(2)幅度筛选。在知道了系统内各干扰源的频带与相应的功率电平、系统内各接收机的工作频带与相应的灵敏度之后,首先选定一个接收机,依次计算出在不同方向上,各个干扰源天线与接收天线之间扣除了电波路径衰减后的干扰耦合值,即所谓“一点对多点”计算法,便可估计出潜在可能的干扰。这种估计显然是十分粗略的,但它能将大量的微弱干扰与极少数强干扰分离开来,使要处理的干扰问题的范围大大缩小。

(3)频率筛选。以幅度筛选结果为基础,对潜在干扰源的发射频带与接收机响应的频带进行分割、细化。对对应发射—接收响应的频率点,以及很邻近的频率点之间的耦合做进一步计算与处理。

(4)天线间耦合详细预测。对经过频率筛选后的潜在干扰发射—接收对,按其方向、距离和时间的变量,对两天线间的耦合情况做详细分析。其中包括:天线的近场增益计算,地面的反射与镜像作用、高次阶波天线方向图与相应的增益,天线附近金属物体对电波的散射作用等。最后计算出在一定的距离与方向上两天线耦合强度的统计结果。

(5)性能预测。对任一潜在可能被干扰的接收机输入端总是包含有信号 S、干扰 I 和噪声 N。根据每一接收机的特性,结合比值 S/I 和 $S/(I+N)$ 的大小,对潜在干扰状态给出最终的预测结果。

4. 设备级预测分析步骤

设备级预测分析主要以两个设备之间的耦合分析为基本内容,对于多个设备,只不过对所有设备依次循环,一一对应重复进行而已。图7-18是两个设备之间干扰分析的示意图,分析步骤如下。

(1)分析两个设备所在空间的电磁环境,有无外来电磁辐射干扰。

(2)分析两个设备相互联系:有无互相连接的电缆;有无共用电源;有无公共接地平面;是否通过箱壳接地构成接地环路。

(3)分析设备内部电路辐射源、传导干扰源和敏感电路,并以“端口”形式表示两个设备之间的所有干扰源和敏感设备,如图7-19所示。

(4)确定两设备之间的所有电磁干扰耦合途径,如导线对导线的耦合、公共阻抗耦合、

共电源阻抗耦合、天线对天线的耦合、天线对导线的射频耦合、近场共模感应耦合、差模感应耦合等，在图 7-19 中以直线表示两端口间的耦合通道。

（5）逐项一对一地分析，既要考虑多“端口”的综合效应，更要抓住主要的严重的干扰源端口，判断兼容与否。

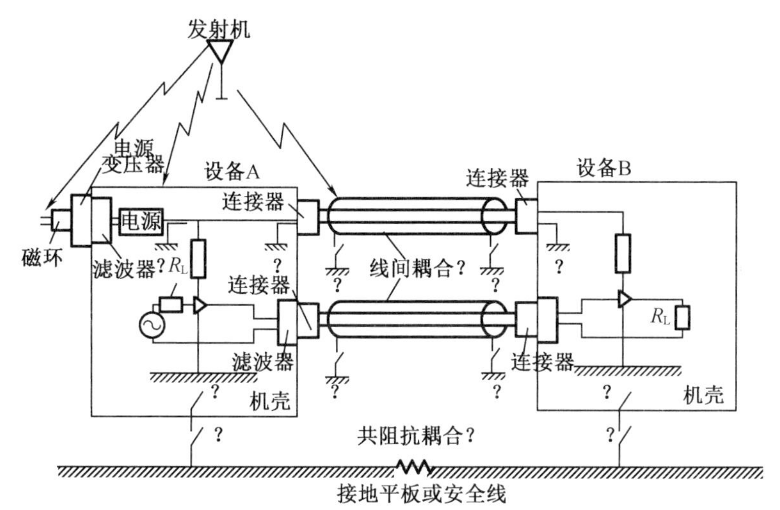

注：图中“？”表示是否通过壳接地构成环路。

图 7-18　两个设备间干扰分析示意图

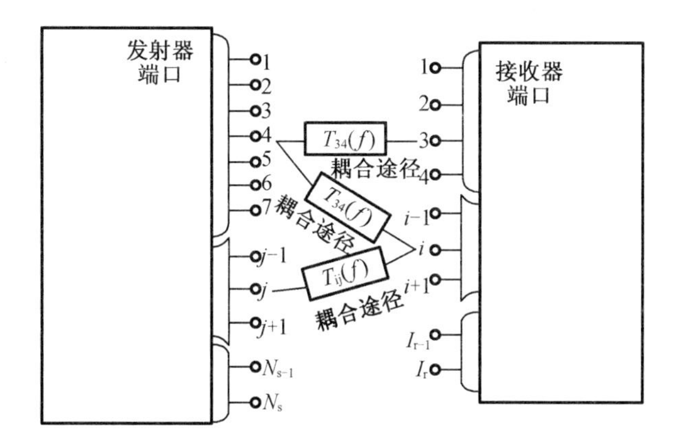

图 7-19　以“端口”形式表示两个设备之间的所有干扰源和敏感设备

第8章 电磁防护器件及电路

8.1 电磁防护器件分类与特性

8.1.1 电磁防护器件分类

电磁防护器件按照工作原理可分为开关元件类、限压元件类以及防过流和防过热保护元件类。

1. 开关元件类

系统正常工作时，开关元件是断开的，当浪涌到来时，开关元件导通，将浪涌电流泄放到大地，从而保护电子设备免受浪涌冲击而损坏。开关元件包括陶瓷气体放电管、玻璃放电管（强效放电管）和半导体过压保护器（半导体放电管TSS、固体放电管）等。

开关元件具有以下优点：器件击穿前相当于开路，电阻很大，几乎没有漏电流，器件击穿后相当于短路，可通过极大的电流，压降很小；除个别半导体过压保护器外，大都具有双向对称特性，可以防护正负脉冲，且脉冲通流容量大。对于不同的开关元件，又各自具有不同的特点，例如陶瓷气体放电管和玻璃放电管的电容很小，在3 pF以下；玻璃放电管的击穿电压很高，达到5 kV以上；半导体过压保护器的击穿电压可以准确控制等。

不同的开关元件又有各自的不足，陶瓷气体放电管由于气体电离需要一定的时间，所以响应速度慢，这使得它在未导通前会有一个幅度较大的尖脉冲泄漏过去，同时其击穿电压只有几个特定值，一致性不好，比较分散。玻璃放电管和半导体过压保护器通流容量比陶瓷气体放电管小，玻璃放电管击穿电压也比较分散，半导体过压保护器则电容较大。

2. 限压元件类

限压元件类似于稳压二极管具有限压特性，当外加电压小于器件导通电压时具有很大内阻,漏电流很小;当外加电压大于器件导通电压时,内阻急剧减小,可以流过很大电流,而其两端电压只有少量上升。限压元件的导通电压有从低到高的系列值,适合在不同场合使用。限压元件主要有压敏电阻(MOV)、瞬态电压抑制二极管(TVS)等,但通常上述二者的电容较大,在高频防护电路设计时需要考虑这一因素。

MOV 与 TVS 相比能够承受更大的浪涌电流,且体积越大所能承受的浪涌电流越大,但同时 MOV 的漏电流也较大,非线性特性不佳,动态电阻较大,大电流通过时钳位电压较高,所耐受的冲击电流随冲击次数增加而减小,易老化。TVS 的非线性特性和稳压管类似,动态电阻小,钳位电压低,不易老化,使用寿命长,但通流能力小。二者在响应速度上也有所不同,TVS 的响应速度快,为 ps 级,MOV 的响应速度稍慢,为 ns 级。

3. 防过流和防过热保护元件类

防过流元件有自恢复保险丝、电流保险丝和电阻;防过热保护和过热检测元件有温度保险管和温度保险丝。自恢复保险丝是一种正温度系数热敏电阻,当流过它的电流小于其保持电流时(温度较低)阻值很小;当流过它的电流超过其触发电流时(温度升高)阻值急剧增大,从而阻断浪涌电流的持续侵入或者电路的续流;温度降低后其能自行恢复,但由于热惰性,反应速度很慢,一般为秒级。自恢复保险丝可以代替电流保险丝,免除经常更换的麻烦。温度保险管和温度保险丝是一种温度开关元件,正常工作时短路,当温度高于其断开温度时,开关断开且不可恢复,常用于过热保护和过热检测。

8.1.2 电磁防护器件特征参数

电磁防护器件的特征参数有击穿电压、限幅电压、过冲峰值电压、限幅响应时间、通流量、漏电流等。

1. 击穿电压

击穿电压是在器件上施加一定上升率的单次脉冲电压,介质击穿那一刻的电压值。通常,电介质在足够强的电场作用下将失去其介电性能成为导体,称为电介质击穿,这时所对应的电压为击穿电压,电介质击穿时的电场强度叫作击穿场强,不同电介质在相同温度下击穿场强不同。

2. 限幅电压

限幅电压是施加规定电流时器件两端的峰值电压。当电流波形为一个前沿极快的矩形波时,过冲后器件两端的电压为限幅电压。

选择限幅电压时,往往设计完成后的限幅电压与器件手册上给出的参数不一致。这是由于经过防护电路设计,器件留有一定长度的引线,如果引线过长,寄生电感会导致电磁脉冲到来时限幅电压升高,特别是将防护器件焊接在印刷电路板的印制线上时,印制线长而弯曲,引起的寄生电感更大,防护效果不理想。电磁兼容与防护技术本身是解决器件的非

理想性问题，为电子设备抗干扰乃至抗毁伤而设计，因此电磁防护电路本身的工作特性务必考虑相关的专业性设计，关注甚至利用寄生参数，达到安全可靠防护的目的，更不能起反作用。

限幅电压低的防护器件对受保护设备的防护效果更好，可抑制振荡，衰减瞬态过电压。但通常限幅电压低的防护器件其击穿电压也低，通流能力有限，主要用在防护电路的后级，与其他开关型防护器件配合使用达到快响应兼具大通流的能力。一般地，1kV 峰值开路电压的瞬态冲击不会令电子设备立即失效。

3. 过冲峰值电压

作用于器件两端的瞬态脉冲高电压在被抑制限幅之前会出现过冲，然后被限幅在一个较低的电压，过冲的峰值电压称为过冲峰值电压。

4. 限幅响应时间

瞬态脉冲被限幅前的时间称为限幅响应时间。

如图 8－1 所示，限幅响应时间 t 的测量判读规定为：瞬态脉冲电压上升到击穿电压 U_{BR} 与下降到 1.1 倍限幅电压 U_C 的时间间隔 τ。

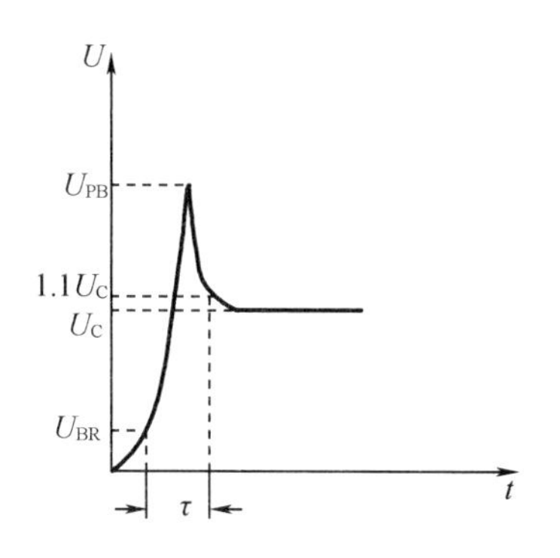

图 8－1　限幅响应时间

5. 通流量

通流量也称为通流容量，是指在规定的条件下（规定的时间间隔和次数，施加标准的冲击电流），允许电磁防护器件上通过的最大脉冲（峰值）电流值。在雷电防护中，防护器件通过吸收电路中的浪涌能量而达到保护的目的，通流量常用来衡量浪涌保护器的最大可承受能量，冲击下能量是功率对时间的积分，但由于获取困难，工程上往往以允许通过规定波形的电流幅值来衡量这一性能。对压敏电阻而言，通流量为对于规定的冲击电流波形和冲击电流次数，压敏电压变化不超过 ±10% 时的最大脉冲电流值。

6. 漏电流

电学中将描述电阻特性的物理量叫作“电阻率”，但电阻率存在一定的极限，即没有绝对绝缘的物体，正是由于这个原因，在绝缘体中会产生微小的电流，这部分电流叫作“漏电流”。相对于防护器件，其不能做到绝对的能量切断，仍然会有少量电流流向受保护电路，这部分电流为漏电流。在选择防护抑制器时，也应关心在经受脉冲冲击后的漏电流大小，有些防护器件在承受冲击前漏电流较小而在经受脉冲冲击后漏电流就极大了。例如，某些雷电浪涌抑制器在经受峰值短路电流为 3 kA 的复合波形试验后，漏电流达到 5 mA，这一电流流经人体时会使人有麻木的感觉。

8.1.3 常用电磁防护器件

1. 气体放电管

气体放电管是一种间隙型的防护器件，管内有两个或多个电极，充有一定量的惰性气体，常在雷电防护中使用，优点是通流量大、绝缘电阻高、漏电流小。气体放电管多置于多级保护电路中的第一级或前两级，起到泄放雷电瞬时过电流和限制过电压的作用，放电管的极间绝缘电阻很大，寄生电容很小，对高频信号线路的雷电防护具有优势。不足之处在于放电时延大，动作灵敏度不高，对于波头上升陡度大的雷电波形难以有效抑制，在电源系统的雷电防护中存在续流问题。

气体放电管的工作原理是气体间隙放电。当外加电压增大到管子两个电极之间的电场强度超过管内惰性气体的击穿场强时，两极之间便被击穿导通，导通后间隙击穿电弧的弧道所确定的残压大小便是放电管两端电压的大小，这种残压一般很低，从而使得与放电管并联的电子设备免受过电压的损坏。气体放电管为一种双极性器件，具有自恢复功能，宜在滤波器或其他高阻保护器件之前与保护对象并联使用，达到抑制浪涌电压的作用。

气体放电管的关键参数有：直流击穿电压（U_b）、脉冲击穿电压（U_s）、响应时间（t_s）、冲击耐受电流、绝缘电阻（R_G）以及极间电容（C_P）等，结合脉冲波形，气体放电管的性能参数如图 8－2 所示。

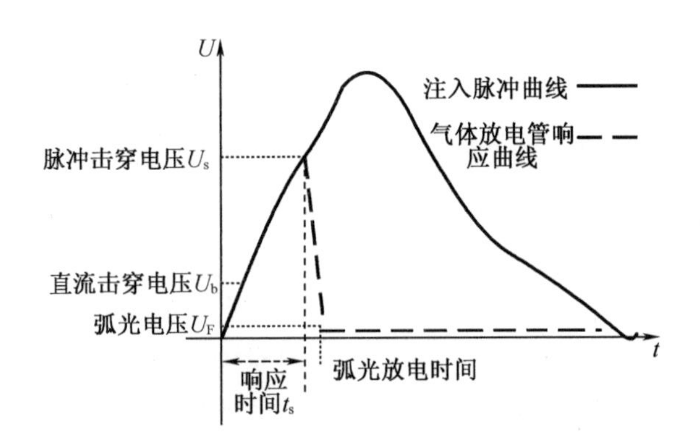

图 8－2 气体放电管参数示意图

(1)直流击穿电压(U_b)

直流击穿电压是逐渐增大气体放电管两级的电压,当气体放电管开始放电时的电压值,通常为施加一个上升陡度低于 100 V/s 的电压作用下,放电管开始放电的平均电压值,由于放电的分散性,直流放电电压是一个数值范围。

(2)脉冲击穿电压(U_s)

脉冲击穿电压是在具有规定上升陡度的暂态电压脉冲作用下,放电管被击穿的电压值。一般会给出上升陡度 100 V/μs 和 1 kV/μs 的脉冲启动电压值。

(3)响应时间(t_s)

具有上升陡度的脉冲注入时,气体放电管需要一定的时间才能导通,该延迟时间作为响应时间。结合防护实际,将其定义为脉冲开始注入到响应脉冲开始下降的时间差。

(4)冲击耐受电流

冲击耐受电流是指通过规定波形以及规定次数的脉冲电流,使其直流击穿电压与绝缘电阻均不会发生明显变化的最大峰值电流值。例如给出 8/20 μs 波形下冲击 10 次的耐受电流或 10/1 000 μs 波形下冲击 300 次的耐受电流。气体放电管的耐受电流很大,一般为 kA 级别。

(5)绝缘电阻(R_G)

绝缘电阻是指在未启动时气体放电管的电阻值,一般通过直流电压测试获得,通常气体放电管的绝缘电阻是 1 GΩ。

(6)极间电容(C_P)

气体放电管两极的电容值,通常在特定频率 1 MHz 下测得,气体放电管的极间电容很小,一般小于 3 pF。实际上,器件的极间电容不单包含结电容,还包括引线间的电容。

使用时应根据电路防护量级,对所需防护的电路按照标准的测试电压和波形来确定气体放电管的通流量(冲击耐受电流),一般实际通流量是额定所需通流量的 2 倍以上。

需要注意的是,若在瞬态过程结束后气体放电管仍维持弧光放电,则气体放电管未能返回到非导通状态,因此在瞬态脉冲防护中,特别要注意放电管在抑制浪涌电压结束后,由正常运行电压所产生的续流问题,既要使源的最大输出电流小于放电管的弧光熄灭电流,又要使源的最大输出电压小于放电管的弧光熄灭电压。特别是在电源防护上,气体放电管的续流电压只有几十伏,当电源电路工作电压大于气体放电管续流电压时,则不能单独用在电源防护电路上,因为它会一直导通从而导致两极间持续短路,通常串联搭配压敏电阻使用。

2. 半导体放电管

半导体放电管是根据可控硅原理采用离子注入技术生产的保护器件,具有精确导通、快速响应(响应时间 ns 级)、浪涌吸收能力较强、双向对称、可靠性高等优点。

半导体放电管的伏安特性曲线如图 8 - 3 所示,它存在一个转折电压 U_{BO},当浪涌电压小于 U_{BO}时,半导体放电管处于关断状态,阻抗很大;当浪涌电压大于 U_{BO}时,半导体放电管会产生负阻效应,瞬时从高阻变低阻,将浪涌信号导入地上,从而保护电路。半导体放电管通流量较大,当导通电流小于维持电流 I_H后又恢复常态。

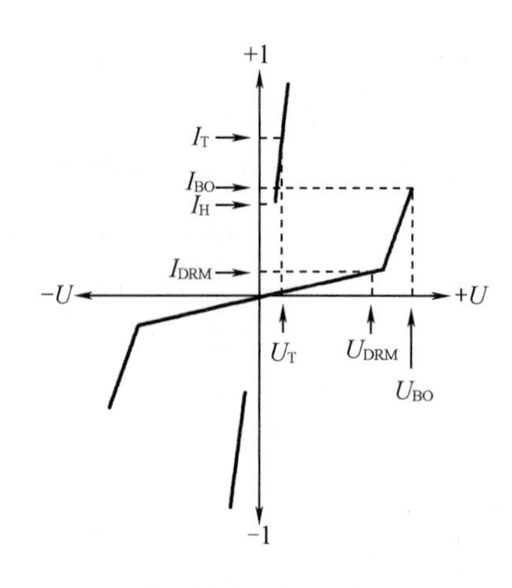

图 8－3　半导体放电管的伏安特性曲线

半导体放电管的性能参数如下。

(1)反向截止电压(U_{DRM})

反向截止电压是器件能够长期正常不动作工作的电路电压,也称断态重复峰值电压,是断态时刻施加的包含所有直流和重复性电压分量的额定最高瞬时电压。

(2)反向最大漏电流(I_{DRM})

反向最大漏电流是器件在不动作电压下测试到的漏电流,也称断态重复峰值电流,是施加断态重复峰值电压 V_{DRM} 产生的峰值断态电流。

(3)击穿电压(U_{BR})

击穿电压是器件被击穿发生雪崩的最小击穿电压,这是表示半导体放电管开始导通的标志电压。

(4)跌变电压(U_{BO})

跌变电压是器件两端电压发生转折的电压。当电压升高达到转折电压 V_{BO} 时,半导体过压保护器完全导通,呈现很小的阻抗,两端电压 V_T 立即下降到一个很低的数值。

(5)跌变电流(I_{BO})

跌变电流是发生跌变时的电流值。

(6)维持电流(I_H)

维持电流是器件维持跌变后导通状态的最小电流值,即半导体放电管继续保持导通状态的最小电流。一旦流过它的电流小于维持电流 I_H,它就恢复到截止状态。

(7)导通电流(I_T)

导通电流是在通态条件下流过器件的电流。

(8)导通电压(U_T)

导通电压是在一定电流 I_T 测试条件下,测得器件跌变后两端的电压。

(9)峰值脉冲电压(U_{PP})

峰值脉冲电压是给定波形下半导体放电管可通过的最大峰值脉冲电压值。

(10)脉冲峰值电流(I_{PP})

脉冲峰值电流是给定波形下半导体放电管可通过的最大峰值脉冲电流。

使用时，半导体放电管的脉冲峰值电流要大于防护设计的通流量，根据受保护电路的防护量级，来确定通流量。反向截止电压要大于被保护电路工作电压最大值，跌变电压大于被保护电路所允许的最大瞬间峰值电压，维持电流大于被保护电路的最大工作电流，这样才能保证干扰电流过去后器件性能恢复。由于半导体放电管具有负阻效应，浪涌过后只有导通电流小于保持电流后才可以恢复正常，它的导通特性接近于短路，因此半导体放电管不能单独应用于较高电压的电源防护上，在这样的电路中使用时必须加限流元件，使其续流小于最小维持电流。

3. 压敏电阻

压敏电阻是一种伏安特性呈非线性的限压型电压敏感器件，在正常电压下相当于一个很小的电容，电路出现过电压时，内阻急剧下降并迅速导通，工作电流增大几个数量级，响应时间快，通流量大。

氧化锌压敏电阻伏安特性如图 8 - 4 所示。伏安曲线分为 3 个变化区域，预击穿区也叫小电流区，在此区域压敏电阻电流非常小，处于高电阻状态，系统正常运行时即工作在此区域；击穿区也叫限压工作区，在此区域压敏电阻流过的电流较大，特性曲线比较平坦，动态电阻很小，压敏电阻对过电压起到钳位限压作用；回升区也叫过载区，此时伏安曲线迅速上扬，通过的电流很大，电阻明显增大，钳位限压功能逐渐消失，继而出现电流过载现象。

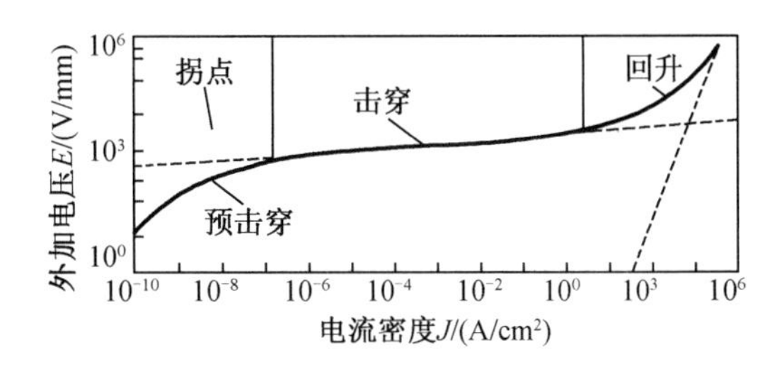

图 8 - 4　氧化锌压敏电阻伏安特性

压敏电阻的关键参数有：压敏电压（U_{1mA}）、钳位电压（U_C）、过冲峰值电压（U_P）、响应时间（t_s）、冲击耐受电流、极间电容（C_P）。结合脉冲波形，压敏电阻的性能参数如图 8 - 5 所示。

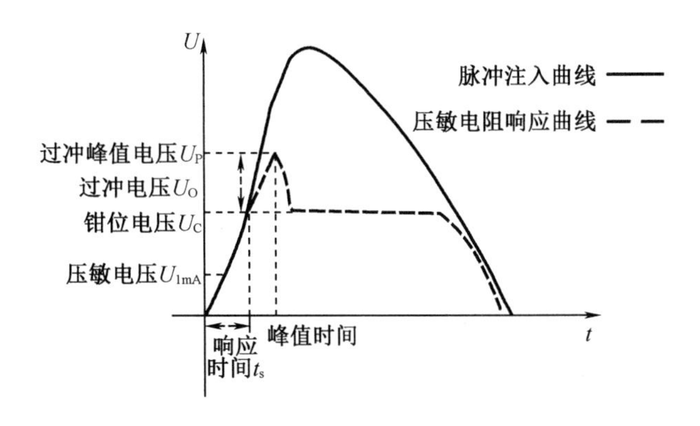

图 8 - 5　压敏电阻的性能参数示意图

(1)压敏电压(U_{1mA})

压敏电压是加在压敏电阻两极的击穿电压,一般定义为流过1 mA直流电流时压敏电阻两端的电压值。它是压敏电阻对电压发生动作的一个指标,高于这个电压值,压敏电阻开始抑制。

(2)钳位电压(U_C)

导通后压敏电阻将电压限制在某一电压值以内,该电压值称为钳位电压,是大电压/大电流冲击后元件两端的残余电压测量值。

(3)过冲峰值电压(U_P)

当注入脉冲具有较快上升沿时,此时的电流变化率很大,电感不能被忽略,进而出现过冲电压U_0,该电压与钳位电压U_C叠加便是过冲峰值电压。

(4)响应时间(t_s)

响应时间定义为脉冲开始注入到器件进入钳位工作区的延迟时间。响应波形出现过冲意味着此时器件已经开始导通钳位,结合过冲的定义,在电压第一时间等于U_C时,压敏电阻已经开始启动。

(5)冲击耐受电流

冲击耐受电流是指压敏电阻在某一脉冲注入下压敏电阻波动在10%以内的电流最大值。例如常给出雷电电磁脉冲8/20 μs波形下单次冲击耐受电流值和二次冲击耐受电流值,压敏电阻的耐受能力较气体放电管略差。

(6)极间电容(C_P)

压敏电阻存在固有电容,根据外形尺寸和标称电压不同,数值在数百至数千pF之间,常给出1 kHz下的典型值。压敏电阻由于固有寄生电容较大,不适合在高频场合下使用。

压敏电阻可近似为多个二极管串并联,压敏电阻的厚度越厚,意味着串联的二极管越多,压敏电压越大,极间电容越小;压敏电阻的面积越大,则并联的二极管越多,极间电容也越大,通流能力越强。

压敏电阻的响应时间为几ns到几十ns,具有高浪涌吸收能力,在瞬态过程中,由于极间电容较大,可构成非线性低通滤波器,对于保护电力线十分有效,但不宜用于射频电路。当压敏电阻承受超过规定的连续电流时,一般以短路的形式损坏,当承受超过规定的脉冲电流时,可能以开路的形式损坏。

在使用时,压敏电压值要大于实际电路中的峰值电压,即连续施加在压敏电阻两端的电压要小于压敏电阻的最大持续工作电压,压敏电阻的钳位电压要小于被保护设备所能承受的最大电压,压敏电阻的标称放电电流要大于线路中可能出现的最大浪涌电流。根据使用目的的不同,又分为电源保护、信号线保护、数据线保护用压敏电阻。

4.瞬态抑制二极管

瞬态抑制二极管属限压器件,它的主要特点是响应速度极快(亚ns级)、体积小、通流能力小,一般用于多级保护的后级防护。瞬态抑制二极管正向伏安特性曲线与普通二极管一样,反向伏安特性为其工作特性。结合脉冲波形,瞬态抑制二极管的性能参数如图8-6所示。

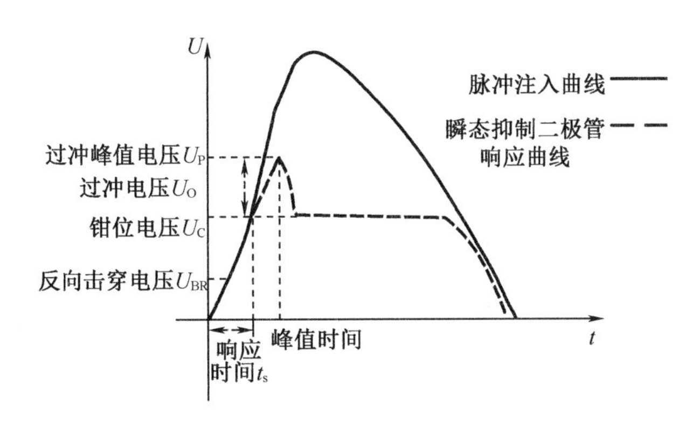

图 8－6　瞬态抑制二极管参数示意图

（1）反向击穿电压（U_{BR}）

当施加到瞬态抑制二极管两端的反向电压小于此值时不导通，瞬态抑制二极管处于反向关断状态。

（2）钳位电压（U_C）

钳位电压是瞬态抑制二极管通过某一规定脉冲峰值电流 I_{pp}时两端的电压值，一般是在 10/1 000 μs 脉冲电流下的电压值。在 ns 级快沿脉冲下，钳位电压是指平稳电压值。

（3）过冲峰值电压（U_P）

限压型器件在导通时因电感以及快沿脉冲电流变化率的原因，会出现一个过冲电压 U_O，过冲峰值电压 $U_P = U_C + U_O$。

（4）最大反向峰值脉冲电流（I_{PP}）

最大反向峰值脉冲电流是瞬态抑制二极管反向工作时，在施加规定的脉冲条件下，允许通过的最大峰值脉冲电流。

（5）脉冲功率（P_{PPM}）

脉冲功率是指某一规定波形注入下，瞬态抑制二极管钳位电压与峰值电流的乘积，通常给出 10/1 000 μs 脉冲的脉冲功率值，一般是几百到上千瓦，脉冲功率也决定了瞬态抑制二极管的耐受能量。若脉冲持续时间比 10/1 000 μs 的脉冲持续时间短，则管子可以吸收比标称功率值更大的瞬态功率。

（6）结电容（C）

结电容大小与瞬态抑制二极管的电流承受能力成正比，通常在 1 MHz 频率下测得。结电容太大将使有用信号被衰减，因此结电容是数据接口电路选用瞬态抑制二极管的重要参数，由芯片的面积和偏置电压来确定，偏置电压与电容值成反比。

对于小电流负载保护，可在线路上增加限流电阻，限流电阻适当则不会影响正常工作，此时可以选用峰值功率较小的瞬态抑制二极管来实施保护。多节点应用的接口采用瞬态抑制二极管防护时，需要注意瞬态抑制二极管的结电容累积效应，过大则影响正常工作。由于瞬态抑制二极管通流量有限，一般不单独用于电源接口的浪涌防护电路设计。

5. PIN 二极管

由重掺杂的 P 型半导体和重掺杂的 N 型半导体之间夹一层本征型半导体而构成的特

殊二极管,称为 PIN 二极管。PIN 管在直流正－反偏压下呈现近似导通或断开的阻抗特性,实现控制微波信号通道转换作用。PIN 二极管的直流伏安特性和 PN 结二极管是一样的,但是在微波频段却有着根本的差别。由于 PIN 二极管 I 层的总电荷主要由偏置电流产生,而不是由微波电流瞬时产生,所以其对微波信号只呈现一个线性电阻。此阻值由直流偏置决定,正偏时阻值小,接近于短路,反偏时阻值大,接近于开路。因此可以把 PIN 二极管作为可变阻抗元件使用,常被应用于限幅器中。

(1)插入损耗

开关在导通时衰减不为零,称为插入损耗。

(2)隔离度

开关在断开时其衰减也非无穷大,称为隔离度。

(3)开关时间

由于电荷的存储效应,PIN 管的通断和断通都需要一个过程,这个过程所需的时间即为开关时间。

(4)承受功率

承受功率是在给定的工作条件下,微波开关能够承受的最大输入功率。

(5)电压驻波系数

电压驻波系数反映端口输入、输出匹配状况。

8.2 几种典型电磁防护器件性能仿真

8.2.1 半导体放电管模型与仿真

半导体放电管的基本结构如图 8－7(a)所示,基于其 PNPN 型结构和电气参数,可建子电路模型如图 8－7(b)所示。

以 BORN 公司半导体放电管 BEP2600TA 为仿真对象,其电性能参数如表 8－1 所示,仿真分析结果如下。

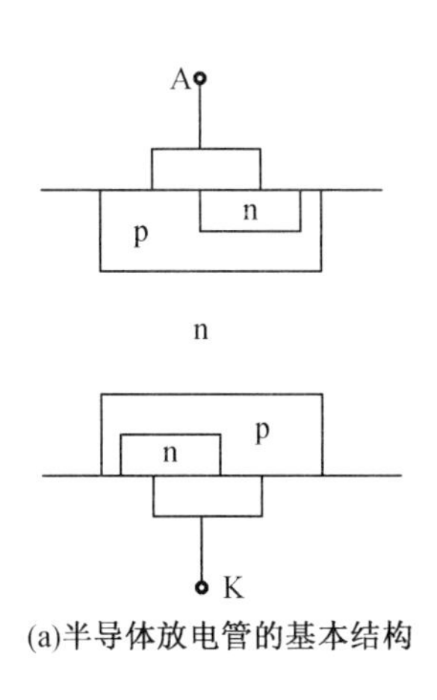

(a)半导体放电管的基本结构

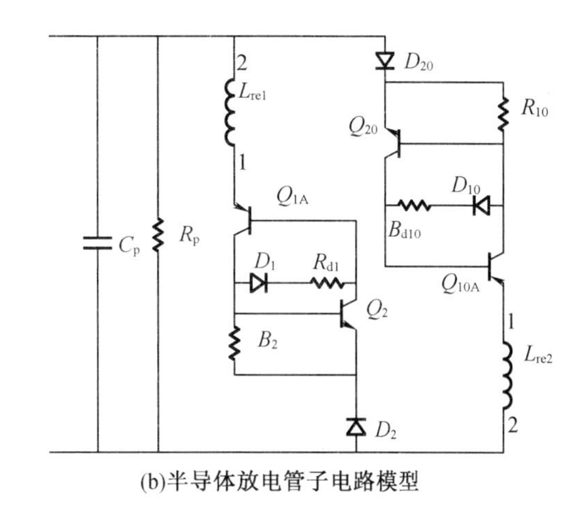

(b)半导体放电管子电路模型

图 8-7　半导体放电管模型

表 8-1　BEP2600TA 的电性能参数

击穿电压(U_{BR}):220 V	转折电压(U_{BO}):300 V
开启状态电压(U_T):4 V	转折电流(I_{BO}):300 mA
电容:35 pF	断态电流(I_{BR}):5 μA
开启状态电流(I_T):2.2 A	保持电流(I_H):150 mA

1. 脉冲瞬态响应特性

半导体放电管 TSS 脉冲瞬态仿真中,注入方波脉冲 U_1 的幅值为 500 V,上升沿分别为 1 μs 和 5 ns,电路瞬态响应电压 U_0 如图 8-8 所示。

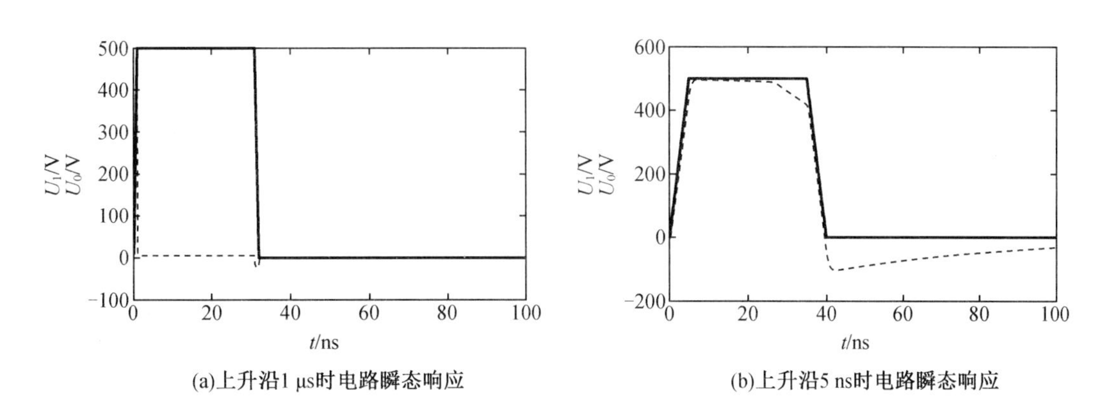

(a)上升沿1 μs时电路瞬态响应　　(b)上升沿5 ns时电路瞬态响应

图 8-8　TSS 在不同上升时间方波脉冲下的瞬态响应

当注入脉冲上升沿为 1 μs 时,TSS 有效导通;当脉冲上升沿为 5 ns 时,注入脉冲幅值超过导通电压,TSS 未导通且产生了续流,响应速度不够。

2. 连续波瞬态响应特性

在连续波瞬态仿真中,注入连续波幅值为 500 V,频率分别为 2 MHz 和 60 MHz,电路瞬

态响应如图 8 -9 所示。

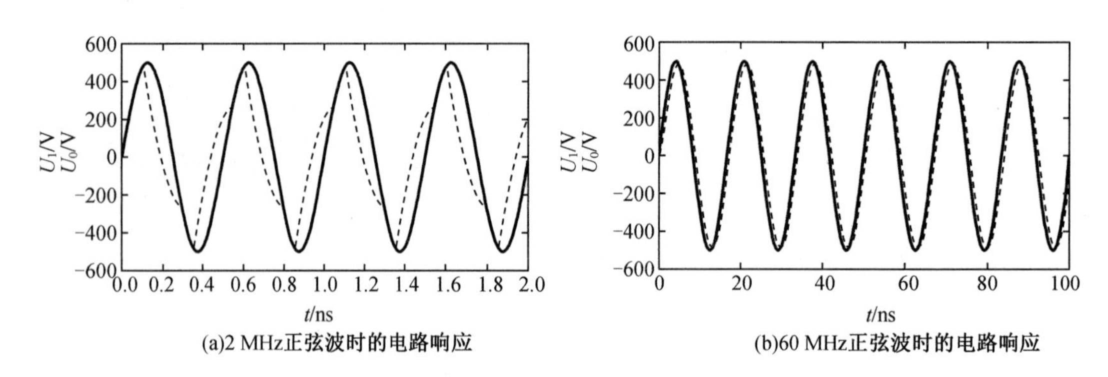

图 8 -9　TSS 在不同频率连续波下的瞬态响应

TSS 对连续波的瞬态响应与频率有关。当注入连续波的频率较高时,即使注入电压达到了转折电压,TSS 也未导通。

8.2.2　瞬态抑制二极管模型与仿真

TVS 管的电气特性由 P - N 结面积、掺杂浓度及晶片阻质决定。当电路正常工作时,TVS 处于截止状态;当电路工作异常且达到击穿电压时,TVS 会迅速由高阻态变为低阻态,给浪涌电流提供一条低阻导通路径,同时将异常电压限制在安全水平内;当异常过压消失时,TVS 恢复高阻,电路正常工作,单向 TVS 宏模型如图 8 -10 所示。

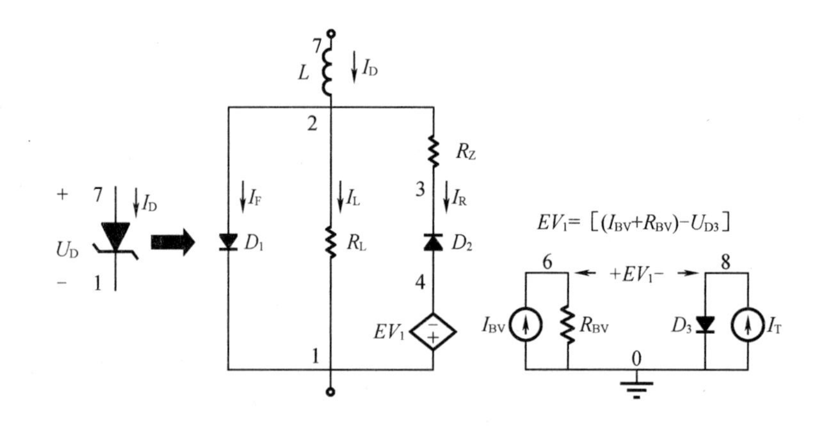

图 8 -10　TVS 二极管宏模型

以 ROHM 公司 TVS 产品 RSB27UM2FHTL 为仿真对象,其性能参数如表 8 -2 所示。

表 8－2　RSB27UM2FHTL 的性能参数

前向电压(V_F):3.5 V	前向电流(I_F):100 A
峰值反向电压(V_{RWM}):24 V	最大反向漏电流(I_R):0.3 μA
击穿电压(V_{BR}):32 V	测试电流(I_T):1 mA
结电容(C_t):30 pF	耗散功率(P_D):200 mW

1. 脉冲瞬态响应特性

TVS 脉冲注入瞬态仿真中,注入方波脉冲 U_1 的幅值为 50 V,上升沿分别为 1 μs 和 1 ns,电路瞬态响应电压 U_0 如图 8－11 所示。

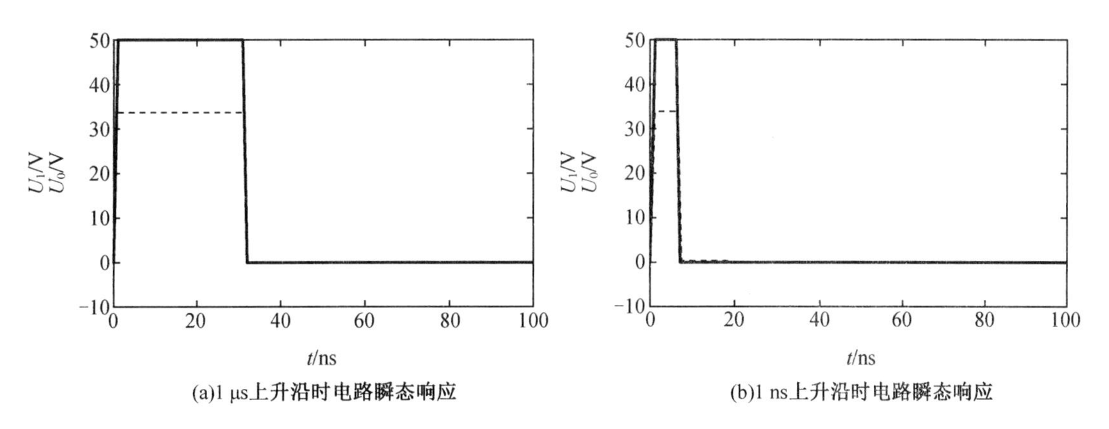

(a)1 μs上升沿时电路瞬态响应　　(b)1 ns上升沿时电路瞬态响应

图 8－11　不同上升时间时 TVS 的瞬态响应

当注入脉冲超过击穿电压时,TVS 管对 μs 级和 ns 级上升沿的脉冲均能有效限制。

2. 连续波瞬态响应特性

连续波瞬态仿真中,调整连续波的幅值和频率来观测 TVS 的抑制效果。图 8－12 为注入频率 60 MHz、幅值 100 V 的连续波下 TVS 的瞬态响应。图 8－13 为注入不同频率和幅值的连续波下 TVS 的瞬态钳位电压。

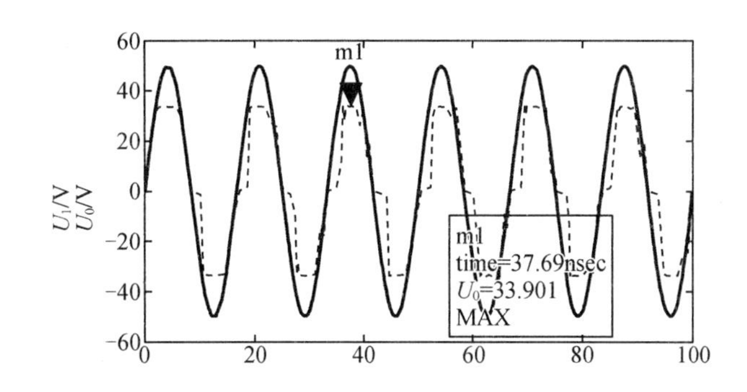

图 8－12　频率 60 MHz、幅值 100 V 的连续波下 TVS 瞬态响应

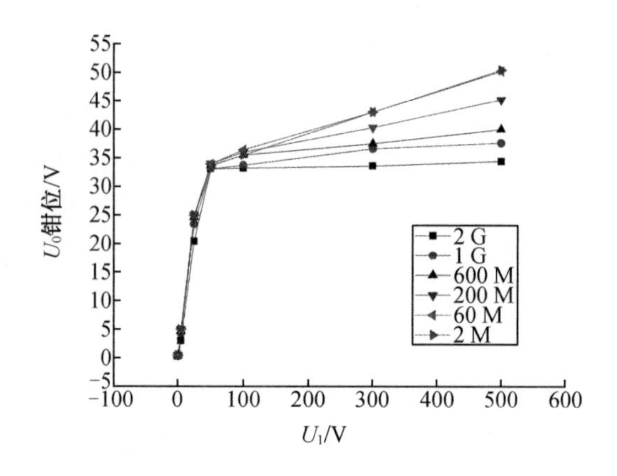

图 8－13　注入不同幅度连续波时 TVS 的瞬态响应

由以上两图可知，TVS 能够对大电压精确钳位。连续波频率较低时，钳位电压随注入信号幅度的增大而增大；连续波频率较高时，钳位电压随注入信号幅度的变化较小。

8.2.3　PIN 二极管模型与仿真

PIN 二极管通常由掺杂浓度很高的 P 区和 N 区以及两者界面之间的一个未掺杂的本征层即 I 层构成。PIN 二极管的特点是正向偏置时 I 层阻抗变小，处于导通状态；反向偏置下 I 层未穿通时，耗尽层电阻较大，PIN 二极管处于高阻状态。

关于 PIN 二极管的高频动态模型，Strollo 提出了基于渐进波形估计的部分拉式变换模型，通过对 PIN 二极管载流子的双极扩散方程进行拉普拉斯变换，得到基区电流和电荷量的关系，最后通过 Pade 等效，建立 PIN 二极管子电路模型。图 8－14 为 Strollo 建立的 PIN 二极管子电路模型。

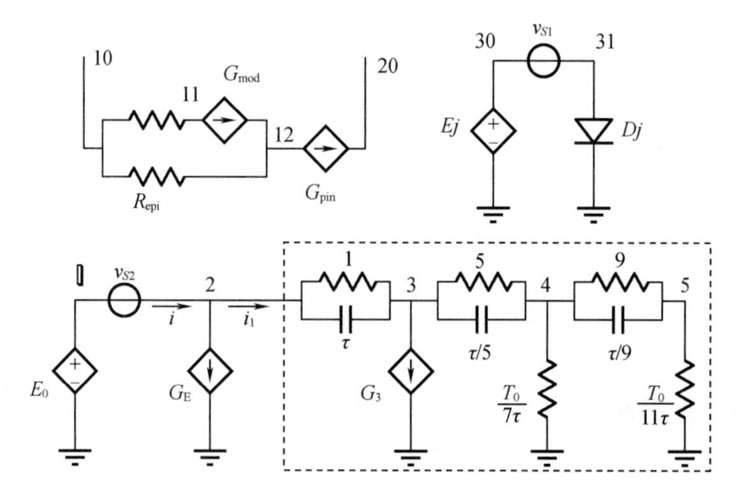

图 8－14　Strollo 建立的 PIN 二极管子电路模型

采用两个MACOM公司的MA4P161－134二极管并联，测试PIN二极管的瞬态防护效果。PIN二极管的瞬态仿真中，注入幅值为180 V、上升沿为1 ns的方波脉冲时，电路的瞬态响应如图8－15所示。图8－16为注入频率20 MHz、幅值为180 V的连续波时的瞬态响应。

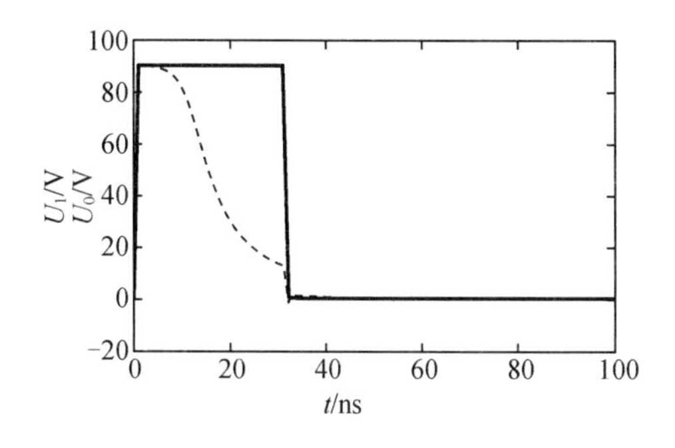

图8－15　幅值180 V、上升沿1 ns方波脉冲下PIN瞬态响应

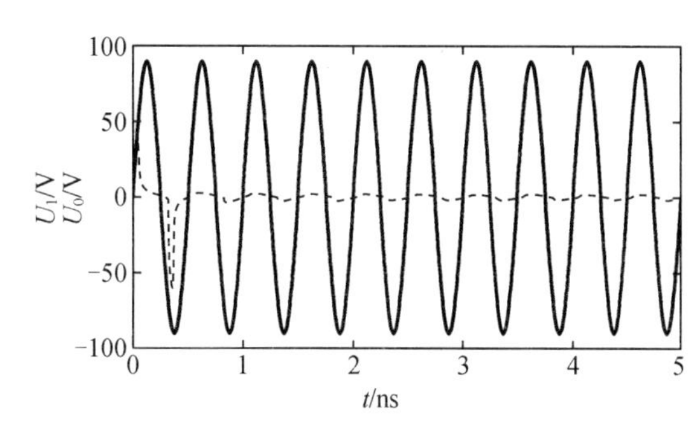

图8－16　注入频率20 MHz、幅值180 V连续波时PIN的瞬态响应

由以上两图可知，起限初期PIN二极管对注入信号的抑制作用较小，有较大的尖峰泄漏。图8－17为不同频率和幅值注入下PIN的脉冲瞬态响应特性。

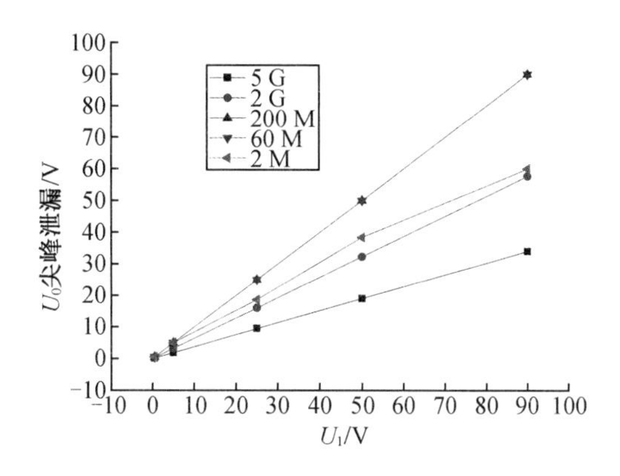

图8－17　不同频率和幅值注入下PIN的脉冲瞬态响应特性

可见，PIN并联电路的尖峰泄漏随输入幅值增大而增大，并且上升速率越高，导通速度越快。PIN始终存在尖峰泄漏，要想防护快上升沿的电磁脉冲，防护器件的启动速度和限幅响应速度必须更快，这往往需要性能更加卓越的防护器件。

8.2.4　防护性能分析

对常见防护器件的主要参数和性能特点进行比较如表8－3所示，随着技术的发展，这些参数也会发生变化。

表 8-3 典型防护器件技术参数

名称	响应时间	结电容	击穿电压	通流量	功率容量
气体放电管	μs 级	<2 pF	分散性大	10 kA,20 kA	很大
玻璃放电管	ns 级	≤0.8 pF	可到 5 kV	1 kA,3 kA	大
压敏电阻	ns 级	几百 pF	可达 1 500 V	可达 25 kA	较大
半导体放电管	ns 级	几十 pF	—	200 A,3 kA	大
TVS 管	ps 级	几百 pF	可达 1 800 V	50~200 A	较小
PIN 二极管	ps 级	0.1~5 pF	可达数千伏	—	大
肖特基二极管	ps 级	0.1~40 pF	数百伏	—	比较小

电磁脉冲防护器件的结构及工作原理存在差异,各自技术参数、使用场合不同。从通流量来看,从大到小依次为气体放电管、压敏电阻、玻璃放电管、瞬态抑制二极管;从响应时间来看,从快到慢依次为肖特基二极管、PIN 二极管、压敏电阻、气体放电管。在开展强电磁脉冲防护时,不但要关注通流量,还要关注响应时间,通流量足够大,但响应速度不够快,能量会迅速耦合到受保护的电路中,起不到防护效果;响应速度够快,但通流能力不足,则会引起防护电路损毁,对受保护的电路也会带来不利影响。同时,防护器件数据手册中给出的响应时间通常指理论上电子雪崩击穿时间,实际上防护器件的响应时间与结电容、引线电感、器件封装等因素均有关。特别是对于信号线的防护,影响因素众多,还要关注防护器件对信号传输质量的影响。

8.3 电磁防护电路设计要求与指标

8.3.1 电磁防护电路的基本要求

强电磁能量耦合到电子设备上会产生极强的瞬态电压或电流,造成多方面的电磁干扰及损伤效应,例如射频前端的干扰及损伤、供电系统的波动乃至损毁、控制电路的翻转及失效等。特别是强电磁脉冲产生技术不断发展,极快的脉冲上升沿和极强的功率密度,要求电磁防护器件的响应速度更快,覆盖的频率范围更宽,耐受的功率水平更高。整体而言,在能量传导通路上的强场电磁防护主要方法均为采用恰当的防护器件或电路,对强电磁能量限幅钳位或旁路分流,即浪涌电压超过某一阈值时,把电位限幅至可耐受水平,把电流从旁路分流泄放掉。为此,电磁防护电路需要具备一些基本特性。

(1)电磁防护电路不应妨碍系统正常工作。在没有强电磁威胁时插入损耗应较小,通常尽量控制在 1 dB 以下。

(2)电磁防护电路的限幅输出应当在后级受保护电路承受水平之内。实际中常以电磁防护器件或电路泄漏的电磁能量来衡量,因为后级受保护电路是否受损不单与泄漏峰值有关,还与持续时间密切相关。但由于泄漏波形的随机性以及能量计算的复杂性,目前多给出泄漏峰值电压这一指标,可结合泄漏波形的持续时间粗略估计能量。

(3)电磁防护电路应有足够大的分流能力使能量尽快泄放掉。高功率微波、核电磁脉冲、雷电电磁脉冲防护对通流能力的要求不同,相比之下雷电流上升速度缓慢,积累的能量巨大,需要泄放的电流达到数十千安,常须使用导流能力极强的防护器件。

(4)电磁防护电路应有足够快的响应时间。随着强电磁脉冲上升沿时间的不断缩短,对电磁防护器件和电路的响应速度及限幅时间要求越来越高。特别是高功率微波的上升沿时间达到 ns、ps 量级,配合高强度的功率密度,使得电磁防护器件甚至来不及动作,强电磁脉冲就直接窜入后级电路中导致器件损毁。

(5)电磁防护电路的防护功能一体化。强电磁脉冲防护需求多种多样,有需要大通流能力的雷电防护,有需要快响应兼顾高耐受功率的高功率微波防护,有适用于综合射频前端的宽频强场防护,还有同时防护强场连续波与强电磁脉冲等多种需求,为提高防护性能,要求电磁防护电路向一体化方向发展,即能够实现多种电磁脉冲冲击的一体化防护。

8.3.2　电磁防护电路设计指标

针对强电磁脉冲波形时频域特点,参考防护器件的电气参数,选取以下技术指标作为衡量电磁防护电路性能的技术参数。由于 PIN 二极管在电磁防护设计中取得了良好的防护效果,应用范围也非常广泛,为此以 PIN 为例进行说明。

1. 起限电平

参考图 8 - 18 所示电磁防护电路输入 - 输出功率曲线,当防护模块输入端的入射功率超过某一特定电平时,防护电路的插入损耗开始急剧变化(一般为 1 dB 压缩),产生这种突变的临界电平为起限电平。

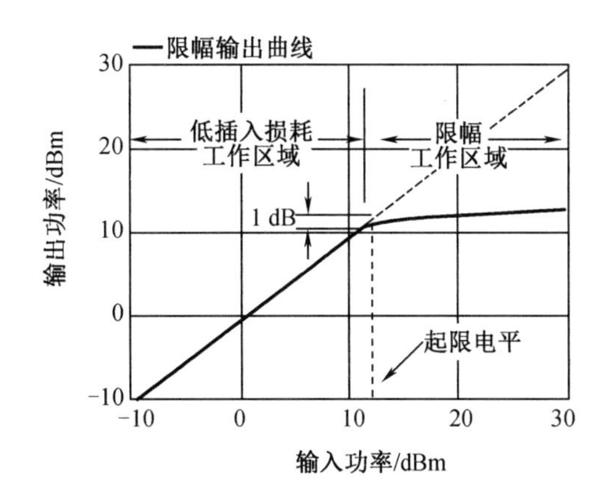

图 8 - 18　电磁防护电路输入 - 输出功率曲线

2. 限幅电平、尖峰泄漏和平坦泄漏

当大功率信号作用于电磁防护电路时，防护电路在一定时间内开启限幅，将大功率信号抑制在一定范围内，且不随注入信号功率变化而变化，此时电磁防护电路的输出为限幅电平。以 PIN 二极管为例，当大功率信号注入时，由于电导调制现象，载流子要在 I 层形成稳态分布需要数个周期，因此 PIN 二极管最初处于高阻状态，会出现过冲现象，几乎所有的输入信号功率都通过了防护电路，直至经过足够的时间，其阻抗降到最低，才对输入功率产生较大的衰减。高阻抗状态时过冲的最大功率定义为尖峰泄漏；防护电路稳定限幅时的输出功率定义为平坦泄漏。图 8－19 所示为防护电路的限幅输出曲线图。

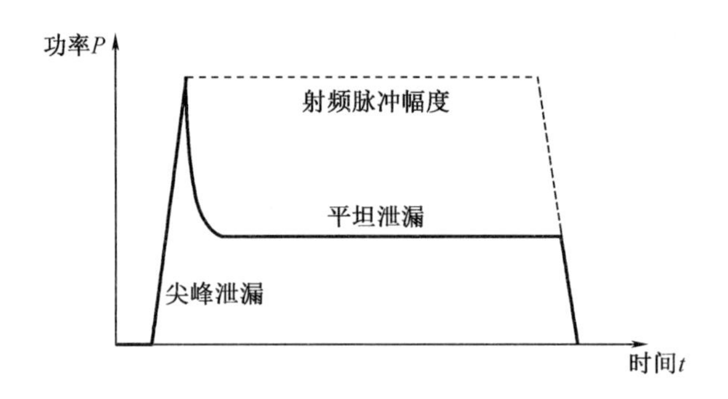

图 8－19　防护电路限幅输出曲线图

3. 恢复时间

图 8－20 是在脉冲作用下 PIN 二极管并联电路的响应特性。大功率信号注入结束后，防护电路的衰减量逐渐减小，衰减量恢复到大于小信号插损 3 dB 的时间称为恢复时间 t_r。对于防护电路来说，恢复时间越短越好，有利于射频前端正常信号的通过以及及时耐受下一次冲击。

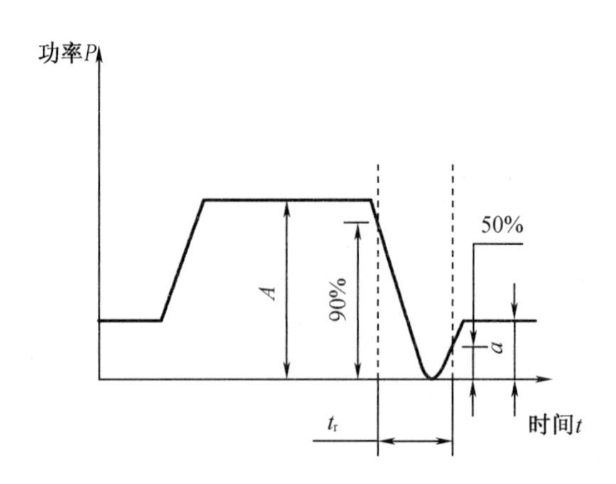

图 8－20　恢复时间示意图

4. 限幅响应时间

电磁防护电路的限幅响应时间参照器件定义，它是瞬态脉冲电压上升到器件击穿电压与下降到1.1倍限幅电压的时间间隔。需要注意其与响应时间有所区别，响应时间是器件或电路开始起到衰减作用的时间。

5. 功率容量

功率容量指防护电路所能承受的最大输入功率，包括连续波与脉冲两种波形的最大输入功率。

8.3.2　电磁防护电路性能指标影响因素

电磁防护电路的重要指标为功率容量、限幅响应速度、插入损耗、起限电平、尖峰泄漏功率等，应根据受保护电路的防护要求开展设计，其性能参数与器件的物理化学特性、电路结构、电路级数、输入信号形式、电路的匹配状况等众多因素均有关，仍以PIN二极管为例进行分析。

1. 功率容量

功率容量是衡量电磁防护电路性能的重要指标之一，它不仅与防护器件自身的功率容量有关，还与电路的结构形式、匹配状况、工作环境等因素相关。

(1) PIN二极管正向偏置的功率容量

正向偏置状态下，由于PIN二极管正向电阻的存在，会有热量耗散并使二极管温度升高，当温度升高到足以引起金相变化时就会引起器件结温过高而烧毁。此时，PIN二极管的功率容量就是管芯所允许温度下的最大功耗。以最常用的并联型电路进行讨论，如图8-21所示。

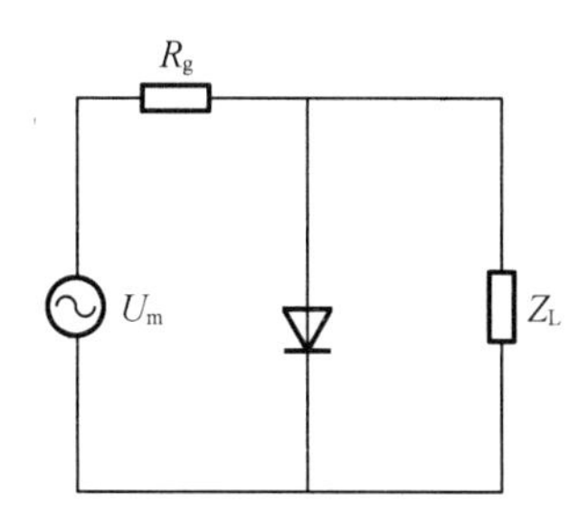

图8-21　并联型工作电路

在电路匹配条件下（即负载阻抗 Z_L 与特性阻抗 Z_0 相等），假设注入信号峰值电压为 U_m，信号源内阻为 R_g，正向偏置导通状态下，二极管导通等效电阻为 R_f，PIN二极管的吸收功率可表示为

$$P_{\mathrm{D}} = \frac{U_{\mathrm{m}}^2 R_f}{2(Z_0 + 2R_f)^2} \tag{8-1}$$

此时信号源的输出功率是

$$P_{\mathrm{a}} = U_{\mathrm{m}}^{2}/(8Z_0) \tag{8-2}$$

综合式(8－1)和式(8－2),可得到信号源输出功率与 PIN 二极管吸收功率的关系为

$$P_{\mathrm{a}} = \frac{(Z_0 + 2R_f)^2}{4Z_0 R_f} P_{\mathrm{D}} \tag{8-3}$$

设 P_{Dmax} 为 PIN 二极管的最大允许耗散功率,由上式可得 PIN 管所能承受的最大功率为

$$P_{\mathrm{am}} = \frac{(Z_0 + 2R_f)^2}{4Z_0 R_f} P_{\mathrm{Dmax}} \tag{8-4}$$

PIN 二极管的最大耗散功率与结温升相关。对于硅及其掺杂材料而言,当硅二极管的温度超过 175 ℃时,接触层将出现损坏。管子的结温 T、热阻 θ、耗散功率 P_{Dm} 及环境温度 T_{a} 的关系为

$$P_{\mathrm{Dm}} = \frac{T - T_{\mathrm{a}}}{\theta} \tag{8-5}$$

根据式(8－3)和式(8－5),得出电路所能承受的功率与结温的关系为

$$P_{\mathrm{Dm}} = \frac{(Z_0 + 2R_f)^2}{4Z_0 R_f}\left[\frac{T - T_{\mathrm{a}}}{\theta}\right] \tag{8-6}$$

可见,PIN 二极管正向偏置状态下的耗散功率主要受制于结温升,而结温升又和 PIN 二极管的散热有关,可以降低热阻及安装散热装置来增大功率容量。对于脉冲信号来说,结温升的影响因素应考虑一定占空比下的平均功率。

(2)PIN 二极管反向偏置的功率容量

PIN 二极管反向偏置状态下,当所加射频电压的幅度与管子的反向击穿电压 U_{BR} 相比拟时,插入损耗会产生非线性增长且增长的速率比射频功率更快,导致 PIN 二极管有可能发生击穿损坏。假设 PIN 二极管两端的反向电压达到反向击穿电压 U_{BR} 时,PIN 二极管的功率容量为

$$P_{\mathrm{am}} = \frac{U_{\mathrm{BR}}^2}{2Z_0} \tag{8-7}$$

比较式(8－4)和式(8－7)计算的最大功率,取其较小者为电路的功率容量。同时,反向偏置状态下的最大功率由 PIN 二极管的反向击穿电压表示,因此它指的是脉冲信号的峰值功率。

(3)电路的匹配对功率容量的影响

防护电路在设计过程中通常会注意与后端受保护电路的阻抗匹配,但由于 PIN 二极管构成的防护电路在实际使用中呈动态特性,其所处的驻波环境不可能与后端完全匹配,当出现影响阻抗匹配的状况时,会引起反射电压,使 PIN 二极管两端的电压升高,造成器件突然损坏。

当传输线上有驻波时,PIN 二极管两端的电压升高到所加射频电压的$(1+\Gamma)$倍。考虑到电路失配到产生全反射的情况,为了使 PIN 二极管能够承受住全反射而不致损坏,取其

额定电压小于 $U_{BR}/2$。因为功率正比于电压的平方，所以可以将 PIN 二极管的最大功率定为负载匹配时功率容量的四分之一。

除此之外，由于大多数功率测试都是在室温下进行的，而 PIN 二极管通常会在高温下工作，设计时要留有安全功率余量。同时，大功率测试时，往往冲击时间较短，脉冲冲击下耐受功率又与占空比、重复频率等密切相关，设计时也要考虑相关因素，增加防护电路的耐受能力与可靠性。

整体而言，PIN 二极管防护电路的功率容量与 PIN 管功率容量、电路结构形式、电路匹配状况、射频信号波形等因素有关，在进行防护电路设计时，要综合考虑这些因素对防护电路功率容量带来的影响。

2. 尖峰泄漏

对于 I 区较厚的 PIN 二极管，瞬态响应存在明显的尖峰泄漏。为了研究强电磁脉冲信号作用下影响 PIN 二极管尖峰泄漏的因素，构建 PIN 对管限幅仿真电路，如图 8－22 所示，仿真模型中主线采用 50 Ω 的微带传输线。由于 PIN 二极管管芯焊接使用金属引线，所以在限幅仿真电路中引入了 0.15 nH 的小电感。PIN 管限幅电路中采用的 PIN 二极管数值计算模型为一维结构模型，I 区厚度为 50 μm。

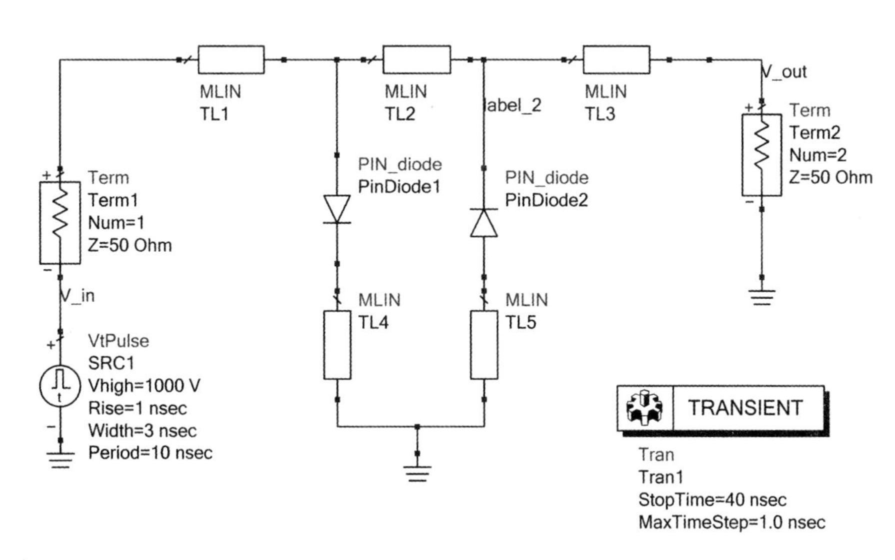

图 8－22　限幅仿真电路结构图

(1)输入信号幅度对 PIN 二极管尖峰泄漏的影响

输入端所加信号形式为快沿方波脉冲，脉宽为 3 ns，上升时间为 1 ns，脉冲峰值幅度分别为 500 V、1 000 V、1 500 V 和 2 000 V，双 PIN 管限幅电路输出电压如图 8－23 所示。

可见，快沿方波脉冲刚刚作用在电路上时，PIN 二极管表现为高阻抗状态，电路输出表现为尖峰泄漏阶段，这个过程持续一段时间。随着电磁脉冲的持续作用，大量的载流子注到 I 区，使 I 区载流子浓度升高，于是 PIN 二极管变为低阻抗状态，电路尖峰泄漏功率减小，限幅电路输出逐渐进入平顶泄漏阶段。

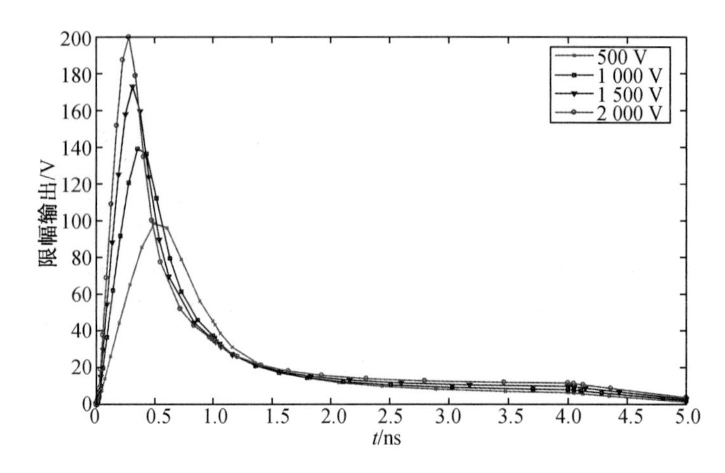

图 8-23　不同方波脉冲电压下防护电路的输出效果

通过比较发现,尖峰泄漏产生的时间随着输入电压的增大而减小,这是由于随着输入电压的增大,I 层完成电导率调制所需的时间将会变短,进而尖峰泄漏产生的时间变短。当输入电压为 2 000 V 时,PIN 管限幅电路尖峰泄漏输出时间约为 284 ps;当输入电压为 500 V 时,PIN 管限幅电路尖峰泄漏输出时间约为 498 ps。PIN 限幅电路尖峰泄漏输出电压的峰值则和方波脉冲源电压幅值成正相关,源所加脉冲信号幅值越大,PIN 限幅电路尖峰泄漏阶段的峰值电压就越高。

将源的施加信号变为正弦连续波,频率为 0.5 GHz,幅值分别为 100 V、500 V,得到 PIN 管限幅电路的输出电压曲线如图 8-24 所示。

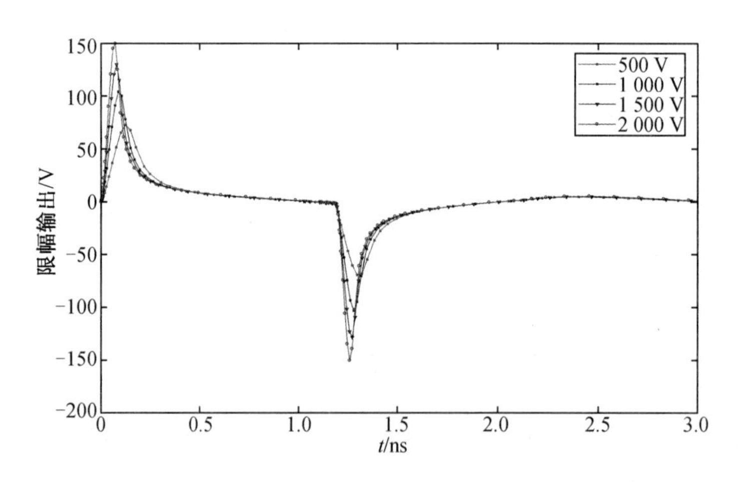

图 8-24　连续波幅度对防护电路尖峰泄漏的影响

可见,在注入相同频率连续波时,输出尖峰泄漏的电压受到注入连续波电压幅值的影响,幅值越大,尖峰泄漏越大,但尖峰泄漏的持续时间变短。这是由于随着输入电压的增大,I 层完成电导率调制所需的时间变短,进而尖峰泄漏的时间变短。

输入端所加信号形式为 HPM 脉冲信号,脉宽为 20 ns,上升时间为 1 ns,频率为

1.0 GHz。当注入 HPM 脉冲功率分别为 10 dBm 和 15 dBm 时，防护电路的平坦泄漏和尖峰泄漏仿真结果分别如图 8－25 和图 8－26 所示。

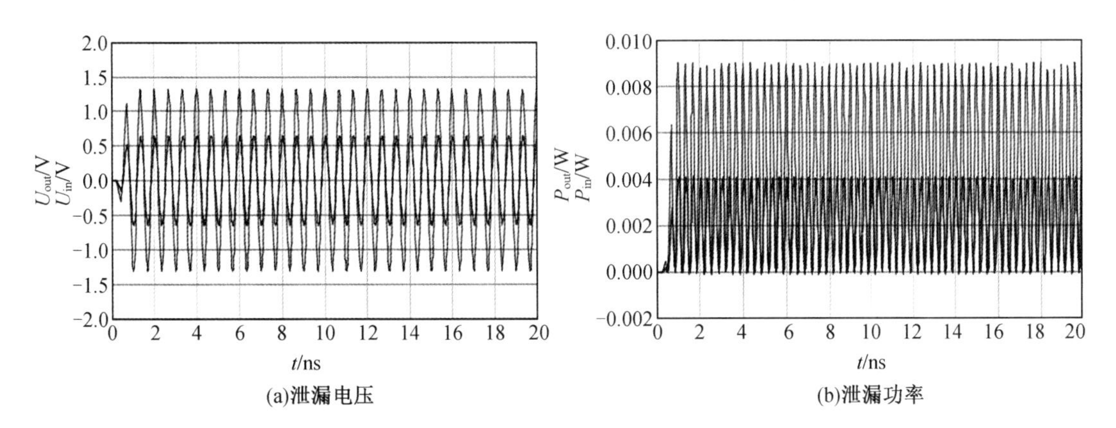

图 8－25　脉冲注入峰值功率为 10 dBm 时的泄漏电压和泄漏功率

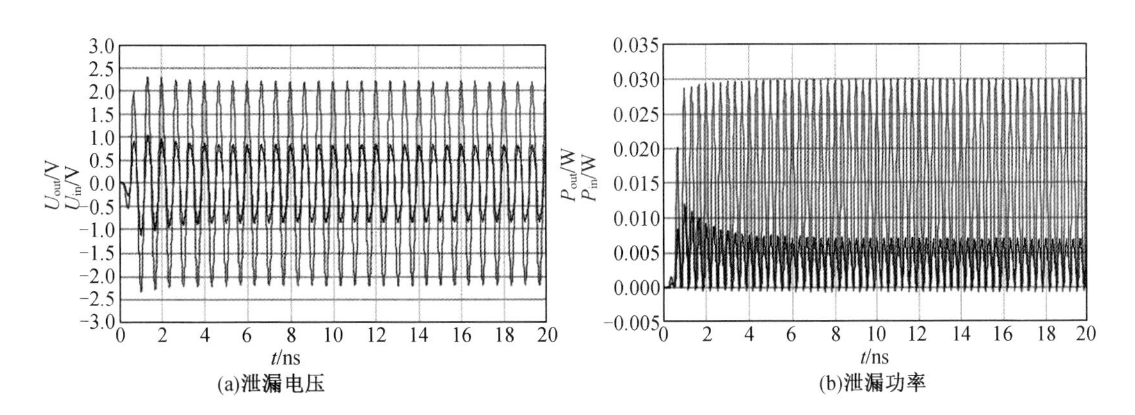

图 8－26　脉冲注入峰值功率为 15 dBm 时的泄漏电压和泄漏功率

脉冲注入功率为 10 dBm 时，输入微波信号的幅值为 1.4 V 左右，经过防护电路瞬态抑制后的输出并没有出现明显尖峰泄漏，限幅输出功率为 4 mW(6 dBm)。脉冲注入功率为 15 dBm 时，输入微波信号的幅值为 2.4 V 左右，防护电路瞬态输出波形出现尖峰泄漏现象，尖峰泄漏功率为 11 dBm，平坦泄漏功率为 8 dBm 左右。尖峰泄漏和平坦泄漏随输入功率的变化如图 8－27 所示，随着 HPM 脉冲信号输入功率的增加，尖峰泄漏和平坦泄漏都增大，且输入功率为 10 dBm 时，防护电路开始起限但无明显尖峰泄漏现象，可以认为 10 dBm 为起限电平值，当输入功率超过 13 dBm 时，防护电路开始出现尖峰泄漏现象。

(2)脉冲上升时间对 PIN 二极管尖峰泄漏的影响

施加快上升沿的方波脉冲，脉宽为 3 ns，脉冲峰值幅度为 1 000 V，上升时间分别为 0.1 ns、0.5 ns、1 ns，PIN 管限幅输出电压如图 8－28 所示，从图中可以看出不同脉冲上升时间下防护电路的输出电压。

当快上升沿电磁脉冲作用于 PIN 二极管时，PIN 二极管输出端产生明显的电压峰值，并且脉冲上升时间越大，产生电压的峰值越小。脉冲的上升时间为 0.1 ns 时，电压峰值为

421.2 V,脉冲的上升时间为 1 ns 时,电压峰值为 139.1 V。

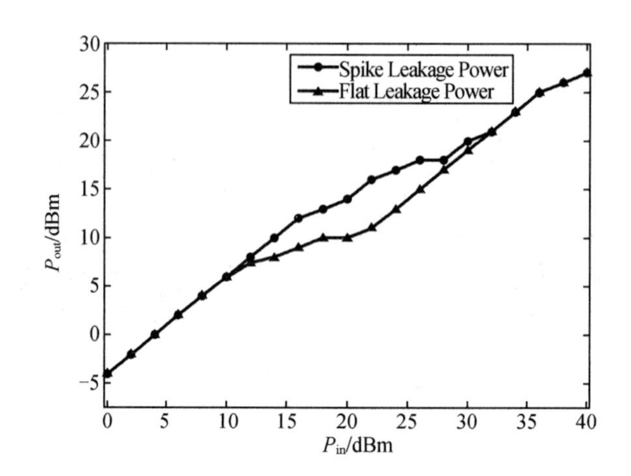

图 8-27 尖峰泄漏和平坦泄漏随输入功率变化图

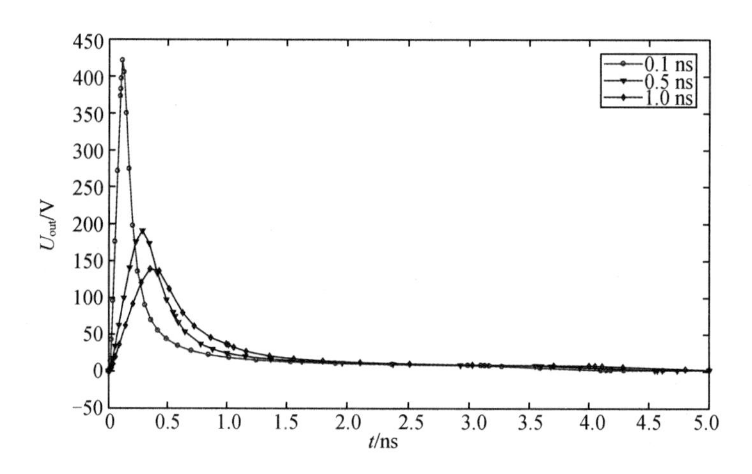

图 8-28 不同脉冲上升时间下防护电路的输出电压

可见,当 PIN 二极管两端施加快上升沿电磁脉冲时,PIN 二极管防护电路会产生较大的尖峰泄漏,并且尖峰泄漏随着上升时间的增大而减小。这是因为 PIN 二极管需要一定的时间完成载流子的调制,输入快上升沿电磁脉冲信号的上升时间越小,信号前沿就越陡,高频分量就越多,完成电导调制的时间就越长,导致泄漏的脉冲能量就越多。

(3)I 层厚度对 PIN 二极管尖峰泄漏的影响

施加快上升沿的方波脉冲,脉宽为 3 ns,脉冲峰值幅度为 500 V,上升时间为 1 ns,PIN 二极管的 I 层厚度分别为 10 um、20 um、30 um、40 um 时,PIN 限幅器的输出电压如图 8-29 所示。

随着 PIN 二极管的 I 层厚度的增加,方波脉冲激励下的尖峰泄漏和尖峰泄漏脉冲时间也在增大。这是因为 PIN 二极管的载流子渡越时间随着 I 层厚度增大而增大,PIN 二极管需要更多时间才能达到稳定状态,这期间较多脉冲能量通过了防护电路,导致尖峰泄漏增大。

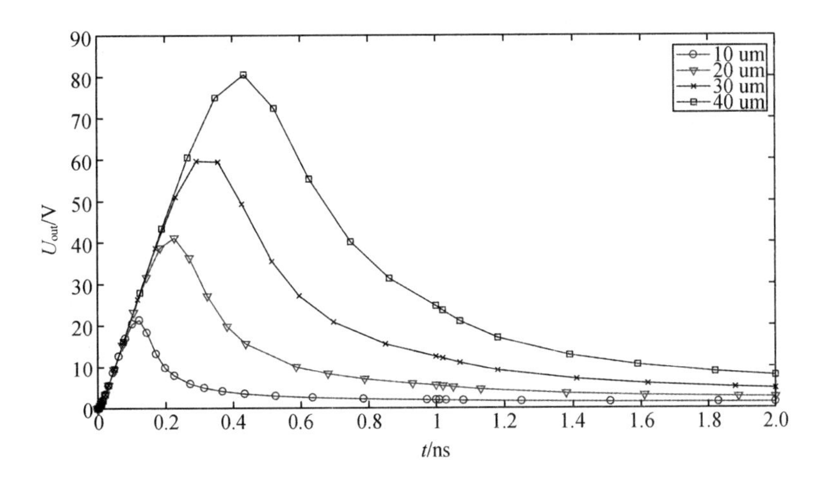

图 8－29　PIN 不同 I 层厚度下的输出电压

当施加正弦连续波，频率为 1 GHz，峰值幅度为 500 V，PIN 并联对管的 I 层厚度分别为 10 um、20 um、30 um、40 um 时，PIN 限幅器输出电压如图 8－30 所示。可见，减小 PIN 二极管的 I 层厚度，可以显著降低正弦波激励的尖峰泄漏，消除正反向的尖峰泄漏。PIN 二极管的载流子渡越时间随着 I 层减小而减小，PIN 二极管通过电导调制作用达到稳定状态后，对正弦连续波进行限幅。

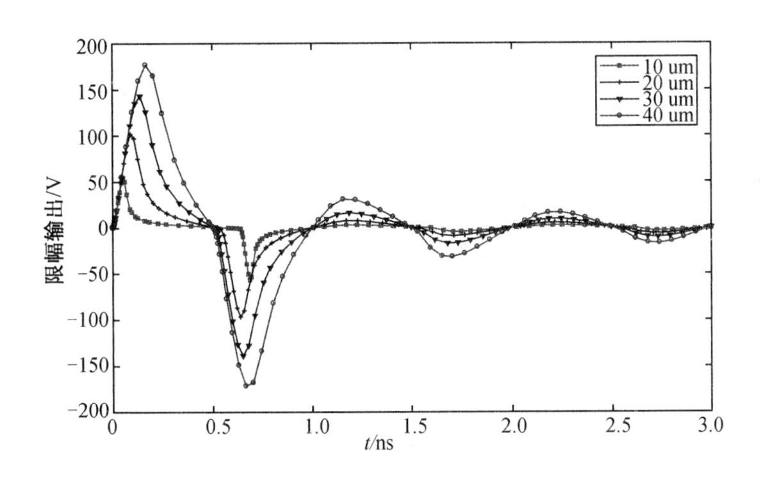

图 8－30　I 层厚度对尖峰泄漏的影响

(4) 连续波频率对 PIN 二极管尖峰泄漏的影响

连续波幅值为 500 V，分别采用频率为 0.5 GHz、2 GHz、3.5 GHz 的连续波作为激励源，对输出端电压进行测试，得到 PIN 二极管的响应曲线如图 8－31 所示，从图中可以看出连续波的频率对尖峰泄漏的影响。

在连续波幅值相同的情况下，增加连续波的频率，不仅尖峰泄漏变大，平坦泄漏也变大。这是因为 PIN 二极管的电导调制作用与连续波激励频率有关，随着频率的增大，PIN 二极管完成电导调制达到稳定状态的时间也会增大。

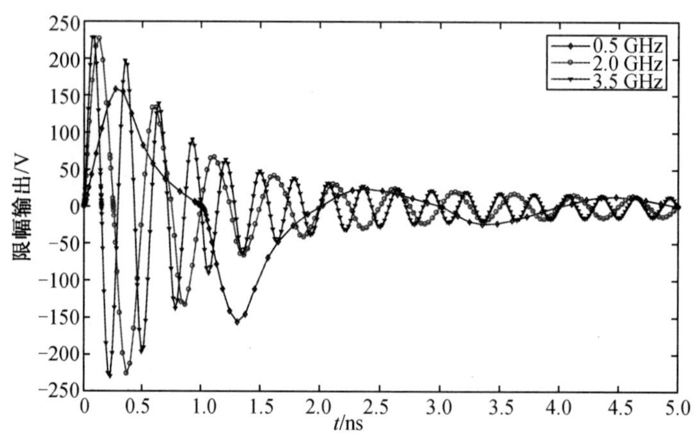

图 8－31　连续波的频率对尖峰泄漏的影响

(5)脉冲宽度对尖峰泄漏的影响

选择不同脉冲宽度的脉冲信号进行防护电路瞬态仿真，图 8－32 是脉宽分别为 20 ns、50 ns、100 ns 脉冲作用时的输出响应曲线。由图 8－32 可以看出脉冲宽度对防护电路输出功率的影响，当注入信号功率小于 35 dBm 时，不同脉宽注入信号下的输出功率基本相同，注入信号的脉宽对于尖峰泄漏影响较小。当注入信号功率大于 35 dBm 时，尖峰泄漏随着脉宽增大而减小，但整体差别不大。

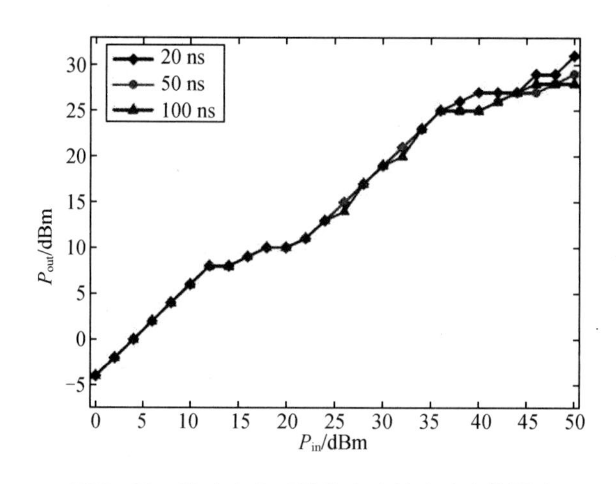

图 8－32　脉冲宽度对防护电路输出功率的影响

总之，在大功率微波信号通过 PIN 二极管时，由于 I 区的电导调制限幅而出现短暂的尖峰泄漏，泄漏的功率易对后级敏感器件造成损伤，尖峰泄漏与注入激励信号的电平、频率、上升时间，PIN 二极管的 I 层厚度等因素均有关。为了降低尖峰泄漏功率，在进行防护电路设计时，需要合理选择 PIN 二极管。通常，PIN 二极管 I 层越薄，载流子的平均渡越时间越短，PIN 二极管通过电导调制作用达到稳定限幅状态越快，由此可减小过冲状态的尖峰泄漏功率。但另一方面，PIN 二极管的击穿电压与 I 层厚度有关，I 区宽，击穿电压高，这对于 PIN 二极管的功率容量有利。为此，在进行防护电路设计时，需要在尖峰泄漏、功率容量等防护

指标间平衡。

3. 恢复时间

大功率微波信号通过 PIN 二极管以后，I 层内的空穴和电子浓度不会立即变成零，而是以一个时间常数指数衰减。因此，恢复时间的长短与二极管(少数载流子)寿命以及它所实现的电导调制的程度有关。通过微波半导体机理分析，减小载流子的寿命可以降低恢复时间。当二极管的载流子寿命给定时，恢复时间与外加射频功率有关。

假设输入端所加脉冲信号脉宽为 20 ns，上升时间为 1 ns，脉冲幅值分别为 30 V、60 V、100 V 和 150 V，载流子寿命为 500 ns 的 PIN 二极管瞬态响应如图 8 - 33 所示，由图中可以看出不同脉中幅值作用下的恢复时间。可见，当载流子寿命给定时，PIN 二极管的恢复时间随着脉冲幅值增大而增大，进一步提高射频幅度，恢复时间也会迅速增加。

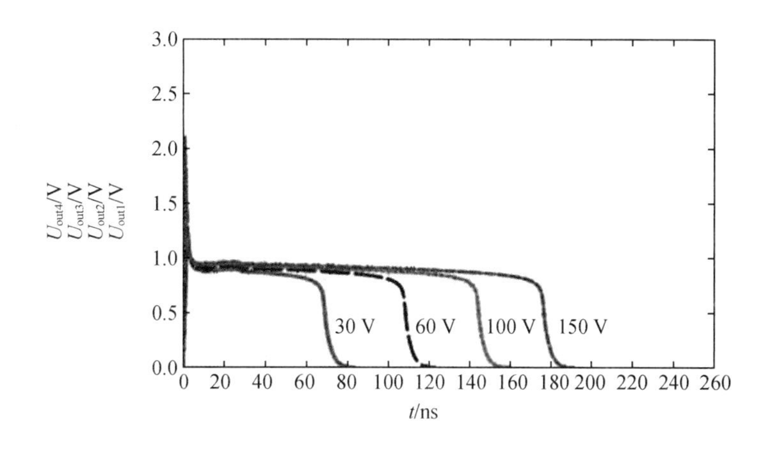

图 8 - 33　不同脉冲幅值作用下的恢复时间

8.4　电磁防护电路设计方法与性能仿真

8.4.1　电磁防护电路设计方法

电子系统射频前端为工作通道，是电磁防护加固的重点，在此重点介绍射频前端强电磁脉冲防护设计方法，基本流程如图 8 - 34 所示。首先要明确射频前端敏感器件要面临的复杂电磁环境，通过建模仿真或效应试验获取耦合到射频前端的功率大小，明确防护电路的功率承受能力；同时对前端敏感器件进行效应实验，获取敏感器件的损伤或退化阈值，明

确防护电路的限幅输出水平。综合电磁防护总要求,合理分配各级电路指标,初步形成多级防护电路设计方案。

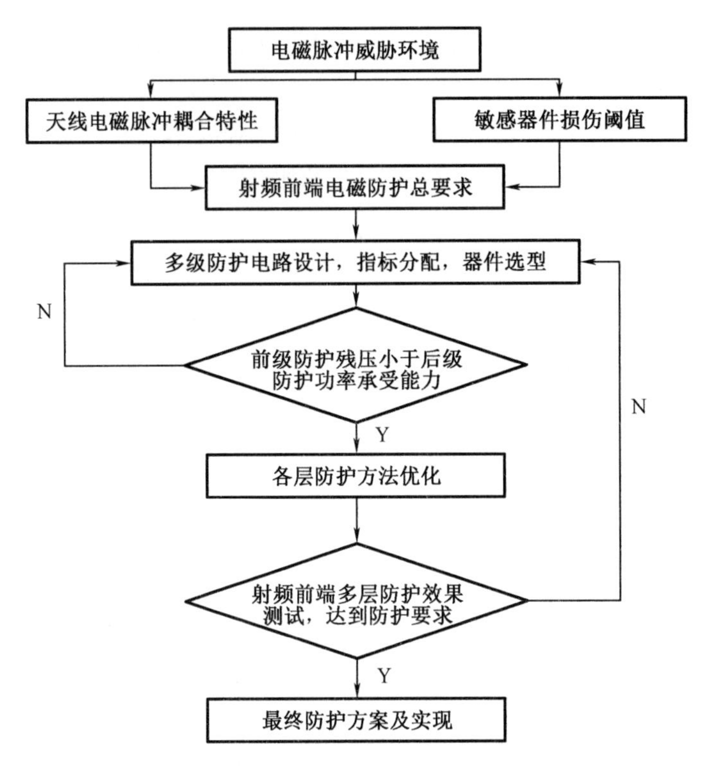

图 8-34　电磁脉冲防护设计流程图

防护电路设计成功的关键在于实现各个器件多个性能参量的匹配,如功率容量匹配、级间电压匹配、导通次序匹配、阻抗匹配等,对设计方法提供以下参考。

1. 功率容量匹配

各级防护器件功率容量的配合与器件的限幅响应速度、起限电压、限幅输出均有关。设计时,可利用微带电路传输调理强电磁脉冲上升沿的攀升速度,使响应最快的防护器件在时间和功率上有能力处理快上升沿的强电磁脉冲;同时借助匹配电路,与前端防护器件之间形成驻波,推动前级大功率防护器件尽快开启。在强场入射的远端采用限幅型防护器件,对脉冲能量层层削减,最终使得泄漏功率在后级电路承受范围内。

2. 起限电压匹配

防护阵列中各级器件的开启电压具有承接效果,最先开启一级的起限电压间接决定了防护水平,最后一级防护器件的限幅输出必须在后端电路所能承受的范围内,最先一级的起限电压与最后一级的泄漏输出基本决定了防护能力。分级损耗是防护阵列设计的基础,可基于功分和并联原理设计各层级的防护电路化解这一矛盾。

3. 限幅响应速度即导通次序匹配

设计时，针对防护阵列的电路连接，可从理论上对传输线中串联电感或并联电容的波过程、有限长传输线的波过程、多导线的波过程等进行分析。对阵列中的防护器件，如 PIN 二极管、压敏电阻、瞬态抑制二极管及其配合的动态特性及导通次序进行计算，学习寻找多级电磁防护器件的最佳匹配方式。当防护器件的响应时间出现断档、差距较大时，加入滤波整形电路，调理脉冲的上升沿时间，进行匹配性设计。

4. 输入输出及各层级阻抗匹配

防护阵列动态可变的基本原理为，当输入信号功率电平很高时，防护阵列处于串联谐振状态，输入和输出阻抗近似为零，输入功率几乎不能传到输出端口，泄漏功率很低，对后置系统起到良好的保护作用。当输入信号功率电平较低时，防护阵列处于并联谐振状态，输入和输出阻抗几乎完全匹配，从而防护阵列插入损耗很小，输入功率近似全部传输到输出端口，对接收系统的正常工作不产生影响。匹配网络是连接防护阵列各层级之间的调整电路，其目的是将防护器件的分布参数、寄生参数、端口的电磁耦合，金丝键合工艺引起的电感等射频器件、电路的非理想性一并纳入设计当中。利用匹配网络化解防护阵列各技术指标之间的矛盾，通过精细调节匹配网络，获得防护阵列出色的防护效果。

5. 插入损耗调节匹配

防护电路常用于天线与射频前端之间，其工作模式是稳态下不影响工作信号的正常传输，强场连续波或强电磁脉冲到来时迅速导通，泄放能量。因此防护阵列呈现的是稳态短路、瞬态开路的状态。为实现高隔离度和宽频带的防护阵列设计，基于稳态小信号宽带匹配，通过拟合小信号下防护器件的等效电容和微带线、键合线等效电感等参数，构成巴特沃斯或切比雪夫低通滤波结构，减小防护阵列在工作频带内的插入损耗。防护阵列相当于一个多节的、低插入损耗的宽带低通滤波器，对高频成分起到良好的抑制作用。强场连续波或强电磁脉冲到来时，防护阵列迅速导通，形成近似开路状态，瞬间将强场抑制在后级电路承受范围内。

8.4.2　基本防护电路

在 PIN 构成的防护电路中，为了实现电导调制，必须提供直流通路。如图 8－35 所示是一种简单无源防护电路，由单只 PIN 二极管和扼流线圈并联而成，扼流线圈为二极管提供直流通路。小信号状态下，PIN 二极管高阻截止，信号基本可以无损通过。大信号状态时，PIN 二极管在正半周期导通，产生的电流可以通过扼流电感到 PIN 二极管的正极，使二极管导通并开始起限。

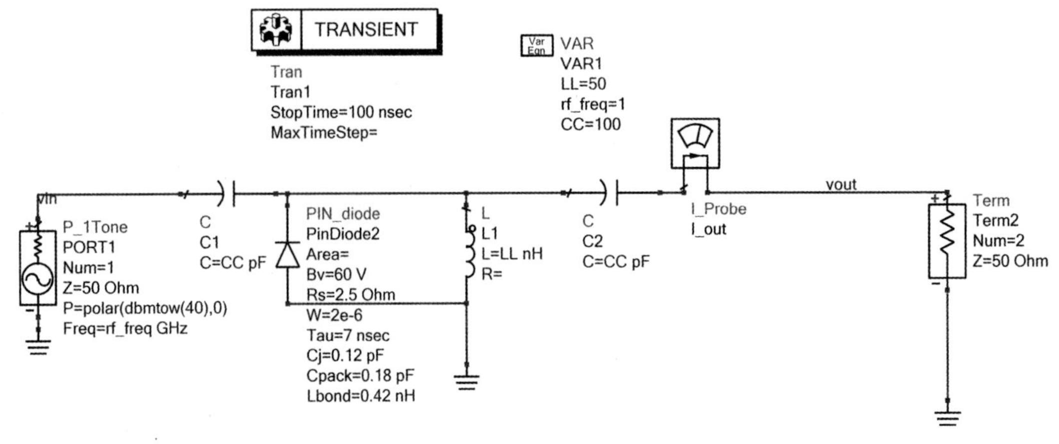

图 8-35　基本防护电路结构

1. *S* 参数

对基本防护电路进行仿真，*S* 参数仿真结果如图 8-36 所示，在 1.0～3.0 GHz 的频率范围内，其输入端的反射系数大于 17 dB，电路的插入损耗小于 0.1 dB。

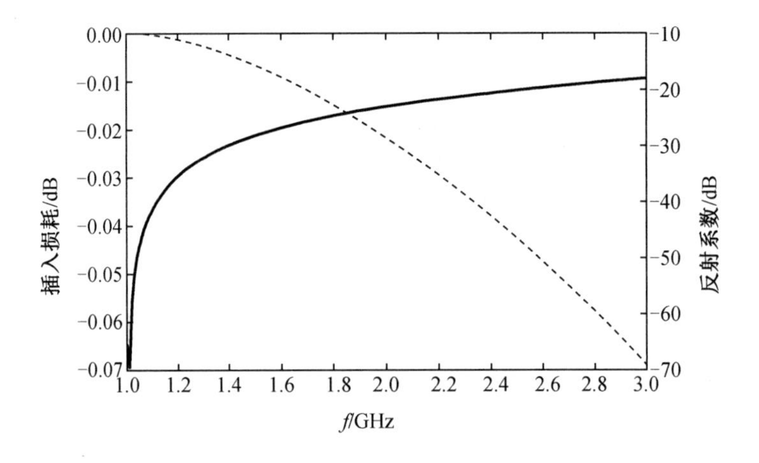

图 8-36　基本防护电路 *S* 参数仿真结果

2. 脉冲调制波注入

当注入信号波形为调制矩形脉冲，信号频率为 3.0 GHz，峰值功率为 50 dBm 时，防护电路的输出响应特性如图 8-37 所示，图中纵坐标单位为瓦。由图可见基本防护电路的尖峰泄漏约为 6.4 W(38 dBm)，平坦泄漏约为 1.4 W(31.7 dBm)；尖峰泄漏产生时间为 0.67 ns，响应时间为 2.7 ns。

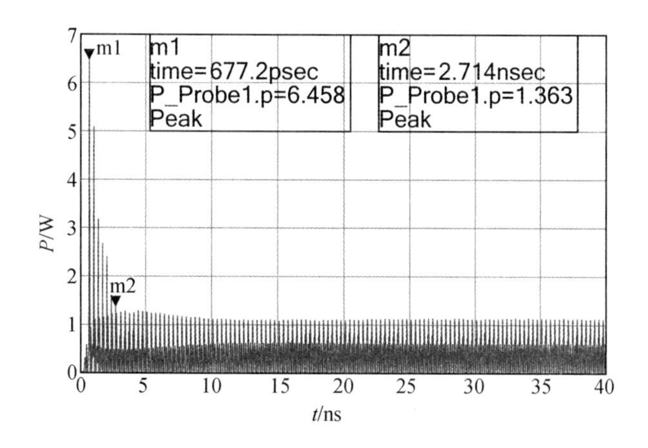

图 8－37　脉冲调制波注入的瞬态响应特性

3. 连续波注入仿真

基本防护电路谐波仿真输出如图 8－38 所示，横、纵坐标单位为 dBm。由图可知，当小功率信号注入到防护电路时，输入－输出功率曲线是线性相关的，信号基本没有衰减；当注入功率超过 10 dBm 时，防护电路输出功率与输入功率出现非线性，此时注入功率为起限电平；随着注入功率不断增大，防护电路输出功率趋向饱和，当注入功率达到 30 dBm 时，输出功率被限制在 13 dBm 以下，当输入功率超过 30 dBm 时，隔离度迅速减小，可以认为防护电路功率容量为 30 dBm。

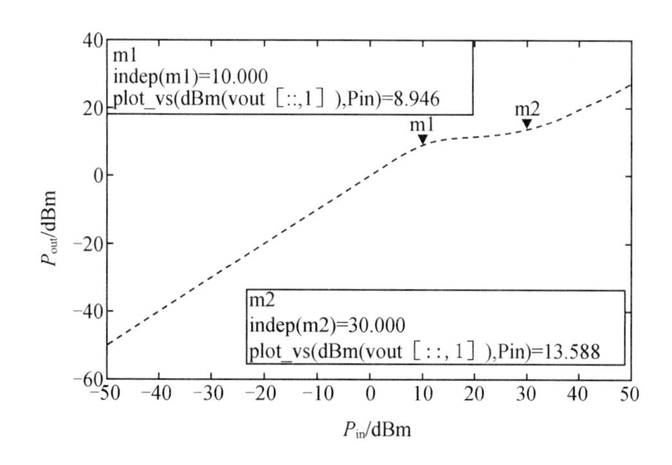

图 8－38　基本防护电路的谐波仿真输出

8.4.3　单级 PIN 管防护电路

在上节的基本防护电路中，电感的存在导致高频隔离度恶化，限制了微波电路的工作带宽。原则上，用另一个极性相反的 PIN 二极管来取代射频扼流电感并采用反向并联方式也可以实现直流的连续性。在这样的电路结构中,为了得到相近的复合电流波形,两只 PIN 管必须很好地配对,如图 8 - 39 所示。

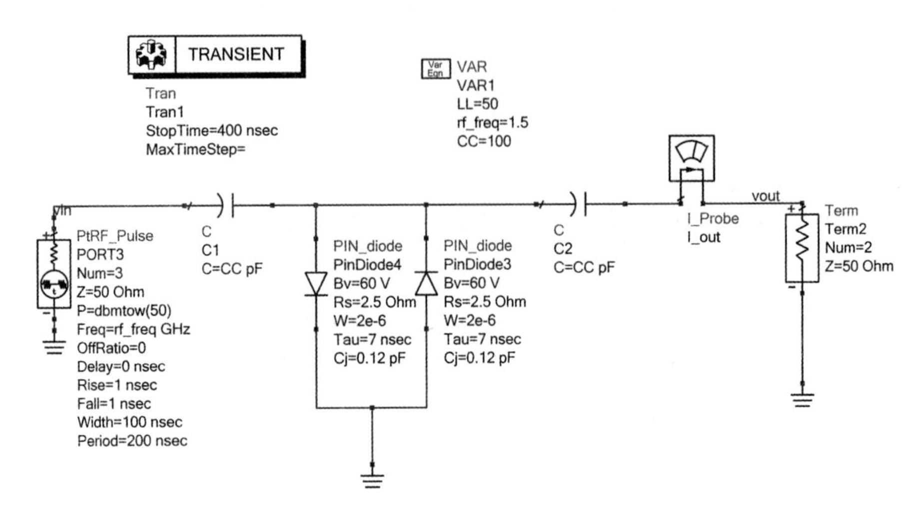

图 8 - 39　单级防护电路结构

1. *S* 参数

对单级防护电路结构进行建模仿真,*S* 参数仿真结果如图 8 - 40 所示,在 1.0 ~ 3.0 GHz 的频率范围内,电路插入损耗小于 0.37 dB,反射系数大于 11 dB。对比图 8 - 35 基本防护电路的 *S* 参数仿真结果可见,单级防护电路在引入一个反向并联二极管后,其工作带宽有所扩展,但是插入损耗变大,输入端驻波特性变差。

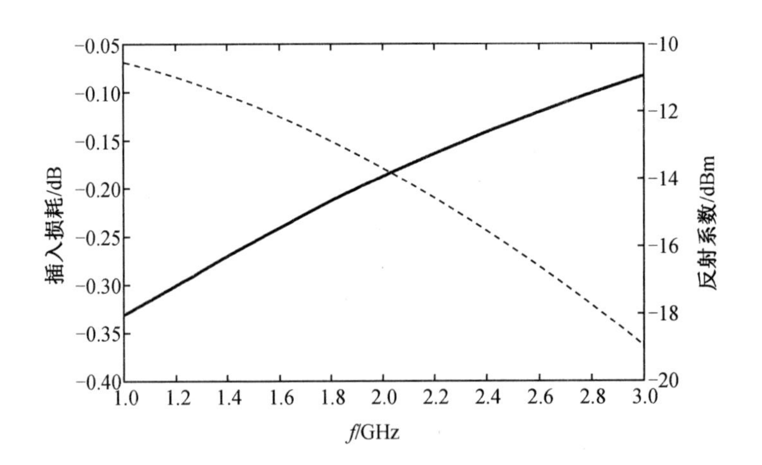

图 8 - 40　*S* 参数仿真结果

2. 脉冲调制波仿真

当注入信号波形为调制矩形脉冲,信号频率为 3.0 GHz,峰值功率为 50 dBm 时,单级防

护电路的输出响应特性如图 8 - 41 所示，图中纵坐标单位为 W。由图可见，尖峰泄漏为 1.3 W(31.2 dBm)，平坦泄漏为 0.67 W(28.7 dBm)；尖峰泄漏产生时间为 0.49 ns，响应时间为 1.25 ns。相较于基本防护电路，尖峰泄漏降低了 5.1 W，平坦泄漏降低了 0.1 W，响应速度提高了 1.45 ns，电路的防护性能有所改善。

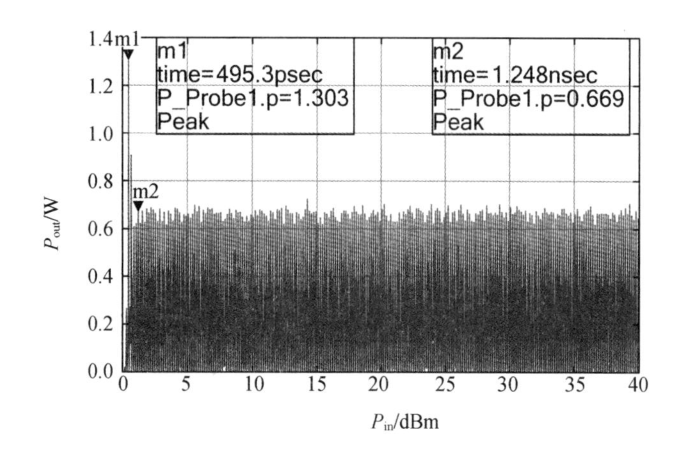

图 8 - 41　脉冲调制波注入的瞬态响应特性

3. 连续波注入仿真

单级防护电路谐波仿真输出如图 8 - 42 所示。当注入功率超过 8 dBm 时，防护电路输出功率与输入功率出现非线性，此时注入功率为起限电平；随着注入功率的不断增大，防护电路的输出功率趋向饱和，当注入功率达到 34 dBm 时，限幅输出电平为 10 dBm，当输入功率超过 34 dBm 时，隔离度迅速减小，可以认为防护电路功率容量为 34 dBm。对比基本防护电路，单级防护电路的性能更优，其起限电平更小，同时功率容量增大了 4 dB，最大隔离度提高了 7 dB。

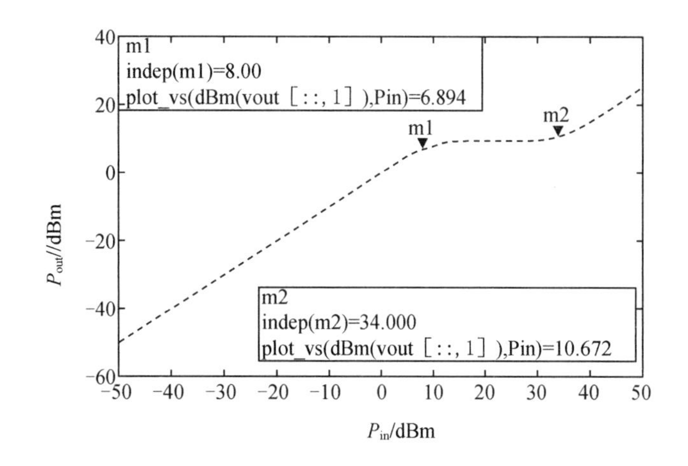

图 8 - 42　单级防护电路的谐波仿真输出

8.4.4 两级 PIN 管防护电路

单级防护电路在大功率信号通过时限幅性能不够理想，需要更高的隔离度和耐受功率来保护后级敏感器件。采用两级 PIN 二极管防护电路，如图 8－43 所示，两级 PIN 对管在主传输线上相距为四分之一波长左右，前级承受大功率不被损坏，后级将前级泄漏的功率反射，提高隔离度。当大信号作用时，两级 PIN 二极管所在电路位置不同，I 层较薄的后级优先导通，传输线上会产生驻波，使前级二极管承受较大电压，从而使二极管导通，进入平坦限幅状态。

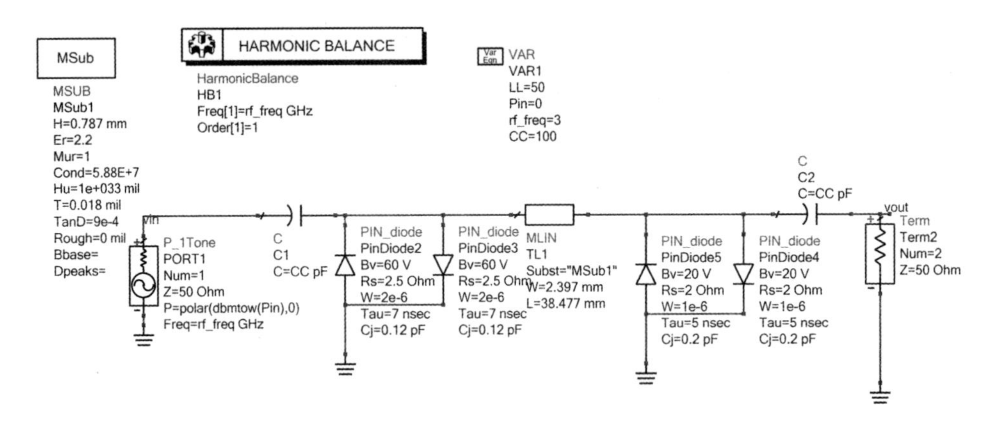

图 8－43　两级防护电路仿真原理图

1. *S* 参数

对两级对管防护电路结构进行建模仿真，*S* 参数仿真结果如图 8－44 所示，在 1.0～3.0 GHz的频率范围内，插入损耗小于 0.74 dB，电路的插入损耗与单级 PIN 对管防护电路相比，插入损耗变大，其工作频带宽度变小。

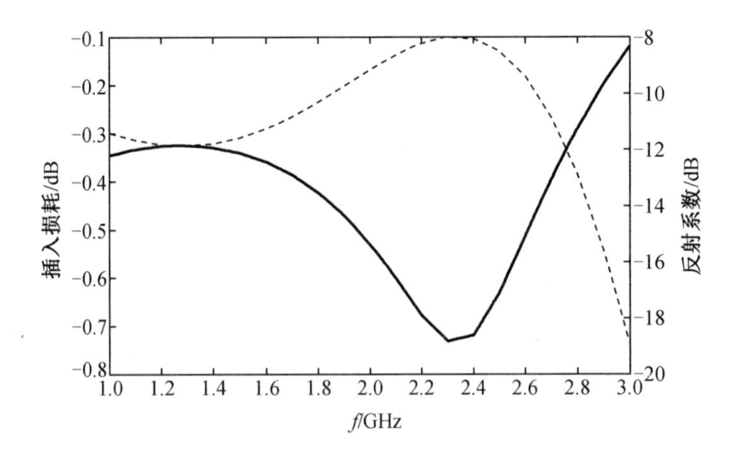

图 8－44　S 参数仿真结果

2. 脉冲调制波注入

当注入信号波形为调制矩形脉冲，信号频率为 3.0 GHz，峰值功率为 50 dBm 时，两级对管防护电路的输出响应特性如图 8－45 所示，纵坐标单位为 W。由图可见，电路的尖峰泄漏峰值功率为 0.6 W(27.6 dBm)，平坦泄漏功率为 0.4 W(26 dBm 左右)，相比于单级防护电路，该电路的尖峰泄漏峰降低了 0.7 W，平坦泄漏降低了 0.9 W，电路的防护性能有较大改善。

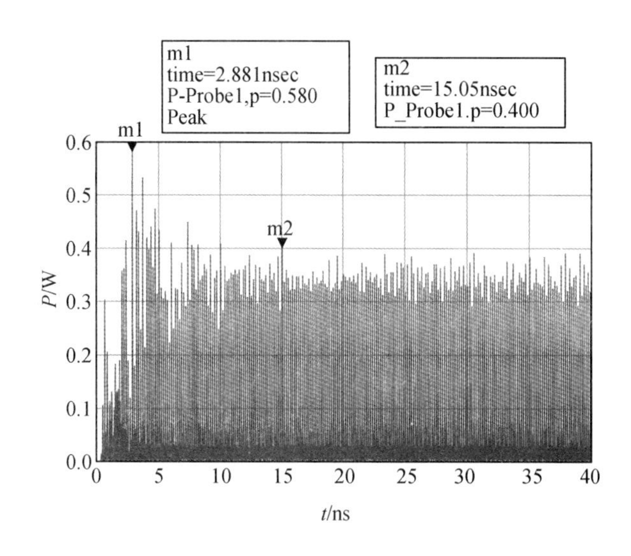

图 8－45　脉冲调制波注入的瞬态响应特性

3. 连续波注入

两级防护电路谐波仿真输出如图 8－46 所示。由图可见，防护电路的起限电平为 7 dBm；随着注入功率不断增大，防护模块的输出功率趋向饱和，当注入功率达到 44 dBm 时，限幅输出电平为 8.1 dBm，最大隔离度为 36 dB。当输入功率超过 44 dBm 时，隔离度迅速减小，判定防护电路功率容量为 44 dBm。相较于单级防护电路，两级防护电路的性能更优，该电路功率容量增大了 10 dB，最大隔离度提高了 13 dB，可以承受更大的功率的输入信号。

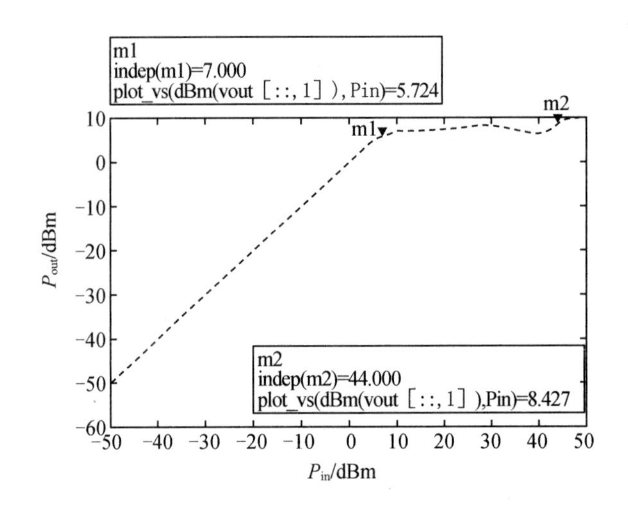

图 8-46　谐波仿真输出

8.4.5　两级混合防护电路

从前两节可知,PIN 二极管的尖峰泄漏和平坦泄漏相对较大,对于射频前端敏感器件的正常工作存在一定影响。相较于 PIN 二极管,肖特基二极管的导通压降更低、开关速度更快、结电容更小,可以用作防护电路的最后一级,提高防护电路的限幅深度,混合型防护仿真电路结构如图 8-47 所示。

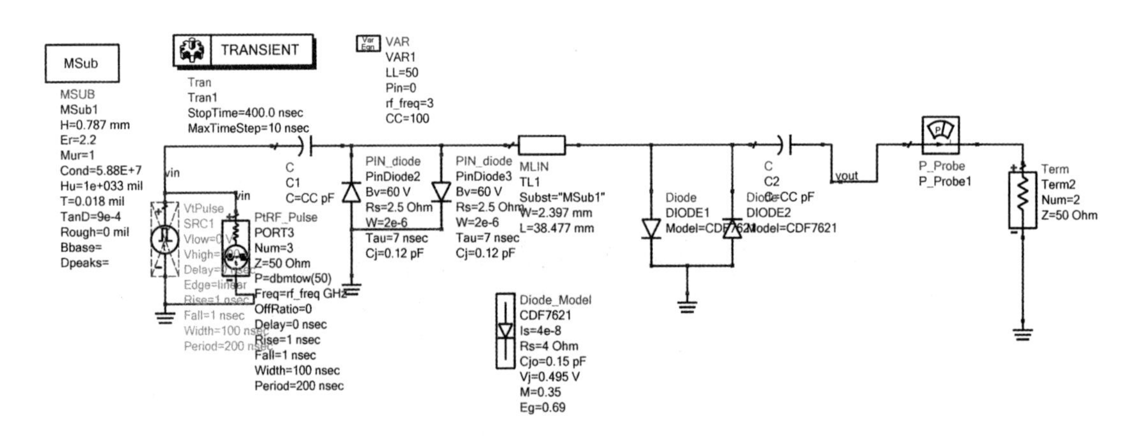

图 8-47　两级混合型防护仿真电路

1. *S* 参数

对两级混合防护电路结构进行建模仿真,*S* 参数仿真结果如图 8-48 所示,在 1 GHz ~ 3 GHz的频率范围内,电路的插入损耗≤0.56 dB,与单级 PIN 对管防护电路相比,插入损耗增大,但要优于两级 PIN 对管防护电路,且输入端的驻波特性变好。

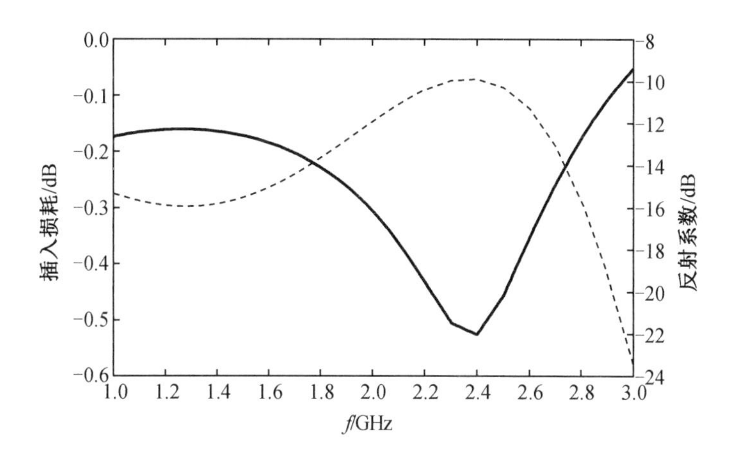

图8－48　S参数仿真结果

2. 脉冲调制波仿真

当注入信号波形为调制矩形脉冲，信号频率为3.0 GHz，峰值功率为50 dBm时，两级混合型防护电路的输出响应特性如图8－49所示。由图可见，电路的尖峰泄漏峰值功率为0.023 W(13.61 dBm)，相比于两级PIN二极管防护电路，该电路的尖峰泄漏降低了14 dB，对脉冲信号具有更好的限幅输出效果。

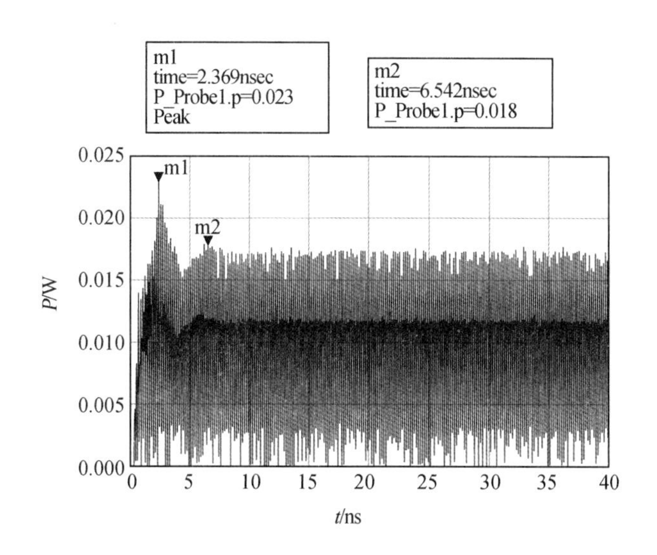

图8－49　脉冲调制波注入的瞬态响应特性

3. 连续波注入仿真

两级混合型防护电路在连续波注入状态下的谐波平衡仿真结果如图8－50所示。由图可见，电路的起限电平为5.3 dBm左右，灵敏度比两级PIN对管防护电路有所提高，电路的功率容量为39 dBm，最大隔离度为33 dB，限幅输出为5.9 dBm。对比图8－39可知，该电路的起限电平和限幅输出电平都更小，能够对较敏感的射频器件进行更精确的防护，但功率容量有所减小。

表 8－4 列出了不同电路结构的插损、功率容量、尖峰泄漏、平坦泄漏、隔离度以及响应时间的指标参数对比。相较于单级扼流电感防护电路，反向并联 PIN 对管电路具有更高的功率容量，更小的泄漏功率，且使用带宽较大；单级限幅电路承受功率极其有限，可采用多级防护电路来提高电路的功率容量，同时可以获得更高的隔离度，但这样也会导致插入损耗的恶化，不利于有用信号的传输；肖特基二极管作为限幅电路的最后一级，可以有效降低尖峰泄漏，增大防护电路的限幅深度，同时还可以加快响应速度，缩减防护电路的响应时间。

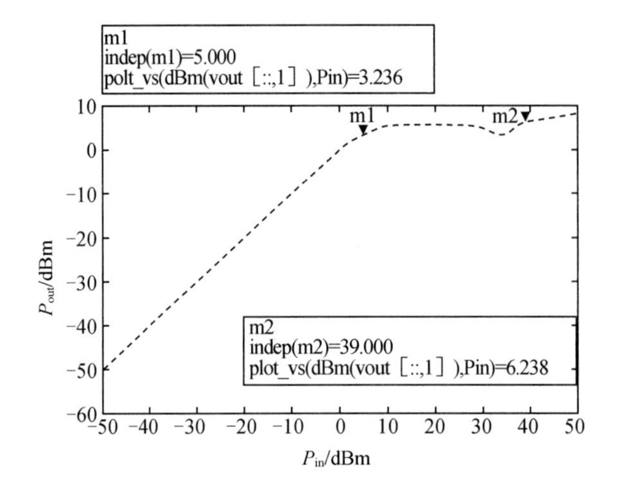

图 8－50　两级混合防护电路的谐波仿真输出

表 8－4　不同电路结构指标参数对比

3 GHz 工作状态	基本防护电路	单级 PIN 电路	两级 PIN 电路	两级混合电路
插入损耗/dB	<0.1	<0.37	<0.74	<0.56
功率容量/dBm@ CW	30	34	44	39
尖峰泄漏/dBm@ Pulse	38	31.2	27.6	13
平坦泄漏/dBm@ Pulse	31.7	28.7	26	12.6
隔离度/dB	17	24	37	33
响应时间/ns	2.7	2.25	2.8	2.3

第9章 系统电磁防护加固技术

9.1 系统电磁防护加固原理及方法

电磁防护加固就是为改善电子系统、子系统或部件的电磁敏感度特性而开展的各种电磁防护设计技术和器件运用。随着强电磁脉冲武器的发展,在传统电磁防护方法的基础上特别关注强电磁脉冲防护加固技术。

9.1.1 系统电磁环境及耦合

1. 系统电磁环境

电子系统面临的电磁环境越来越复杂,特别是随着高功率微波技术的不断发展,电子系统对强电磁脉冲防护加固的需求越来越迫切。强电磁脉冲环境包括了核电磁脉冲、静电电磁脉冲、雷电电磁脉冲,高功率微波等,特别是载波可变的强电磁脉冲,对电子系统具有典型的前门效应,是重点防护的对象。

以高功率微波为例,其环境是指微波源发射的功率密度或能量密度足够高,可能造成电子系统中未加防护的电气与电子部件发生反转、干扰、退化或损坏。典型高功率微波源工作频率为 100 MHz ~ 35 GHz。源可以以单次脉冲、重复脉冲、复杂的调制脉冲或连续波形式发射。高功率微波环境则具有以下特征:频率从 100 MHz ~ 300 GHz;峰值功率 100 MW 或更高,单次脉冲输出 10 J 或更高(如 100 MW 脉冲,脉宽 100 ns),平均功率 1 MW 或更高。

从效应来看,强电磁脉冲对电子系统的影响与其他高强辐射场严重程度类似,但由于某些波形特性的改变,使得对其防护加固有特定的要求。

2. 耦合

当入射的电磁脉冲与系统相互作用时,在系统的各个界面上产生瞬态脉冲。这些界面

上最终的微波功率取决于入射场的参数,包括幅度、频率、脉宽、极化等,以及与结构和布线相关的参数,如天线与窗口位置、导电结构与介电材料、屏蔽与非屏蔽电缆的配置、系统阻抗等。入射的能量进入系统或子系统的接入口,沿着一个或多个通道传播到敏感单元上,即为耦合。耦合包括两个部分:入射能量与接入口的相互作用,以及敏感单元对能量的传播。

高强电磁辐射经由两大通路耦合进入电子系统,这两大通路称为前门和后门,加以区分是源于二者的耦合模式和加固手段有所区别。前门接入口是有意设置的天线或传感器,它用于主动把电磁能量传导进入系统的确定传输通路上。后门接入口是电磁能量的非有意接收器,例如系统导电表面的不连续处,包括孔洞、缝隙、互连电缆、介电材料覆盖或者由介电材料组成的孔洞等。连接前门接入口和系统内敏感单元的传输通道称为前门耦合通道,连接后门接入点和敏感单元的传输通道称为后门耦合通道。一个敏感单元可能具有一个或多个耦合通道,这些通道以串联或并联,又或者串、并联结合的方式连接起来。

如图 9－1 所示为高功率微波对电子设备的耦合通道,入射能量通过多个通道进入系统。前门耦合是有意设计的接收天线或接收窗口,后门耦合是由于存在孔洞、缝隙,屏蔽不完整,互连电缆等引入的非有意传输通道及窗口。前门耦合可以从接收机设计的工作频段特性进行分析,后门耦合则影响因素众多,包括电子系统的门、窗、出入口、缝隙、互连线缆、接地线、壳体等,这些影响因素需要多次反复测试才能最终确定与防护加固要求相适应的量值。

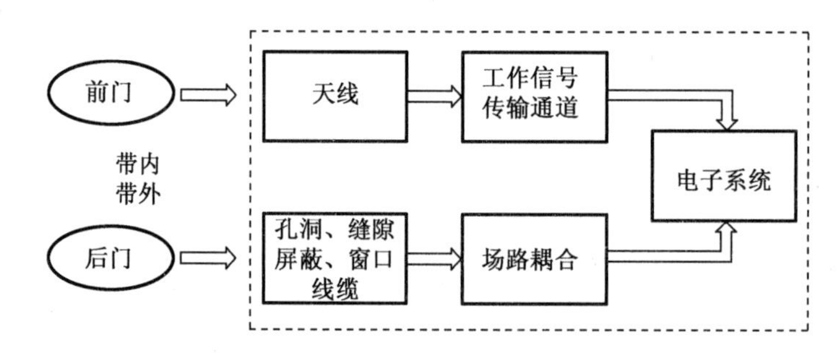

图 9－1　高功率微波对电子设备的耦合通道

如果电磁危害源具有的主要频谱分量在系统或子系统的通频带内,则称为“带内”威胁。如果电磁危害源具有的主要频率分量在系统或子系统通频带外,则称为“带外”威胁。

连接入口和敏感单元的传播通道有两种:传导和辐射。传导耦合通道由导电的能量导引结构,如导线、电缆、印刷电路导线或者波导等组成。它可能并没有设计成在电磁危害源的频率下起能量导引的结构,但可能仍起到了这种作用,也即这种通道既可能是前门的也可能是后门的,取决于激励它的接入口。辐射耦合通道是一个没有导引结构的通道。例如电磁危害源产生的电磁场通过孔洞耦合到敏感单元上,这是后门辐射耦合通道。

与电子欺骗、信息链路中断或阻塞等信息型干扰相比,强电磁脉冲导致的效应更加丰富,特别是高功率微波效应甚至不需要识别前门射频通道、带内工作频率、信息传输方式等即可对电子系统造成影响,也即其效应囊括了前门与后门、带内与带外。典型的高功率微

波效应包括了电子器件的烧毁、信息状态的干扰与扰乱、控制信号的翻转等,给电子系统带来的影响有时是致命性的。

以一部通信电台为例,如图9－2所示,其前门耦合通道为接收机天线至射频前端,后门耦合通道包括数据接口、电源接口、观测窗口,壳体孔缝、互连电缆等。对于前门耦合通道,即系统设计的工作频段内,当功率电平不使射频通道发生非线性效应时,依据工作原理可以准确预测电磁效应。如果电磁危害源恰好工作于通信电台工作频段内,也即能量集中从前门耦合时,为显著的非线性效应,有可能直接造成接收机射频前端关键部件烧毁。如果电磁危害源作用于通信电台工作频段外,即带外干扰时,有可能造成通信射频前端中断、阻塞,信息紊乱;控制信号错误,数字电路翻转;供电电平叠加尖峰浪涌,电压不稳、地电位波动,乃至电源芯片损坏导致系统断电;以及由于有与之相连的互连线缆导致其他电子系统故障等众多前后门效应。

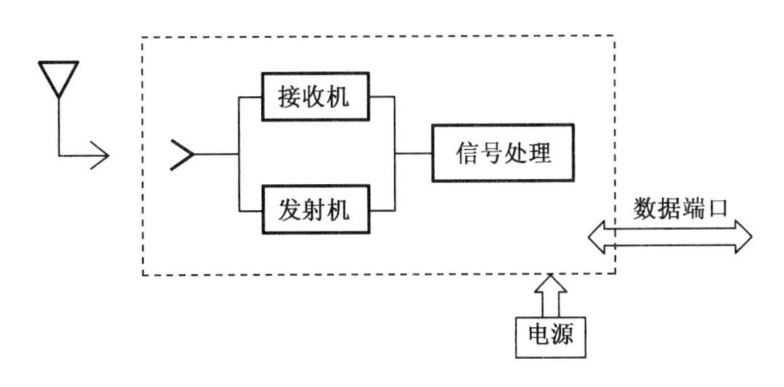

图9－2 通信电台

强电磁脉冲效应与大部分其他电磁环境效应有所不同,主要表现在功率电平高,极易引起非线性行为;脉冲上升沿快,覆盖频率范围广;能量耦合路径多且复杂程度高。关键是电子器件在瞬态脉冲作用下的响应特性和损伤机理与稳态下不同。从防护的角度看,表现在瞬时防护能量大、通流大,需要特别关注防护响应速度、恢复时间、泄漏电平等,以及前后门的并行防护。

9.1.2 系统电磁环境敏感度

对处于系统外部的组件和电路,电磁辐射和电气传导的能量有可能直接造成干扰和损伤。系统内部的组件和电路由于不直接暴露于电磁辐射,电磁效应源于电传导和二次辐射能量。给定系统组件的敏感度阈值电平为任何引起组件干扰或损伤的电压、电流、功率或能量的电平,由于电磁危害源波形不同,敏感性阈值随着效应的关注点不同表现形式不同。

例如经过前门通道进入到接收机某组件的耦合,如图9－3所示,假设某频率下经过前门通道耦合到组件的功率为P_c,则

$$P_c = S_{inc} \cdot A_e \cdot F$$

式中,S_{inc}为系统外部入射功率密度,A_e为耦合横截面或天线有效孔径,F为从天线到组件的

前门传输系数。

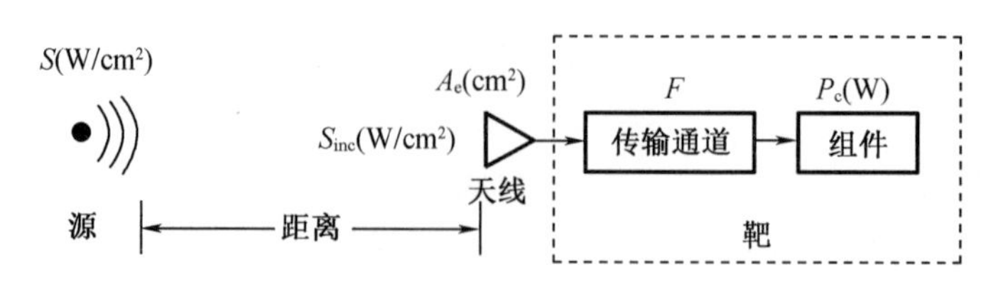

图 9－3　接收机前门高功率微波敏感度分析

假定该脉冲频率下，组件具有 30 W 的损坏敏感度阈值电平，天线有效面积为 30 cm^2，传输系数为 0.10，即功率衰减 90%，则入射功率密度、天线有效面积和传输系数的乘积与该敏感度阈值的关系为

$$30\ \mathrm{W} = S_{inc} \cdot 30\ \mathrm{cm}^2 \cdot 0.10$$

求解 S_{inc} 得 10 W/cm^2，即当系统外部功率密度为 10 W/cm^2 时，达到了组件的损坏敏感度阈值，极有可能被烧毁。

经过后门通道对敏感组件的耦合也可以用耦合或接收截面来定量表达，这样敏感度阈值电平也可以用上述类似的方式描述。但对于一个系统而言，后门接入点和耦合通道通常有多个，分析要更困难。当一个敏感组件存在多个耦合通道时，各耦合信号的到达相位必须考虑，以便确定耦合到敏感组件上的总功率或总能量。如果电磁脉冲持续时间非常短，各个耦合通道激励时间的差异也要考虑。

实际上，在半导体器件的电磁损伤规律、设备与分系统的电磁敏感性等相关研究中已经积累了一定的器件、组件乃至分系统的敏感度阈值。而在强电磁脉冲作用下，器件和电路的敏感度数据有其特殊性，需要考虑短时脉冲下更快的上升时间、更大的功率或能量、更复杂的频率成分等，因为在这些影响因素的作用下，器件的响应、失效与损伤机理都与常规稳定小信号状态下有所不同，因此必须扩展这部分研究。

9.1.3　系统电磁防护加固策略

电磁防护加固是提升电子系统恶劣电磁环境下生存能力的有效手段，对特定系统进行防护加固，必须具备系统观并掌握系统的任务剖面。一般加固策略分为两种。

一是控制耦合，通过控制天线和后门接入点，或者通过系统设计，采用诸如吸收体、限幅器、滤波器和屏蔽等措施反射或衰减入射能量。

二是降低敏感度，设计足够坚固的子系统或组件，耐受恶劣电磁环境。

加固设计开始于决定需要多高的加固量值以满足生存能力需求，此时可以借助电磁危害源及试验对象的仿真计算进行评估。设计者须以系统观来确定各个界面上的加固方法，掌握系统结构，明确任务剖面，识别执行任务的关键子系统和组件，确定前门带内、带外及后门的脆弱节点。应理解实施防护加固带来的不良后果，如前门加装限幅器带来插入损耗增大影响系统性能，系统噪声系数增高而有效范围降低，后门防护加固增加重量及维护成

本等。同时防护加固应尽量分散在不同器件和技术手段上,避免由于一种加固方法失效而导致出现致命性损伤。

1. 前门带内耦合

对于电子系统来说,前门防护加固最为重要,特别是电磁危害源的频率处于天线和接收通道带宽之内时。前门带内耦合通过传播方程能够准确地计算出来,因此前门带内耦合的防护加固要求可以较为精确的确定下来。采用的防护加固方法通常是专门为相应频段设计的非线性器件,如 PIN 二极管限幅器,半导体开关等。半导体限幅器体积小,响应速度快,峰值泄漏低,是目前高功率微波等快上升沿电磁脉冲防护的常用器件。

2. 前门带外耦合

处于前门带外的能量也可能大量进入前门耦合通道,对于这种情况,满足生存能力要求的加固量无法直接确定。为了确定需要防护加固的量值,需要知晓前门通路中每一单元的带外响应,这依赖于理论计算与实际测试相结合。在前门带外能量的抑制中,典型的加固手段是采用滤波器,滤波带宽和陡度都是极重要的参量。为此对前门耦合通道的防护多是滤波限幅结构,滤波起到收紧接收通道,加深带外抑制的作用,限幅则是对进入带内的能量进行导流泄放。当然,也有极化控制、频率选择表面、能量选择表面等相关防护技术可以采用。

3. 后门耦合

由于后门耦合通路多且效应交叠,对后门防护加固量值的确定比前门还要复杂,这当中包括了对后门防护加固的预期值,后门耦合通道中信号翻转、尖峰抑制、电位波动等的阈值先验知识,由后门防护加固带来的不利影响等。因此后门通道的防护加固多源于实验验证,加固设计主要是屏蔽、接地、滤波等方法。

目前,系统化的电磁防护加固策略及流程已经建立起来,防护方法已成功用于电磁干扰的控制,自然与人为电磁危害源的防护。强电磁脉冲特别是高功率微波环境与这些威胁相比主要在于其峰值场强或峰值功率电平幅值可能高几个量级,防护加固设计有所不同,高功率微波电磁防护步骤如图 9 - 4 所示。

由于射频前端是用频设备最重要的耦合通道,因此优先开展前门防护加固,这就需要识别全部的前门通道,确定每个前门通道的工作带宽、空间接收特性,以及需要防护加固的量值,采用的方法通常是加装滤波限幅结构,限幅结构通常要满足以下几点:一是能够把入射电磁波峰值功率限制到受保护单元损伤阈值以下;二是具备承受并处理高功率电磁波的能力,不因外界入射强度过大而使自身损伤;三是滤波限幅结构的引入不能对系统工作引起不可接受的降级,须在多方面评估代价与收益。

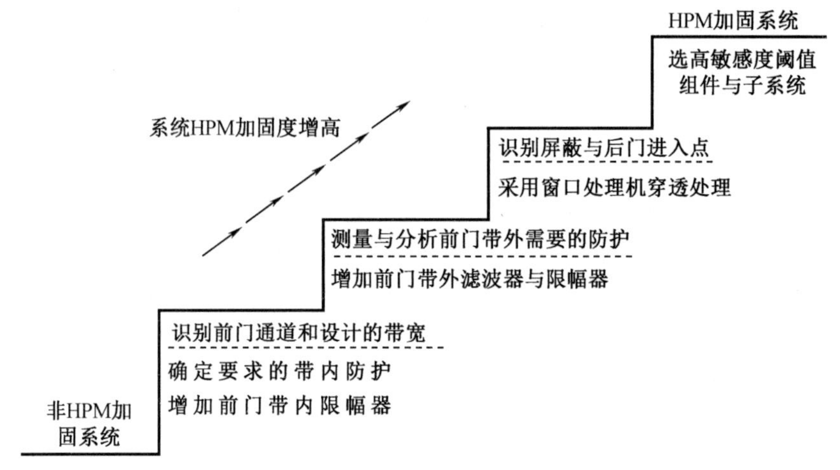

图 9-4　高功率微波电磁防护步骤

后门耦合防护加固采用分层屏蔽及拓扑分区的方法，把系统看作嵌在一起的一套屏蔽表面，每个表面折中处理为表面上的许多接入点，场可以通过这些点泄漏进入，系统加固是能够对辐射场使泄漏关闭的程度。当屏蔽层内部感应的响应低于某一安全阈值电平时，可以提供有效的屏蔽，相应的防护技术包括：对孔洞的屏蔽，例如覆盖金属丝网、小孔金属板、截止波导型孔洞、蜂窝板等；对缝隙的屏蔽采用电磁密封衬垫，如金属丝网衬垫、导电橡胶、导电布衬垫、指形簧片等；对电气接入口使用滤波器、限幅器等，以及采用多层屏蔽、薄膜屏蔽等相关技术。当然，后门防护加固仍须满足能够承受并处理入射电磁波峰值功率及能量的条件，并且综合考虑代价及收益。

9.1.4　系统电磁防护加固方法

1. 损伤防护的系统观

损伤防护要考虑特别敏感的关键部件，这些部件可能受到几种电磁脉冲的作用，最大的损伤是灾难性失效，也就是经过某次电磁能量作用后，部件不能正常工作。而在部件不能正常工作之前，则是部件的某项性能下降、电路效率降低等，也即部件存在潜在性失效。此外，还会有某些状态失效，即某些特定状态的不期望的改变。

在系统设计水平上，可通过控制电磁辐射能量、降低接收及耦合效率、降低耦合能量比例、降低敏感度、使用可修复元件和冗余元件的方式减小损伤的可能性。除采用规避的方法外，有大量系统选择降低典型接收和耦合效率的方式来避免损伤，例如让系统工作在更高的频率上来避免核电磁脉冲、宽谱高功率微波的能量耦合，与之相关的就是缩小设备结构并缩短电缆敷设路径。

在系统设计时，有许多方法可以用来降低单个成分的影响，例如选择较高的工作电压，但这将导致更高的绝缘性能，也与更高的工作频率设计不相符。就半导体输入电路而言，使用串联电阻器是一种控制电磁脉冲损伤的方法，如电阻器与晶体管基区相串联会产生限

流功能,一旦感应了瞬态电磁脉冲,基极发射极失效,该电阻器能够提供重要的限流以防止灾难性损伤。

2. 干扰防护的系统观

干扰防护是指暂时削减电磁脉冲造成的系统功能、电路或成分扰动,干扰能够致使系统程序错乱、执行延迟、产生误动作、电位波动、重启、死机等。通常干扰分为两种情况,暂时干扰和永久干扰。暂时干扰用来描述可逆变化,例如一定时间内信息传输的错误,短暂失联等,永久干扰用来描述不可逆的变化,如系统死机等。

从系统设计的角度来看,感应电磁脉冲干扰可能就构成了严重的电磁脉冲防护问题。数字电路极易受电磁脉冲干扰,因为电路功率低、动作时间快、阈值电压低。用数字控制电路取代更具阻抗性的控制电路将会降低系统抗干扰水平。一个实例为,电磁脉冲对程序控制和存储单元造成干扰,例如强电磁脉冲下会使得某些数据位翻转、程序错乱。有些电路虽然不像数字电路那样敏感,但也展现出一定程度上的敏感性,尤其是当工作电压水平相当低时。相关资料显示,用于投射物导航系统内激发其发动机断流装置生效的积分器给我们提供了一个类似电路干扰的实例。用地面支援装备将一定的电荷置于积分器电容器上,发射时就会给该积分器提供持续的输入,在某个既定比率上释放电容器内的电荷,当达到零电荷时,就会激活电路系统,关闭发动机。瞬态电磁脉冲可以增加或降低该积分器上的电荷数量,最终改变着落地点。

从系统观角度来看,可以从以下几个方面进行干扰防护,即较高的系统工作电压、编码、硬盘内存、电磁脉冲感应规避,以及迅速重置与重新编程。显然,所有用于防止损伤的技术也适用于防止干扰,且几乎都是防止损伤必不可少的技术。

选择较高的系统工作电压能起到较大的保护作用。例如,在 10 mV 或 10 V 的电压上操作电缆系统,选择 10 V 系统将会自动固定在 10 mV 系统的内在保护 60 dB 内。同时,该系统整体设计中的各种屏蔽类型、屏蔽层的数量等可能与操作系统的选择是联系在一起的。

编码与信号设计技术也可能用于减小干扰。这些技术的本质将取决于系统的特定需求,涉及误差探测和编码校正、数据重构、奇偶校验、闭环信息传导等。大量的系统设计方法可被视为在计算过程中,该计算结果的中间阶段被储存到内存中,如果在计算过程中一个瞬态脉冲影响了内存中不稳定的部分,需要相关技术予以矫正。

规避常用于难以物理加固的情形,有两类规避技术,一是非特定威胁,即占空比技术,二是特定威胁或失效技术。占空比技术是利用同步或非同步的占空比图示进行加固。特定威胁的规避技术一般涉及用电磁脉冲传感器来探测该事件,这一传感器可以进行预警,遏抑假触发。也可以通过探测该事件来启动本地的或主机的重置,例如允许重复信息传输,重构或重新编程处理相关任务。

3. 系统加固分配

加固分配涉及将系统分成各个小单元,然后将电磁脉冲加固性能需求以一种定量的方法应用于每个单元中。在起初设计阶段,或在子系统试验阶段,以及之后的整个系统总体评估时期,都会使用这些加固需求。

有许多方法来实施加固分配,其中的一种是如下所列的程序。

(1)确定威胁情景,明确该任务下电磁脉冲防护需求及系统生存能力需求。

(2)确定与威胁及任务要求相对应的系统、子系统或部件。

(3)基于系统结构精选防护方法,研究敏感区域的辐射场、电流和电压。

(4)基于需要防护的敏感部件,研究涉及的设备的敏感度范围。

(5)基于该敏感度水平及可能的脉冲场、电压或电流,确定需要的保护程度。

(6)将整个防护分配到加固元件,如屏蔽、终端防护和系统操作层面中。

9.2 前门电磁防护加固方法

9.2.1 前门防护加固要求

为了保护在强电磁脉冲环境中系统的运行,应设法降低或限制耦合到系统的电磁脉冲能量。对于前门来说有两种基本的选择,就是限制对前门天线或传感器的耦合,或者限制耦合能量传播到系统内部的量级。第一种选择实际是降低接入点的有效面积,第二种选择实际是降低接入点和系统内部敏感组件之间的耦合。这两种加固可以通过采用各种形式的滤波和限幅来实现。

对微波干扰前门加固的要求与方法并不鲜见,在电磁干扰、电磁兼容、电子战与电子对抗等相关标准与规范中已明确指出。但在高功率微波下,防护加固更为困难,这是由于在功率电平上,高功率微波比低功率时增加几个数量级,波形上升时间为 1ns 甚至更小,所引起的非线性效应更为严重,同时高功率微波还能以不同的方式对前门通过进行攻击,包括以下几点。

(1)带内干扰:干扰频率在前门通路额定的工作带宽内。

(2)带外干扰:干扰频率在前门通道额定的工作带宽以外。

(3)潜行干扰:脉冲上升沿极快,在防护装置未能启动之前能量已传递到敏感界面上。

(4)超大功率损伤:功率或能量足够大,以致损伤、破坏电子器件或组件。

(4)精巧干扰:把功率或能量传递到具有已知反转特性的敏感组件。

目前对于前门防护加固主要采用滤波和限幅的方式,还有一些技术,包括非线性涂敷、体效应半导体限幅器、体效应波导窗开关、单导体 PIN 二极管阵列窗口开关等也成功应用于防护。

9.2.2 前门防护加固的滤波应用

前门通路最实际的加固技术是采用微波滤波器反射和/或吸收系统设计频带以外的信号。相关资料显示，对美国陆军航空固定及旋转翼飞机所用接收机调查，前门通路中96%安装了滤波器作为重要的加固单元起防护电磁干扰作用，这些系统的80%只把滤波器作为唯一的加固单元安装在敏感接收机电路中，而前门通路的19%则采用滤波器与限幅器相结合的手段。

在微波通信系统中一般采用带通滤波器，允许带内信号通过并抑制带外信号。不同滤波器有着各自的等效电路和不同的电磁布局，类型如表9-1所示。滤波器可以按照相对于所关注波长的尺寸进行分类，集总式滤波器由电阻器、电容器和电感器组成，比信号波长小；分布式结构，如波导可能比波长大；在许多物理结构中则使用微波滤波器。

表9-1 微波带通滤波器的类型

种类	滤波介质与类型
半波耦合谐振器	波导，电感耦合谐振器 波导，电容耦合谐振器 TE×11 空腔谐振器 同轴式电容耦合或步进阻抗谐振器 带波导步进阻抗谐振器 印刷电路步进阻抗谐振器
四分之一波耦合谐振器	带波导指状组合型、并联耦合或梳状线谐振器 印刷电路指状组合型、并联耦合或梳状线谐振器 空气介质指状组合型或并联耦合谐振器 螺旋线谐振器
准集总单元	带波导梳状线谐振器 印刷电路梳状线谐振器 空气介质梳状线谐振器 螺旋线谐振器 对开式铁芯
集总单元	RLC
混杂式	铁磁式 介质谐振器 表面声波

每一类滤波器有不同的性能特点，滤波器的选择和设计既取决于系统要求，又取决于预期的电磁脉冲环境。在选择加固滤波器时，对要求的功率控制能力需要作特殊考虑，滤

波器一般限制在它的峰值输出上,如果超过这个峰值功率会发生介质击穿。滤波器也受限于所施加的连续功率,高电平连续功率可以使滤波器的工作温度上升到不可耐受的水平。对于一个给定级别的带通滤波器,一般来说中心频率高的滤波器功率控制能力较低,有较高功率控制能力的滤波器物理尺寸较大,采用波导的滤波器推荐用于有最高功率控制要求的场合,同轴滤波器也可应用于高功率场合。在指状组合型或梳状线构造中采用圆柱形棒的空气介质滤波器可用于要求连续波功率控制能力高的场合。集总元件滤波器的功率控制能力很大程度上取决于构造,滤波器尺寸、滤波器内部引线长度、组件到滤波器外壳的邻近程度等都将影响功率控制能力。

滤波器也常和限幅器一起用于前门通路。最好在限幅器后面装置带通滤波器,这样由限幅器产生的带外谐波在进入系统其余部位之前就被消除掉。当然,如果脉冲信号或由限幅器产生的谐波正好在滤波器的通带内,那么这些信号将通过滤波器进入系统的其他部分。当限幅器置于滤器前面时,限幅器将降低滤波器承受的脉冲能量。如果滤波器置于限幅器前面,限幅器将只遇到脉冲的带内能量,且不要求限制带外信号。在这种情况下,滤波器必须能够承受高电平的带内和带外信号,具有良好的带外抑制能力,同时还必须在限幅器出现变化负载阻抗的情况下维持良好的性能,这给滤波器的设计提出了诸多难题。但这种配置的一个优点是滤波器将减缓脉冲的上升沿时间,有助于降低限幅器的尖峰泄漏。

目前限幅滤波器已成为一种新型的微波电路器件,这种器件通过给滤波器附加 PIN 二极管或其他非线性组件进行改型,使滤波器在高功率下具有限幅特性。这是因为 PIN 二极管可以很容易地制作到现有的微波滤波器结构中,所形成的限幅滤波器比分离的限幅器和滤波器更为紧凑,且能够提供更大的通带隔离度和更低的尖峰泄漏。

9.2.3 限幅器及接收机保护器件

多项研究表明限幅技术能够对高功率微波环境下的前门通道起到防护作用,例如 PIN 二极管限幅器具有小于 1 dB 的插入损耗,采用多个二极管设计的限幅器峰值功率控制能力大于 10 kW,对于 1 kW 脉冲入射峰值功率的尖峰泄漏极低,且适用于前门加固的限幅器也可用于后门防护。

接收机防护器件的基本工作原理示于图 9 -5,其中衰减表示为频率的函数。对于低功率的带内信号,接收机防护器件起低插入损耗线性器件作用。在高功率情况下,接收机防护器件启动并强烈衰减到来的信号。对于带外信号,衰减一般随频率降低而降低。对于波导结构来说,在低频时衰减很大,在波导设计的通带内衰减很小。对于同轴和微带前门通路,低功率电平时器件不启动,传递函数如图 9 -5 中实线所示,带外性能一般不确定或者说不能控制,这对于高功率微波环境来说其可接收的频率跨越范围很宽,有可能引起严重问题。

微波限幅器带内工作特性一般可用图 9 -6 至图 9 -8 描述,这些图表示了 PIN 二极管限幅器的响应。对于一个理想限幅器来说,当信号低于某个阈值时,输出功率等于输入功率,如图 9 -6 所示。当输入功率大于这个数值时,理想限幅器的输出便维持在该阈值电平上。实际限幅器的行为则有所不同,主要的差别在于当输入信号极大时,输出不再保持恒

定,而是随输入信号增加。对于高功率微波来说,所关心的限幅器的另一个重要性质是它们对快速上升的脉冲信号的响应。图 9－7 说明一个典型限幅器对于一个峰值信号电平超过限幅器阈值的方波的响应。输出功率在实际限幅开始出现之前从零增加到高于阈值电平的某一数值,即出现一定程度上的峰值泄漏,如果限幅器不能足够快地开始工作的话,峰值泄漏可以达到输入信号的峰值。当限幅器开始限幅,输出信号电平迅速下降到平坦的泄漏电平,在此电平上保持到脉冲持续时间。

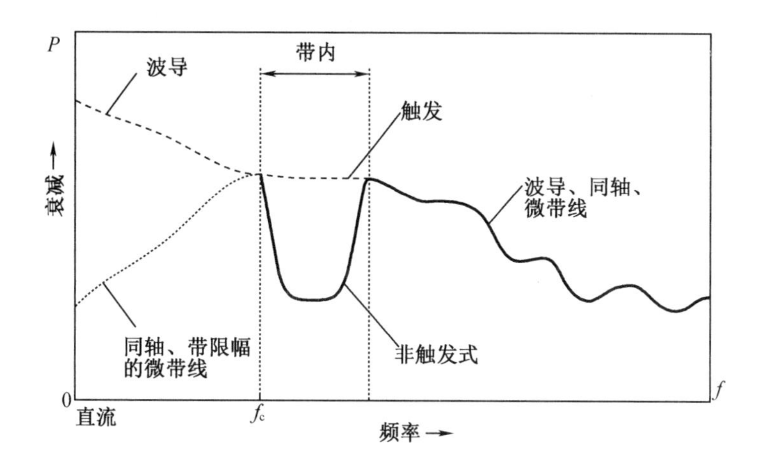

图 9－5　接收机防护器件衰减的典型频率依赖关系

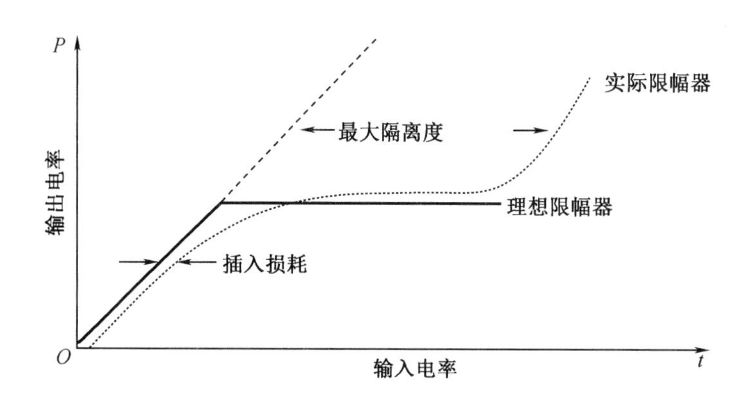

图 9－6　理想的和现实的限幅器对慢上升输入功率的响应

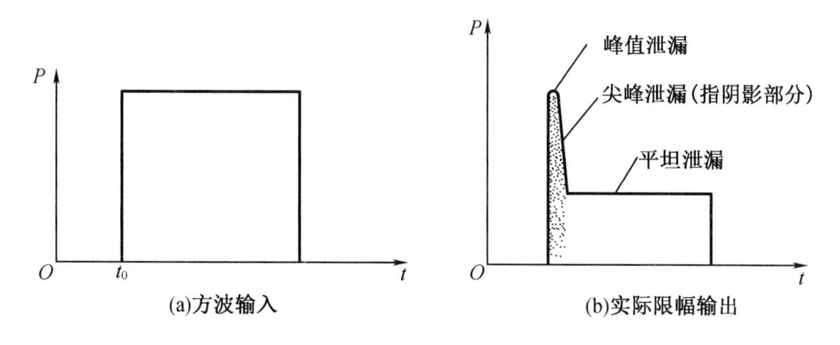

图 9－7　实际限幅器对于快上升输入功率的响应

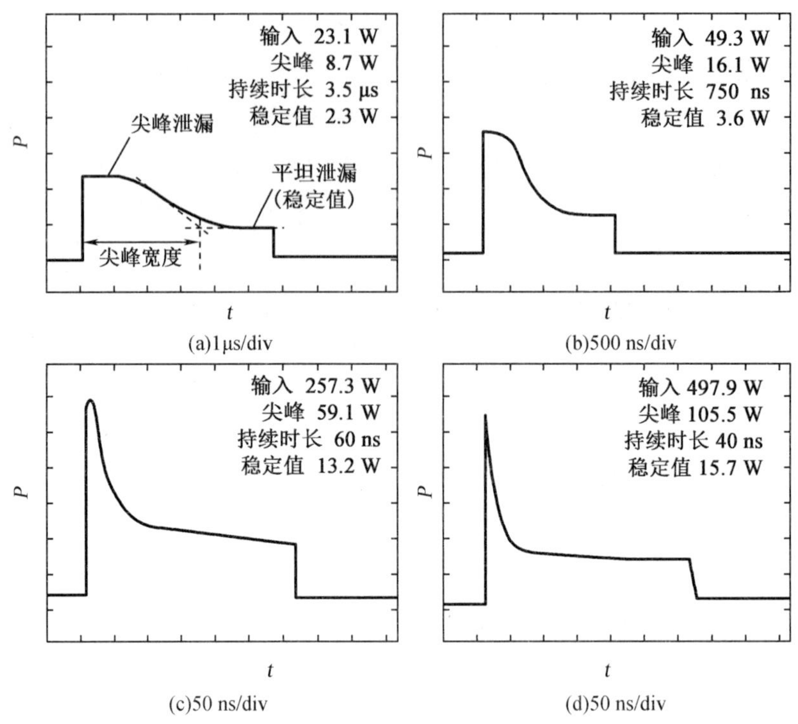

图 9－8　PIN 二极管对各种输入功率电平的脉冲响应

高功率微波环境的性质对限幅器的设计也提出了特殊要求,这些器件应当响应速度足够快,使得尖峰泄漏小,泄漏能量在后级电路承受范围内。在具备带内高功率能量处理能力的基础上也能防护带外威胁,通常配合滤波电路一起设计。限幅器大多为无源的,即无须外加电源,当然有时为加快响应速度也可设计成半有源的方式,但这又有可能引发其他系列问题。限幅器应当能够经受高能量、多次脉冲冲击而不失效或严重退化,恢复时间短,以便耐受高重复频率冲击并减小有用信号损失。

设计上限幅器的重要参数可分为三类:待命参数、防护参数和失效参数。

待命参数:这些参数用以描述限幅器在配合系统正常工作时的效果,主要是插入损耗和内部噪声,它们将直接影响某些系统的噪声抗扰度和有效范围。其他需要考虑的参数为物理参数(重量、尺寸、形状)、功率消耗、发热因素和造价等。

防护参数:主要包括尖峰泄漏、尖峰宽度、平坦泄漏、尖峰泄漏能量以及恢复时间。尖峰泄漏能量非常重要,因为许多组件损伤阈值取决于能量而非功率。图 9－8 为 PIN 二极管限幅器对不同脉冲波形响应特性不同的一个实例,这说明开展防护设计时需要提前关注防护的脉冲波形形式。

失效参数:限幅器在一定防护能力范围内工作,通常限幅器以连续波或脉冲为基础(典型为 1 μs 脉冲具有给定的工作循环或脉冲重复频率下)确认该参数,不对特定的单一脉冲环境提供失效数据。

9.2.4 天线及光学入口防护加固

1. 频率选择及能量选择

对于多数系统来说在天线或者光学入口处采用防护加固措施是必须的。一般认为天线包括微波天线屏蔽器、屏蔽罩和初级与次级馈送器,天线匹配网络可能是天线的一个集成部分或者是一个分立部件,光学入口包括透镜和传感器。可以用于天线或光学入口的加固技术的根本是降低天线或光学入口的有效面积,这些方法包括频率选择、在天线上限幅以及光学入口的屏蔽等。其他防护方法例如极化选择、时间选择和空间选择并非专门用于高功率微波防护加固技术。

上节提到的限幅器是一种电路级的器件,对于空间的电磁防护则需要另外的防护手段。频率选择表面(FSS)作为一种新的防护表面具有很强的滤波特性以及极宽的频谱范围,在减小电磁干扰以及减小天线 RCS 等方面有着重要作用。如今 FSS 设计方法逐渐成熟,对 FSS 的性能要求趋于多样化,其主要方向是多频段、小型化、大角度稳定等。

需要注意的是,FSS 在防护高功率微波时有一个重要参数是防护阈值,其工作特性主要是依靠电子受激振荡以及二次辐射等,同时其金属阵列上会产生谐振回路,当入射波的功率水平达到一定程度时,回路产生的热效应会将介质板等损耗材料融化或燃烧。同时当具有极高峰值功率的短脉冲作用于 FSS 时,也可能会使得 FSS 内部的介质或者空气被击穿,内部电弧也会对介电材料造成永久性损伤。为了提升 FSS 的防护阈值,一种带通小型元件的频率选择表面(MEFSSs)被发明。MEFSSs 由电容式和电感式阻抗表面级联而成,每一个阻抗单元都由非谐振元件组成,这种分布式谐振结构可以形成带通滤波特性。同时 MEFSSs 将电容层和电感层分离可以有效降低高功率电磁脉冲作用于每一层的局部电场强度,从而降低它们在高功率激励下的击穿敏感。

一般 FSS 对通带外的高功率电磁脉冲有很强的屏蔽效果,但是对通带内的电磁波则没有防护能力,一些加载了有源器件的 FSS 由于其可重构特性可以用来进行带内防护。例如限幅频率选择表面利用二极管的开关特性以及频率选择表面的滤波特性实现能量低通效果,高功率电磁脉冲吸收超表面利用二极管对输入信号进行整流,将静电场储存在电容器中,最后通过电阻实现吸波功能。

加载开关元件的 FSS 虽然可以屏蔽通带内电磁波,但是开关元件的启动与断开需要偏置电路来实现,这种防护模式不利于处理突发性的高功率电磁脉冲对系统的干扰。为此出现了能量选择表面(ESS),利用高功率电磁脉冲在 FSS 上激发的感应电场导通二极管,使得 PIN 二极管的开关特性与频率选择表面共同作用形成金属网格结构屏蔽电磁波。

ESS 是根据场致导电或压控导电结构设计的电磁防护材料,它以空间电磁能量作为激励源,通过实时地改变材料的电磁特性或结构的阻抗特性,从而改变能量选择表面对电磁波的传输特性。能量选择表面的结构示意图如图 9-9 所示,结构具有周期性,每个周期由若干导线和二极管串联组成。强场作用下,能量选择表面瞬间由高阻态变为低阻态,从而起到屏蔽作用。

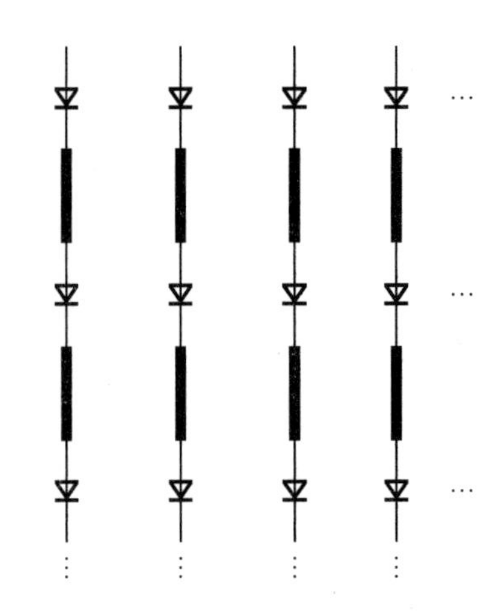

图 9-9　能量选择表面结构示意图

ESS 方法既能防护电磁脉冲，又能保证电子设备信号的正常收发，可防护的最大电场强度达到数百千伏/米。但对于脉宽较窄的电磁脉冲不具备防护能力，由于 ESS 中的二极管导通存在延迟时间，当电磁脉冲的脉宽小于二极管导通延迟时间时，ESS 对此脉宽的电磁脉冲不具备防护作用。此外，高频情况下引入的分布特性参数在一定程度上局限了其应用范围。

2. 光学器件的屏蔽

屏蔽通常认为是后门加固技术，但是对前门通道也可以应用。在系统外表面上的光电传感器可以看作是具有其在光谱频率上正常工作的接收天线。微波能量进入这种光学前门通路，通过与传感器后面的微波集成电路和导体（金属线、电缆、连接器等）的相互作用，或者通过引起改变光电组件工作参数的热响应而影响系统的性能。

对这一问题，加固方法和在后门通路中用于加固光学透明的孔洞的方法相似。导电的透明覆盖物和金属丝网可以用于玻璃、丙烯酸树脂或其他光学进入口材料的加固。对设计者来说，重要的参数是在微波频率上的屏蔽效能以及在光学频率上的透光率。对光学孔洞进行微波屏蔽的另一个重要问题是开口周长的电连接性质，屏蔽的有效性在极大程度上取决于沿光学孔洞周围的良好连接。

9.2.5　前门加固的其他设计

1. 延迟线

在接收机通路里通过插入过载跳闸电路（如采用耦合器、传感器、延迟线和过载跳闸器件等）可以对接收的前门通道（不论带内或者带外信号）进行防护。跳闸器件可能是一连串

的开关(如PIN二极管),一个分路限幅器件或者一个急剧短路器件(如提供低通路的分路二极管)。其配置图9-10所示。

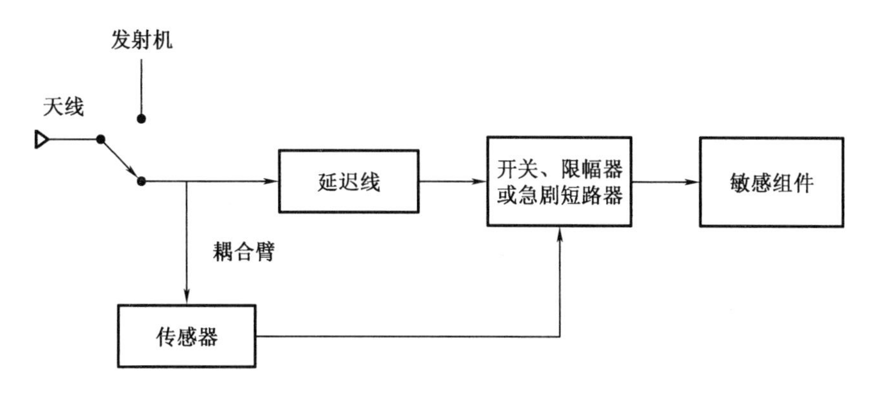

图9-10　延迟线在雷达接收机前门通路中的加固应用

据相关资料,5 ns至10 ns的插入延迟时间不会使大多数接收机的功能退化,却有足够的时间启动保护电路,5 ns至10 ns的延迟可以用高介电常数低损耗的材料做成。由于延迟线的安装,HPM损伤问题从敏感接收机组件转移到潜在敏感性低得多且响应较慢的传感器组件,国外实验室对延迟线限幅器做过实验研究,延迟线和PIN二极管限幅器或者激光启动器开关可一起作为跳闸器件被使用。延迟线防护技术可以代替限幅器,它对消除来自前级限幅器(例如当接通一个PIN二极管限幅器保护电路时)的尖峰泄漏特别有用。这种技术也可以消除快上升前沿和窄脉宽脉冲潜入的微波能量。

2. 环形器与调谐路径器件

一些微波组件要求信号沿内部多通道传播,在输出端相位叠加,这种相位叠加一般只发生在组件的额定工作频率上,组件表现得对带外信号耦合很弱,也就是说这些组件趋向于起电抗性滤波器的作用,拒斥带外信号。例如经常用在某些射频接收—发射机系统中的环形器,在带内最为有效并且能够降低带外到达接收机的能量。用在卫星上把不同的上链接频率和下链接频率分开的同向双工器则是随频率而变的选择器件。

9.3　后门电磁防护加固方法

9.3.1　后门防护加固要求

入射的电磁脉冲通过后门的耦合模式可以分为三种:入射场通过系统外表面(金属的、

合成的或介电的)的扩散;入射场经孔洞、裂缝、缝隙和金属表面的连接处的穿透;入射场在穿过系统表面的导线和其他金属导体上激励起来的电流和电压的传导。

对于这几种耦合,开展电磁防护加固的相对重要性取决于系统结构,也取决于入射场的相关参数(频率、幅度、极化、入射角等),必须了解这些耦合模式是怎样与特定系统相关的才能开展防护加固。

对一般系统进行加固的一个例子如图 9－11 所示。首先考虑的是系统外表面特性,该表面通过反射或吸收作用抑制能量扩散到系统内部。金属表面能够反射和吸收大部分微波频率能量,因此如果系统表面大部分是金属的,那么经扩散耦合的能量通常不太大。如果系统表面大部分是低损耗电介质的,那么外表面相对入射能量来说没什么衰减,在这些低损耗介电材料中附加金属覆盖层或者嵌进一个金属网则可以有效屏蔽。也可以用具有高电导率的复合材料,如石墨环氧树脂代替低损耗介电材料而获得屏蔽效能。

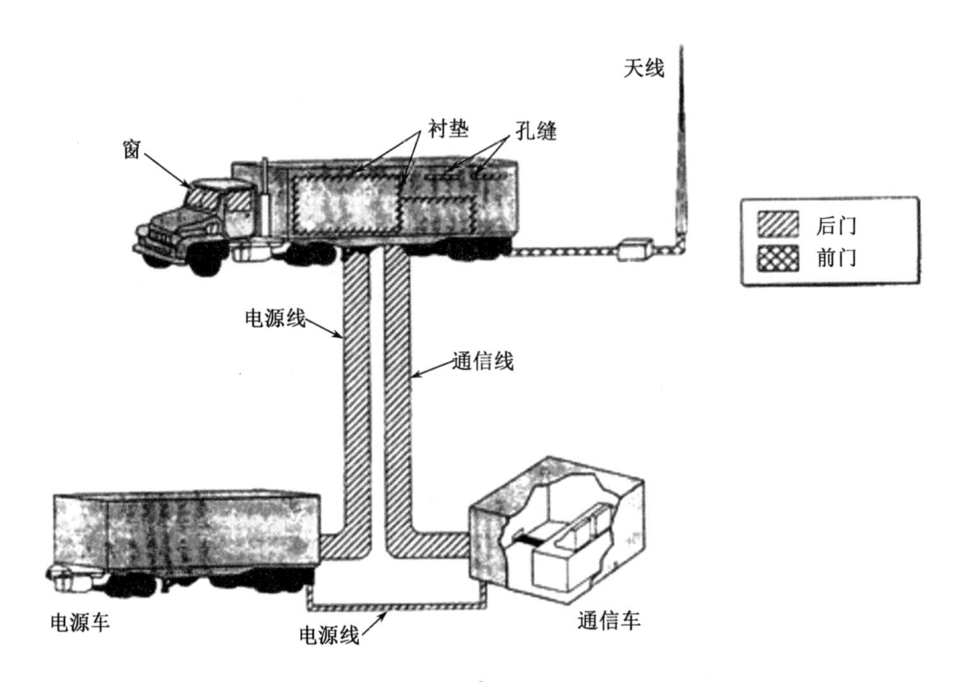

图 9－11　一般可移动地基 C^3I 系统前门与后门通道的例子

如果外表面上金属材料占优势,那么孔洞和缝隙的耦合对内部的干扰环境起主要作用,对孔洞和缝隙采用加固措施比较有效。如果外表面不是导电材料,那么孔洞和缝隙的加固对内部环境的作用就微乎其微,影响加固设计特性的是孔洞的尺寸、形状和部位以及缝隙和连接处的结构细节。

电磁脉冲在外部动力线上和其他外部导体上激励出来的能量对内部环境也会产生重要影响。这种类型的传导穿透在系统内部也存在,系统内部的电源线和信号线把电子设备的不同部分从内部连接起来。经过这种模式耦合到设备上能量的大小很大程度上取决于系统外部或系统内部穿透导体的部位、电磁干扰频率下系统的有效阻抗以及导体的长度。

9.3.2　后门防护加固的屏蔽应用

对于大多数系统后门加固，最有效的方法是屏蔽。屏蔽在这里具有广泛的含义，包括系统屏蔽、子系统屏蔽、屏蔽电缆与屏蔽连接器，甚至在屏蔽表面使用滤波和限幅器。可以把系统看作一组相互嵌套的表面，每个表面都提供一定程度的屏蔽效能，根据这一观点，对于后门的加固设计可以考虑若干方法。

1. 整体屏蔽法

图 9－12 所示为后门防护加固的简单方法。图 9－12(a)表示在设计中没有采用表面电磁加固技术，这种系统在强场环境中的生存能力取决于各个组件和子系统的坚固程度，以及在给定强场环境中暴露的概率，抗扰度往往难以确定。图 9－12(b)为在系统的外表面采用电磁屏蔽的方法进行防护加固。完整的屏蔽包括：外金属表面，把扩散耦合场衰减至极低的电平；应用于金属外表面的开口和缝隙上的加固措施，把孔缝耦合衰减到可以接受的电平；对绝缘导体穿透采用滤波和限幅器，或者对非绝缘导体穿透采用外部搭接，把带外的或过多的能量转移到导电表面外部。图 9－12(c)为电磁屏蔽的另一个实例，它把屏蔽构筑在系统内壁，等于在系统内部构建一个屏蔽室以便保护最敏感设备。

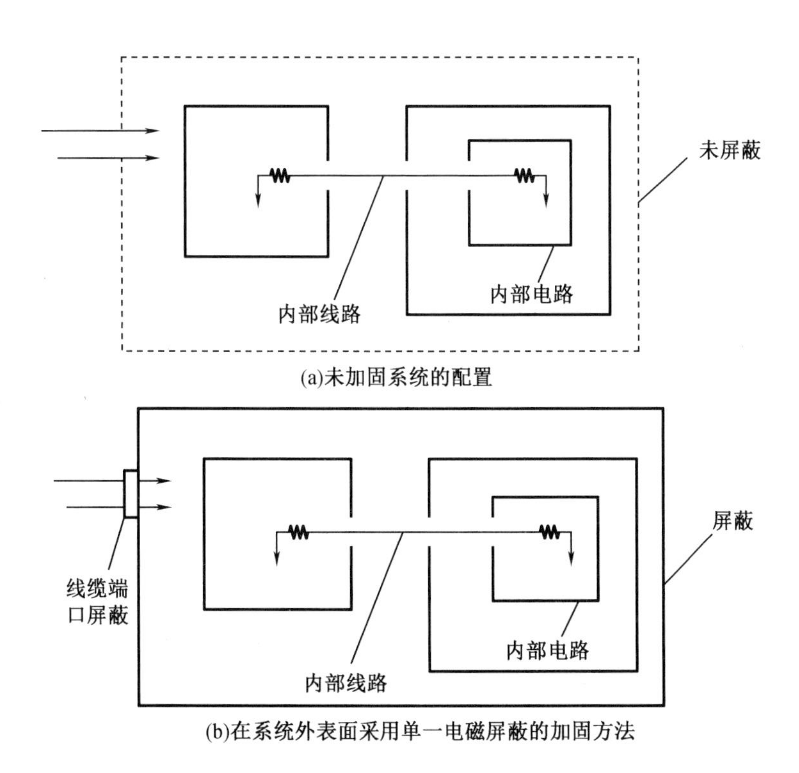

(a)未加固系统的配置

(b)在系统外表面采用单一电磁屏蔽的加固方法

图 9－12　后门防护加固的简单方法

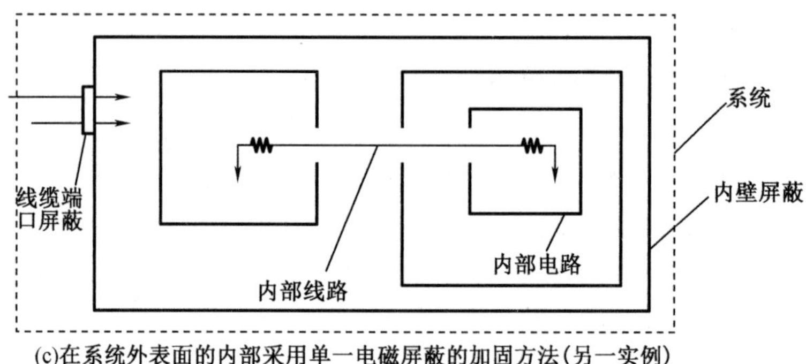

(c)在系统外表面的内部采用单一电磁屏蔽的加固方法(另一实例)

图 9－12(续)

在外表面进行屏蔽的优点是,当存在一定的运输要求时,或者本身即为金属表面而要求改型加固时,只需要很小的附加重量就可以获得极高的屏蔽效能,同时监测和维护屏蔽表面也相对简便。但对于金属屏蔽表面,其上的孔洞、缝隙和导电穿入体的设计必须严格进行。对于敏感度高的系统或者严苛的电磁环境,可以采用多层屏蔽的方法获得高屏蔽效能。

图 9－13(a)给出了另外一种屏蔽设计,屏蔽表面由设备的金属外壳和带有屏蔽连接头的屏蔽电缆组成。这种内屏蔽设计具有以下特点:内屏蔽表面一定程度上与外部条件隔离,屏蔽单元的可移动性要比整体外屏蔽好;由于每个单元均须屏蔽,为满足设计要求需要加固的单元可能数量较多,质量、复杂度以及监测并维护屏蔽效能可能困难较大,更加适用于需要屏蔽的子系统和电缆较少的系统。图 9－13(b)采用了两套电磁屏蔽,这类设计通常在关键系统、灵敏度极高或极易损系统中使用,两个屏蔽面上屏蔽体的布局均考虑到了屏蔽性能的退化。

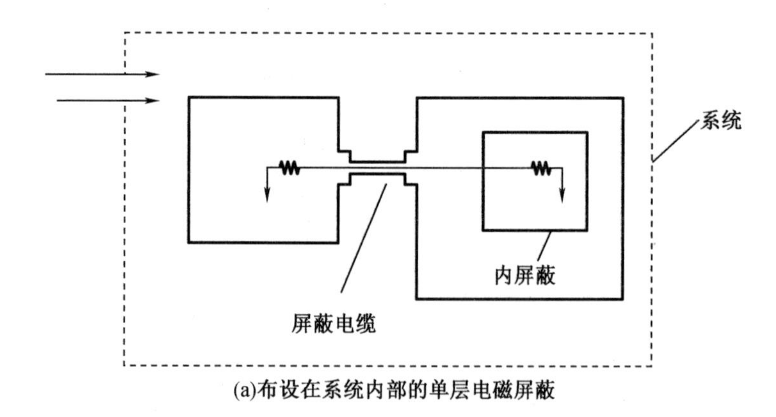

(a)布设在系统内部的单层电磁屏蔽

图 9－13　后门加固的二择一选择方法

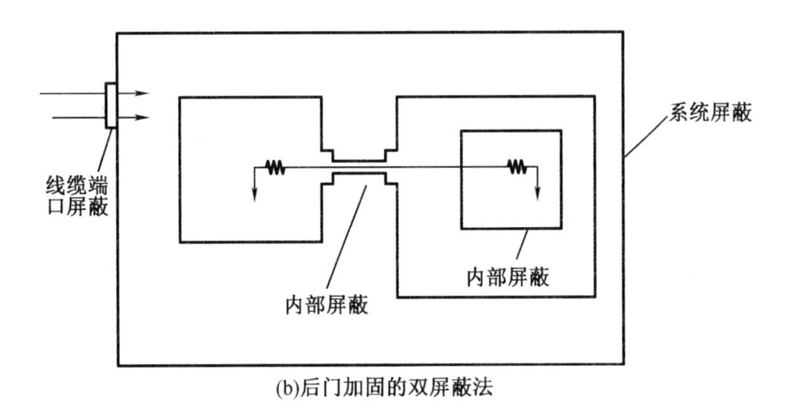

(b)后门加固的双屏蔽法

图9－13(续)

2. 终端防护方法

图9－14所示为采用终端防护的后门加固。图9－14(a)给出终端器件可以与金属设备外壳连接起来形成密封的电磁屏蔽表面。如果金属设备外壳有缝隙、通风口或其他孔洞，必须进行处理以便形成密封表面。图9－14(b)给出一个用滤波器和/或限幅器但没有进行电磁密封屏蔽的局部加固设计的例子，从技术上说，图9－14(a)的屏蔽布局优于图9－14(b)，因为在图9－14(a)中不希望的噪声无法进入到设备内部。但这两种方法均可能由于大量的终端需要防护而使得加固难以推进。

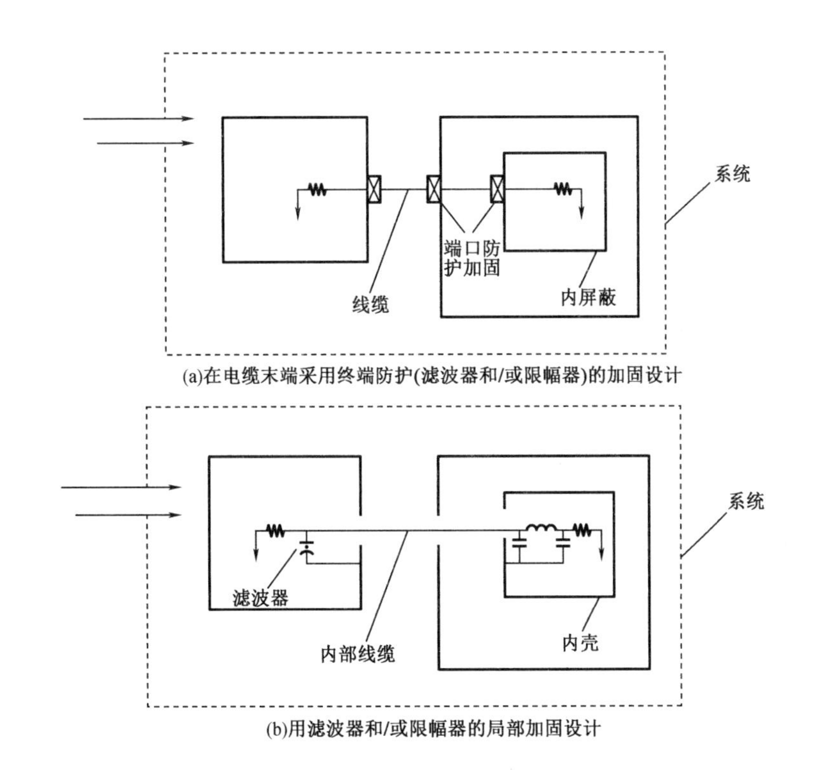

(a)在电缆末端采用终端防护(滤波器和/或限幅器)的加固设计

(b)用滤波器和/或限幅器的局部加固设计

图9－14　采用终端防护的后门加固

9.3.3 扩散耦合的防护加固

扩散耦合的程度取决于入射电磁波的频率和表面材料的特性参数,如电导率、介电常数、磁导率、厚度等。如果表面材料是非导电的,其对入射能量衰减很小,可利用导电的设备外壳、电缆屏蔽层、连接头、滤波器等在设备的内壁上建立起电磁屏蔽,也可在外表面附加导电材料获得一定的屏蔽效能。这种附加的导电体可以是用网栅嵌进合成材料的形式,也可以是在外表面施以金属涂覆。如果系统外表面是导电的,则在表面上对入射能量会产生很大的反射和衰减,如果导电壁足够厚,那么通过外壁扩散的能量和通过孔洞与缝隙耦合的能量相比就比较少了,对于这种状态所需要的壁厚,考虑材料的集肤深度 δ 可以确定,在微波频率上,能提供足够机械强度的金属厚度是若干集肤深度厚度。集肤深度表示为

$$\delta=(\pi f\mu\sigma)^{-\frac{1}{2}}$$

式中,f 为频率,Hz,μ 为磁导率,H/m,σ 为电导率,S/m。

为了比较不同屏蔽材料,另一个有用的参数是材料每平方米的阻抗。材料每平方米的阻抗 R_s 可以表达为材料集肤深度 δ、电导率 σ 和材料厚度 T 的函数:

$$R_s=\frac{\sqrt{2}}{\delta\sigma\left[1-e\left(^{-T/\delta}\right)\right]}$$

对于确定的金属及其厚度,R_s 随频率增加而增大,当频率降低时单位面积的阻抗接近于常数(直流阻抗值),该常数值的大小取决于材料厚度。薄导电膜常用每平方米的阻抗表示,假如其每平方米的阻抗远小于自由空间阻抗(377 Ω),尽管厚度小于一个集肤深度,但仍可以通过反射损耗提供可观的防护效果。

对于金属表面,有效的电磁屏蔽要求若干集肤深度厚的均匀一致的导电材料,常用屏蔽材料在微波频率下可对平面波提供 100 dB 的衰减(理想情况下综合反射和吸收)。现今已有的各种类型的复合材料则显示出类似不良导体的特性,改善衰减的方法是在复合材料上增加导电覆盖层,有些材料还采用充银覆盖的方法等。

金属丝网也常用作电磁屏蔽,它以金属线直径和每英寸的线数表征其特性,可以是编结型的、编织型的或者是金属薄片扩口型的,如图 9-15 所示,线网在金属线的交叉点上可以固定也可以不固定。把金属线网嵌入或放置在非导电材料上即可提供电磁屏蔽,当然这种网必须编得非常密才能对高频能量提供极高的屏蔽效能。使用时,金属丝网都必须与外围的导电垫圈或导电围栏紧密接触,保证低阻抗外围连接对于这种加固技术至关重要。

图 9-13(a)说明了在系统内部建立电磁屏蔽的方法,电缆屏蔽层、连接器和导电设备外壳形成一个单层密闭屏蔽面。到被屏蔽空间的主要进入点是电缆屏蔽层、连接器表面和设备壳体上的孔洞和缝隙。如果电缆屏蔽层是实导体,则屏蔽层到连接器界面的泄漏是屏蔽不良的主要原因,该界面应当良好搭接;如果电缆屏蔽层是编织的,则能量可以通过编织孔阵列耦合到线路。通常电缆的多层屏蔽比单层屏蔽可以提供更高的衰减。还有其他类型的电缆屏蔽,例如螺旋状卷绕的屏蔽、具有拉链闭锁装置的编织外套、导电织物套筒等,它们有着不同的泄漏机理和屏蔽能力。

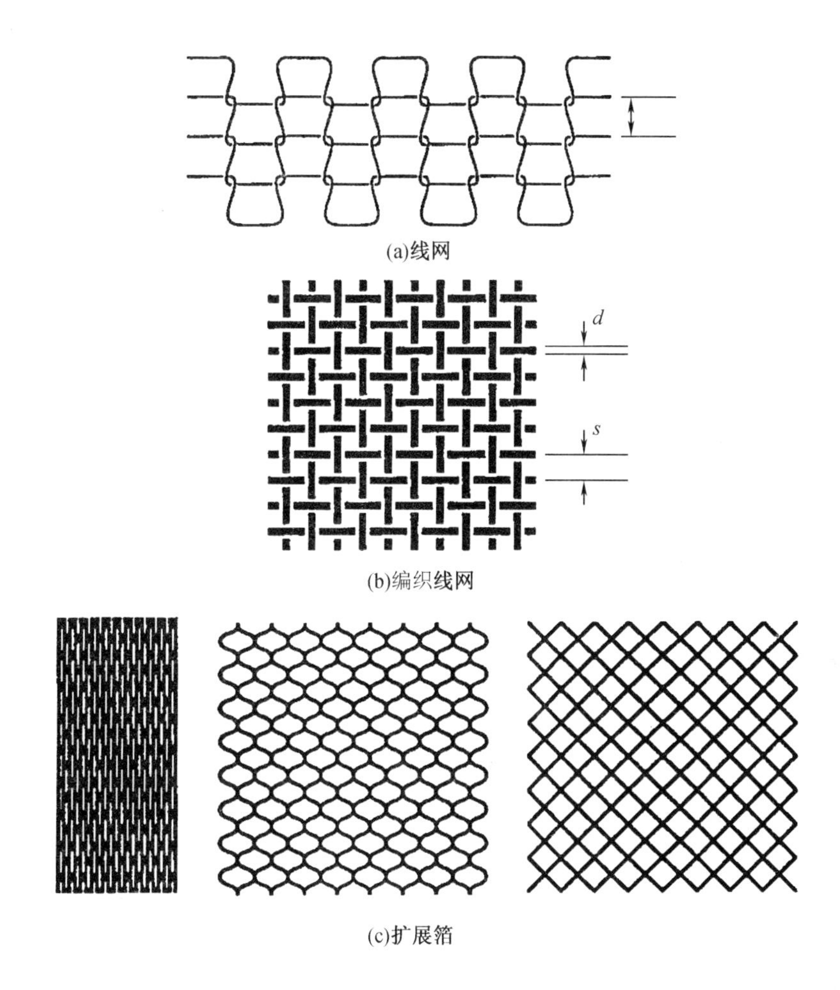

(a)线网

(b)编织线网

(c)扩展箔

图 9－15　金属网的类型

9.3.4　孔洞耦合的防护加固

如果屏蔽表面有足够的厚度，那么屏蔽体上的窗口、缝隙和接缝处的泄漏是屏蔽不良的主要原因，实际中主要是窗口、通风口、结构板接合在一起时产生的接缝，以及沿入口舱和入口门的缝隙。对于设计者来说，加固要在保证设备正常功能的前提下开展，例如用于加固窗口的金属网栅不能减少视觉观察性能，用于加固通风口的蜂窝板或者截止波导必须允许有足够的空气流通。而设计中的每一种因素又都可能引起屏蔽性能的退化，如金属与金属间接缝的腐蚀、网栅的机械破裂或扭曲以及密封垫的缝隙等。

就通风口来说，金属网栅安装在屏蔽壳体上时二者之间要形成良好的电搭接，缝隙及开口的处理参照前期屏蔽体的设计方法。

采用低频截止波导器件阻止电磁能量进入屏蔽壳体也较为常用，其特性是低于截止频率时，波导起着和衰减器一样的作用，截止频率取决于波导尺寸。波导尺寸减小，波导中可传播的最低频率增高。具有 100 dB 衰减低频截止波导的一些推算方法为：波导的最小长度

至少应当四倍于孔洞的直径或孔洞的最大尺寸；为使截止频率等于所考虑的最高频率，孔洞最大允许直径或者孔洞最大允许尺寸应当是所考虑的最高频率的波长除以 3.4；有些制造商推荐波导截止频率的三分之一为可用上限频率，这种方法较为保守，可给出更好的屏蔽效果。显然，关注的频率越高，波导开口的尺寸就越小，如果开口尺寸小到影响其工作性能，例如已不能保证足够的空气流通，则可以更换为截止波导蜂窝板以增加开口面积。低频截止波导器件安装在屏蔽室壁上时要在开口之间进行 360°搭接。

蜂窝板是把网栅特性与低频截止波导特性结合在一起的一种装置。蜂窝板是把许多小管子以蜂窝状的结构进行电气连接(或焊接)，其等效于具有某种深度的网栅，当网栅尺寸相等时，可以提供比单纯网栅更佳的屏蔽效果。蜂窝板相较于金属线网的优点是：同样的敞开面积屏蔽效能更高；同样衰减下有更多的空气或者液体流通；与金属网栅相比，蜂窝板更不易损坏。其缺点是体积大，造价高，可见性降低。

对于窗口屏蔽，导电薄膜为常用方法，如金属薄膜由于其高透明度用于飞机盖罩。金属线网嵌入到窗口里面或者贴在窗口表面上，也能够提供屏蔽效能并且具有透光性。编织网或经透明导电涂覆处理过的窗口在装配时必须为从屏蔽窗口感应的电流到屏蔽结构的传导做好准备，屏蔽窗口边缘安装导电垫圈。有两种基本的端接，导电汇流条和导电垫圈。导电汇流条用于与金属网栅或者导电涂覆层相接触，汇流条通过接触金属网而端接窗口开口的边缘，同时在窗口的一侧或两侧提供平坦的表面和外壳接触。导电垫圈经常用于连接导电汇流条，以进一步提供弹性界面吸收冲击和振动。

如果在缝隙结构中不用垫圈，清洁的金属与金属表面配合，用螺钉或者铆钉把它们固定在一起形成压力，也可以阻止电磁泄漏，但这种方法随着时间久远会发生金属腐蚀氧化导致表面间的绝缘，丧失导电接触。导电垫圈能够改善缝隙的电连接性，同时一些垫圈也要求清洁的金属并形成良好的压力接触。

对于永久缝隙，焊接可以提供比螺栓连接或铆接更好的屏蔽效能。螺栓或铆钉相对永久，影响屏蔽性能的参数是螺栓或铆钉的间距，两者配合表面之间的压力，以及两块配板之间搭叠的面积。

9.3.5 对穿透导体的防护加固

在加固设计中有两类穿透导体需要考虑：必须与屏蔽表面绝缘的导体和能够与屏蔽表面电连接的导体。必须与屏蔽表面绝缘的导体主要为动力电缆，可以和屏蔽表面连接的导体包括电缆的屏蔽层、波导以及用以传送液体或者气体的管子等。对穿透导体加固的有效性与入射电磁波的频率有关，对于等于或者低于导体谐振频率的干扰，由导体耦合进入内部的能量起主要作用，对于干扰频率超过谐振频率时，通过孔洞的直接耦合场增加，导体穿透的影响降低，对于等于或者高于孔洞谐振的频率，孔洞的能量泄漏对内部环境造成主要影响。加固这些传导穿透的基本方法是对导体上不希望的信号进行分流或者截断，目标就是使用屏蔽的方法将干扰关闭起来。

在系统外表面上最常见的绝缘穿透导体是电源线和信号线，在进入系统的过程中，绝

缘导体穿进窗口。对于电磁脉冲激励来说,沿绝缘导体耦合的能量对内部环境噪声所起的作用最大,在高功率微波频率下,穿透导体产生的影响也不可忽略。

对于绝缘导体电磁加固的典型方法是在电源线上采用滤波器和限幅器相结合的方法,信号线采用限幅器。如果要求对外部电源线和信号线进行加固,需要解决的问题是把工作在微波频率的滤波器和限幅器与工作于低得多的频率上的电路结合在一起,当然系统内部的终端也存在同样的问题。

1. 滤波器

高功率微波下,当采用滤波器对后门进行加固时,有两个实际问题非常重要,一是被保护的电路是微波电路,即它使用的是波导、同轴或带波导介质,二是被保护的电路工作于远低于微波波段的频率或频段,并且大部分由集总元件构成。对于第一种情况,除功率可以大大降低外,它与前门通道的防护比较类似;第二种情况则是高功率微波防护加固中最普通的后门滤波应用,如果这些后门终端所需要的滤波特性能够确定,那么有若干类型的滤波器可以用于这种设计,这些滤波器都以低通和有损耗为特征,要消除响应中的假谐振。

2. 限幅器

对于工作在远低于微波波段的后门电路来说,屏蔽或者用滤波器去掉不想要的电磁能量比限幅器更为有效。如果限幅器应用于快上升沿电磁脉冲抑制,则典型集总元件的引线长度一定要非常短,并且注意限幅器的电容,有时会由于具有较大的分布电容而导致损耗过大,也即没有脉冲到来时带来系统性能的劣化。

在微波限幅器技术中,PIN 二极管限幅器和其他脉冲防护限幅器对后门防护加固是均有用的。PIN 二极管幅器可以用波导、同轴线、带波导和微带介质来实现,脉冲防护限幅器对 N 型连接器、D－sub 连接器是有效的,也可以用来保护 RS－232 端口。这两类限幅器都可以安全地控制在后门界面上出现的脉冲功率电平。

3. 光纤

光纤传输线不导电,因而光纤可以代替穿过系统外屏蔽的导电信号线,以减少电磁能量从耦合到的系统里泄漏出来。不导电的光纤穿透时在屏蔽层壁上留下小孔,小孔可以采用波导低截止器件进行处理。有时会使用金属保护罩、导电的金属套外皮或者有一定内部强度的金属构件来增加这类传输线的机械强度。

信号线用光缆代替则要求电子电路提供电－光转换模块,但这一模块又包含了敏感的集成电路,必须考虑它们的防护加固问题。在光纤数据链中已经发现,接收机比发射机更为敏感,国外相关实验室找出了其对窄带高功率微波的阈值,受试的发射机相当强固,而接收机则与发射机的阈值幅度相差一个量级。整体而言,在防护得当的情况下,光纤传输较为可靠。

9.4 电磁防护新技术

9.4.1 电磁防护仿生

通过模仿生物的形态、结构和功能或从中得到启发,来解决人类发展所面临的技术难题,即谓仿生学。电磁防护设计是指为在设计、研制和生产过程中使设备具有抗电磁干扰或电磁毁伤能力而采取的技术措施。电磁防护仿生研究属于新兴的仿生学研究,是电磁学、生物学、电子学、材料学等学科的交叉。将仿生学与电磁防护设计相结合的构想,是试图从生物系统中汲取灵感,设计具有自组织、自适应、自修复能力的电子系统,提高电子系统在电磁干扰环境下的抗扰度和可靠性。经过多年的理论探索与技术实践,电磁防护仿生的研究方向引起国内外学者的广泛关注。随着电磁防护仿生研究的持续深入,"电磁仿生学"被表述为"电磁防护仿生",一方面突出了仿生设计面向电磁防护应用这一研究目的,另一方面扩展了仿生对象的选取范围,例如生物的材料结构、蛋白调控机制、生物免疫机制等。

电磁防护仿生的研究内涵是,基于仿生学原理实现用于电子系统电磁防护加固的仿生设计,从而满足抵御不同电磁干扰或电磁毁伤的需求,实现对现有电磁防护技术的强化、补充与完善。

近十年来的研究文献显示,电磁防护仿生研究一般以电磁防护问题为牵引,进而在生物中寻求解决方案,当然也可以以电磁防护仿生应用为牵引,比较典型的代表是电磁防护仿生材料研究,直接模仿生物体的材质、结构、成分等开展仿生材料设计。无论采取哪一种研究路线,实现生物机制从生物领域向电磁防护设计技术领域的转换都很关键,为了实现领域转换的目标,需要对电磁防护问题或生物机制进行合理的抽象。

9.4.2 自适应强电磁防护材料

电磁防护材料作为应对电磁威胁的"有效屏障",是解决电磁防护问题的主要手段之一。传统电磁防护材料具有固定不变的导电或导磁属性,这类材料对有用电磁信息和恶意电磁攻击都不允许通过,属于被动的、固化的、静态的电磁防护。而对于通信、雷达、GPS 导航定位等用频设备都需要电磁信息的双向收/发功能,应用传统电磁防护材料会阻断电子系统与外界的信息互通,只能利用开窗口或外接天线等方式解决问题,但双会引入额外的电磁耦合途径,存在安全隐患。因此,需要拓展新型电磁防护手段,研制出既能保证正常电磁环境下用频设备电磁信息的收/发,又能实现外界强电磁场攻击下具有自适应高效防护

的主动电磁防护材料。

高效屏蔽电磁脉冲需要低阻抗材料，而高效透射电磁波需要高阻抗材料，同时满足上述两种需求的材料理想上应该具有生物应激响应的智能化特性，即能够自动感知所接触的外界强电磁场环境的变化，并通过自身特有的微结构特征和导电机制发生可逆的场致绝缘－金属相变，通常表现为非线性导电特征，进而对强电磁场产生高效屏蔽作用。

场致阻变材料受电场作用发生绝缘－金属相变，表现为非线性导电特征，具备自适应电磁脉冲防护材料所需的场致变阻抗特性。二氧化钒是电子强关联体系的典型代表材料，其晶体结构在特定阈值的温度、电场、光照和压力等物理场作用下会发生由单斜金红石结构向四方金红石结构的可逆转变，从而引发绝缘－金属相变。其中，电场诱导二氧化钒绝缘－金属相变后的电导率可提高2～5个数量级，在可重构缝隙天线、太赫兹辐射以及智能电磁防护材料等领域具有广阔的应用前景，成为近年来材料领域的研究热点之一。近年来，磁控溅射、分子束外延、溶胶－凝胶法等制备工艺不断成熟，使得国内外科研人员从原子水平和纳米尺度认识了二氧化钒的相变过程，取得了丰硕成果。特别是，当强电磁脉冲作用于二氧化钒薄膜时，材料受热驱动或电驱动而相变为低阻态，从而能对电磁波产生屏蔽作用。

电场作用下掺杂适量组分导电微粉或半导体氧化物的聚合物基复合材料具有非线性导电特性，为自适应电磁脉冲防护材料研究带来了启发。多项研究发现复合材料具有可逆的非线性导电特性，并通过实验验证了用于电路过电压防护的可行性，为自适应电磁脉冲防护材料设计提供了借鉴。

对于填充型聚合物基复合材料而言，填料的本征属性是影响材料宏观有效性能的关键因素。石墨烯作为碳系材料中最受瞩目的成员，具有结构稳定、导电性高、韧度和强度优异等突出的物理化学性质，被誉为“新材料之王”，多个研究团队证实了石墨烯在绝缘－金属相变特性方面的独特优势。尽管上面所述优异性能需要石墨烯在微观形成特殊堆叠或装置，并在特定转变条件下才能实现，但利用石墨烯研发自适应电磁脉冲防护材料已呈现出广阔前景。

9.4.3　电磁防护器件与硬件系统

电磁防护器件和硬件系统是电子信息系统开展电磁防护的重要措施，目前国内外的相关研究主要集中于电磁防护新器件、新技术、新工艺，包括采用屏蔽、滤波、接地等手段进行分级、分层防护，以及软/硬限幅及智能自动增益控制技术等。电磁防护器件的性能指标越来越先进，响应速度越来越快，通流能力越来越大，插入损耗越来越小，按需设计的智能化电磁防护器件和电磁防护模块越来越成为研究热点和重点。

电磁防护器件主要由电涌保护器件构成，用于射频前端的电磁防护器件大多为半导体限幅器和气体限幅器。半导体限幅器体积小，响应速度快，峰值泄漏低，是目前高功率微波、快沿强电磁脉冲防护的主流方式。气体限幅器由于通流能力大，也配合半导体防护器件设计，用于提升电磁防护模块的通流能力。

目前国内外研究者主要通过提升器件性能和改进电路拓扑结构两种方式提升限幅器的电磁防护性能。例如基于 GaAs 设计的防护器件插入损耗低,耐受功率高、可防护的频带范围宽。基于第三代半导体材料的防护器件目前极具竞争力,以 GaN 为代表的第三代半导体材料具有击穿电场强度高、电子迁移率高、抗辐射能力强等优点,其制作的肖特基二极管应用于微波限幅电路可大幅提升现有电路防护性能。在电磁防护器件的结构设计方面,拓扑结构改进的主要方式为多级限幅,多级限幅器可以在提升器件响应速度的同时保证功率容量。

在提升电磁防护模块的整体性能上,综合防护器件的防护性能及电路拓扑结构,目前发展出了新的混合结构的防护模块。在通流能力上,气体限幅器功率容量远大于半导体防护器件,例如等离子限幅器、气体放电管限幅器等,但通常这类器件响应速度较慢。为提升防护性能,混合结构设计的防护模块将气体限幅器和半导体限幅器一体化结构设计,兼顾气体限幅器通流能力大及半导体限幅器响应速度快的优势,并行提升防护模块的耐受功率和响应速度。

与此同时,随着强场攻击手段更加灵巧、智能,电磁防护手段走出传统电磁防护模式,向新型电磁防护方法转变,向着适应性更强、智能化水平更高的方向发展。例如国内外对具有频率选择性限幅的一体化防护结构进行了研究,包括多工器与限幅器组合形成频率选择限幅系统,利用超导薄膜的相关特性形成频率选择限幅结构,表面频率选择限幅结构等。

在新型电磁防护方法上,美国 DAPRA 对频率选择性限幅结构研究的相对深入,其使用悬置微带线和有源限幅器结合,构建了具有自适应频率选择限幅特性的保护结构,八个通道多工器实现了连续输出。美国 SPAWAR 公司研制出五通带频率选择限幅结构,单通道带宽相对较宽,每个通道输出端口均自适应接入限幅结构。

而随着电磁危害源智慧程度的发展,防护设计的智能化水平必须进一步提升。特别是未来电磁环境灵活度高、信号样式多、功率水平强,电子系统向无人化、智能化、隐身化发展,电磁防护设计必须更为灵活高效,须由适应性自主向系统性自主、学习型自主迈进。

参考文献

[1] 汪连栋,申绪涧,韩慧. 复杂电磁环境概论[M]. 北京:国防工业出版社, 2015.

[2] 刘培国,丁亮,张亮,等. 电磁环境效应[M]. 北京:科学出版社, 2017.

[3] 聂皞,汪连栋,曾永虎,等. 电子信息系统复杂电磁环境效应[M]. 北京:国防工业出版社, 2013.

[4] 谭志良,王玉明,闻映红,等. 电磁兼容原理[M]. 北京:国防工业出版社, 2013.

[5] 何金良. 电磁兼容概论[M]. 北京:科学出版社, 2010.

[6] 杨显清,杨德强,潘锦. 电磁兼容原理与技术[M]. 3 版. 北京:电子工业出版社, 2016.

[7] 唐晓斌,高斌,张玉. 系统电磁兼容工程设计技术[M]. 北京:国防工业出版社, 2016.

[8] 张海伟. 射频电路抗高功率微波关键技术研究[D]. 西安: 西安电子科技大学, 2012.

[9] 张俊, 姜彦南, 张耀辉, 等. 纳秒脉冲下典型钳压型浪涌防护元件的响应特性[J]. 强激光与粒子束, 2016, 28(12): 106-112.

[10] THARARAK P, JIRAPONG P, JAN – NGOEN P. Analysis of switching transient overvoltages and protection techniques for the energization of the connected 115 kv underground and submarine cables[P]. Green Energy for Sustainable Development (ICUE), 2014 International Conference and Utility Exhibition on, 2014.

[11] 宫振慧. PIN 限幅二极管微波击穿效应机理研究[D]. 成都:电子科技大学, 2016.

[12] CAVERLY R H. Electrothermal modeling of PIN diode protection circuits in MRI surface coils[P]. Radio and Wireless Symposium (RWS), 2014 IEEE, 2014.

[13] 田家月, 于月东, 彭晨, 等. 基于 PSPICE 的半导体放电管仿真模型的建立[J]. 南京信息工程大学学报, 2010, 2(4): 361-366.

[14] OnSemiconductor, Symmetry Design Systems. SPICE model for 1SMC28AT3 [DB/OL]. [2012 – 10 – 25]. http: //www. onsemi. cn/pub_link/ Collateral/ 1SMC28AT3. LIB.

[15] STROLLO G M. A new SPICE model of power PIN diode based on asymptotic waveform evaluation[J]. Power Electronics, IEEE Transaction on, 1997, 12(1): 12-20.

[16] CAVERLY R H, DROZDOVSKI N V, DROZDOVSKAIA L M. SPICE modeling of

microwave and RF control diodes [C]. Proceedings of the Circuits and Systems, Proceedings of the 43rd IEEE Midwest Symposium on, 2000: 28-31.

[17] CAVERLY R H, QUINN M J. Time domain modeling of PIN control and limiter diodes [J]. IEEE MTT - S Digest, 1999, 719-722.

[18] 盛定仪，杨耿，谭吉春，等. 功率 PIN 二极管 PSpice 子电路模型[J]. 现代电子技术，2007, 13(6): 141-143.

[19] 施浩，陆鸣. PIN 二极管的 PSPICE 子电路模型[J]. 电力电子技术，2003, 37(3): 91-94.

[20] 顾晓春，徐进. 低泄漏限幅器的研究[J]. 半导体情报，2000(3): 52-54.

[25] 徐阳. 基于频率选择表面的空间电磁波调控与应用技术研究[D]. 长春:中国科学院大学(中国科学院长春光学精密机械与物理研究所),2018.

[26] AL - JOUMAYLY M A, BEHDAD N. A generalized method for synthesizing low-profile, band-pass frequency selective surfaces with non-resonant constituting elements[J]. IEEE Transactions on Antennas & Propagation, 2010, 58(12):4033-4041.

[27] LI M, BEHDAD N. Frequency selective surfaces for pulsed high-power microwave applications[J]. IEEE Transactions on Antennas & Propagation, 2013, 61(2):677-687.

[28] MONNI S, BEKERS D J, WANUM M V, et al. Limiting frequency selective surfaces [C]// European Microwave Conference. IEEE, 2009.

[29] WAKATSUCHI H, KIM S, RUSHTON J J, et al. Waveform-dependent absorbing metasurfaces[J]. Phys. Rev. Lett. 2013, 111(24):245-501.

[30] YANG C, LIU P G, HUANG X J. A novel method of energy selective surface for adaptive HPM/EMP protection[J]. IEEE Antennas & Wireless Propagation Letters, 2013, 12(1):112-115.